U0293539

饮酒与解酒的学问

YINJIU YU JIEJIU DE XUEWEN

—— 第4版 ——

主　编　马汴梁

副主编　马宏伟

编　者　（以姓氏笔画为序）

马汴梁　马宏伟　王　丹

伍　翀　刘　欣　刘心想

李长乐　宋秀梅　袁培敏

河南科学技术出版社

·郑州·

内容提要

本书在第 3 版的基础上修订而成,作者参考大量文献资料,结合自己的研究成果和实践经验,详细介绍了饮酒的有关科学知识和防醉解酒的具体方法,包括适量饮酒有益健康,酒的分类与科学饮用,饮酒宜忌,醉酒对健康的危害,防醉解酒的各种药方、汤水、果菜汁和药茶等。本书内容新颖,阐述简明,对纠正人们对酒的认识误区和解除醉酒后的困扰,具有很好的指导价值,适于广大群众、饮酒者和基层卫生人员阅读参考。

图书在版编目(CIP)数据

饮酒与解酒的学问/马汴梁主编. —4 版. —郑州:河南科学技术出版社,2018.4

ISBN 978-7-5349-9148-6

Ⅰ.①饮… Ⅱ.①马… Ⅲ.①酒-基本知识②醇中毒-食物疗法 Ⅳ.①TS262②R247.1

中国版本图书馆 CIP 数据核字(2018)第 038526 号

出版发行 河南科学技术出版社
　　　　　 北京名医世纪文化传媒有限公司
　　　　　 地址:北京市丰台区丰台北路 18 号院 3 号楼 511 室　邮编:100073
　　　　　 电话:010-53556511　010-53556508
策划编辑 杨磊石
文字编辑 韩　志
责任审读 周晓洲
责任校对 龚利霞
封面设计 吴朝洪
版式设计 王新红
责任印制 陈震财
印　　刷 河南瑞之光印刷股份有限公司
经　　销 全国新华书店、医学书店、网店
幅面尺寸 140 mm×203 mm　　**印张**:9　　**字数**:218 千字
版　　次 2018 年 4 月第 4 版　　2018 年 4 月第 1 次印刷
定　　价 32.00 元

如发现印、装质量问题,影响阅读,请与出版社联系并调换

第 4 版前言

　　《饮酒与解酒的学问》一书自 2006 年出版以来已经两次修订，多次印刷，发行近 30 000 册。作者收到不少读者来信及电话，反映本书贴近生活，内容实用，是一本很好的科普读物；也有的读者对本书内容提出了一些中肯的意见和建议。为感谢读者对本书的厚爱及关注，在河南科技出版社的支持下，我们广泛收集了近年有关饮酒、解酒方面的资料，再次对本书进行认真修订。

　　本次修订，主要做了以下工作：一是增补了最新的关于饮酒、解酒方面的知识和进展，便于读者甄别、权衡饮酒的利弊；二是补充了药酒的相关介绍，以及一些新的饮酒保健知识；三是修正了原版的错漏，在编排方面亦做了一些改进。本版与第 3 版比较，内容更丰富、更新颖、更实用。

　　真切期望本书的再次修订，能更好地帮助读者识酒、懂酒、聊酒，会喝酒，喝好酒，品味人间美酒，酿造美好人生。书中不妥之处，敬请读者指正。

马汴梁

2017 年 8 月于古山阳梦痴斋

第 1 版前言

　　酒,既是一种神奇的饮料、商品,又是人类文化的结晶。酒自诞生以来,人们对它的认识就毁誉参半。李时珍在《本草纲目》中云:"酒,天之美禄也。面曲之酒,少饮则和血行气,壮神御寒,消愁遣兴。"医学家眼中酒含有丰富的营养物质,能健身强体,开胃杀菌,活血通脉,振奋精神,益智助思;文学家眼中酒可交友,可助行正义之举,"和神定人,以齐万国"(孔融语)。酒中之趣,非身临其境者不能言传。关于如何把握饮酒尺度,《典论》有:"酒以成礼,过则败德"的世范诚语。宋代安乐先生邵雍则强调要谨慎用酒,文明饮酒,否则将铸大错。他说:"美酒饮教微醉,后此得饮酒之妙,所谓醉中趣,壶中天者也。若夫沉湎无度,醉以为常者,轻者致疾败行,甚而殒躯命,其害可言哉!"

　　关于酒对人体的作用,不论是传统中医典籍记载,或是现代医学研究,都有着正与反、好与坏、利与弊之争。

　　古籍有"酒为百药之长",又有"酒为百病之源"的说法。我们认为,饮酒之利弊,不可一概而论,要根据不同场合、不同个体等具体情况具体分析。为了帮助读者加深对酒的认识,我们在参考大量文献资料的基础上,编写了这本《饮酒与解酒的学问》,较详细地介绍了有关饮酒的科学知识和防醉解酒的各种方法。阅读本书，您将对酒的分类、酒的科学饮用、酒对人体健康的利弊、醉酒的危害，以及如何防醉解酒等有个全面的了解，从而正确对待饮酒，坚持做到科学饮酒和不醉酒，万一醉了，也有各种科学的应对方法。本书如能起到上述作用，则我们的愿望足矣。书中如有不妥之处，欢迎读者批评指正。

马汴梁

2005 年 12 月于古山阳梦痴斋

目 录

适量饮酒有益健康

1. 中国酿酒始祖及古人对饮酒的认识

汉代许慎的《说文解字》记载："古者少康初作箕帚、秫酒。少康，杜康也。"就因为这段记载，因此长期以来，许多人都把杜康作为中国古代酿酒的最早发明人，尊称他为造酒祖师。其实，杜康只是一个酿酒的高手，而不是中国最早发明酿酒技术的鼻祖。

杜康是夏朝中期的一位国王，夏启的五世孙，生活在公元前20世纪，距今约4100年的历史。在古典文献《世本》中记载："帝女令仪狄作酒而美，进之禹。禹饮而甘之，遂疏仪狄。而绝旨酒，曰：'后世必有以酒亡其国者。'"

意思是说，大禹通过品尝仪狄所献的美酒，意识到美酒会导致腐化而亡国，所以疏远仪狄。由此，有人把大禹时代的仪狄奉为造酒祖师。他生活在距今4200多年前，比杜康早了100年。这段记载证明："帝女令仪狄作酒。"说明帝女已经知道"酒"，且了解酒，证明在此前必然已经有了酒这东西。

仪狄"作酒而美"，是说他造的酒质量好、味道美。而味"美"与不美是经过比较才能品尝出来的，这说明当时造酒现象已相当普

1

遍。而"禹饮而甘之",以为"后世必有以酒亡其国者",把酒视为一种可能导致亡国的罪恶之物,足以说明当时饮酒之风已经盛行,而且由于饮酒产生的社会问题引起大禹的重视。可见早在大禹时代酿酒技术已经普及。

在古典文献《素问》中记载黄帝与岐伯曾经讨论用黍、稷、稻、麦、菽五谷造酒的对话,所以造酒技术早在黄帝时代就已有之,距今有 5000 多年的历史。

宋代的窦苹在《酒谱》中系统剖析了酒起源的三种说法,指出:"世言酒之所自者,其说有三。其一曰:仪狄始作酒,与禹同时;又曰尧酒千锺,则酒作于尧,非禹之时也。其二曰:《神农本草》著酒之性味,《黄帝内经》亦言酒之致病,则非始于仪狄也。其三曰:天有酒星,酒之作也,其与天地并矣。"这三种说法究竟孰是孰非,现在还无定论。但是,无论从传说,还是确凿的历史来看,杜康和仪狄都不是最早造酒的始祖,而只是不同时代造酒的高手而已。

2. 酒对人体健康的六大好处

自古以来,对酒的评价毁誉参半。酒究竟对人体有无好处呢?大量研究资料表明,酒对人的健康至少有以下六大好处。

(1)酒是一种很好的营养剂:白酒由于含醇量高,人体摄入量受到一定的限制,营养价值有限。而黄酒、葡萄酒、啤酒含有丰富的营养成分。黄酒中含有糖类、糊精、有机酸、氨基酸和各种维生素等,具有很高的营养价值。特别是所含的多种必需氨基酸,是其他酒所不能比拟的。如加饭酒(黄酒)含有 17 种氨基酸,其中有 7 种是人体不能合成的必需氨基酸。葡萄酒含有葡萄糖、果糖、戊糖等糖类及多种氨基酸,含有维生素 C 和维生素 D,接近于新鲜水果,此外,还含有各种有机酸、矿物质。啤酒,除了含有 3.5% 的酒精(乙醇)以外,一般含有 5% 的糖类、0.5% 的蛋白质、17 种氨基酸、多种维生素及钙、磷、铁等微量元素,同时,1 升啤酒可供人体产生 425 千卡的热量,与 4 只鸡蛋或 500 毫升牛奶近似。因此,啤酒被人们称为"液体面包",可见其营养之丰富。

(2)适量饮酒可促进消化:当代著名老中医姜春华教授在总结适量饮酒的好处时指出,酒能助食,促进食欲,可多吃菜肴,增加营养。一位从事内分泌研究的生理学家曾做过这样的实验:人们在适量饮酒60分钟后,测量其体内胰酶水平明显增加,胰酶是胰脏分泌的消化液,对人体的健康很有利。人在步入中年以后,消化系统的功能就开始降低,如果饭前适量饮酒,可以促进胰酶的大量分泌,胰酶又可促进人体消化系统内各种消化液的分泌,从而增强胃肠道对食物的消化和吸收。因此,中老年人饭前适量地饮酒可以弥补消化功能低这一缺陷。

(3)适量饮酒可以减轻心脏负担,预防心血管疾病:前些年,美国密歇根大学的研究人员对2万人进行了为期4年的营养与血压关系的调查,发现酗酒者血压最高,其次是不饮酒的人,而少量饮酒者血压最低。他们还发现适量饮酒可以增加血液中的蛋白质成分,而且具有防止心肺病发作并减少动脉硬化的危险。英国的一个医学研究会,在分析了18个西方国家有关死亡原因与饮食关系的统计资料后,发现果酒的消耗量和心血管疾病的死亡率之间有着非常明显的关系。在这些国家中,意大利人和法国人的心脏病死亡率最低,而正是这两个国家人均每年饮果酒量为114升(25加仑)以上。相反,美国人饮果酒较少,因此患心脏病的人很多。饮果酒更少的芬兰人心脏病发作情况,则比美国人还严重。据世界卫生组织的统计,最近几年来全世界死于心血管疾病的35—44岁的男子增加了60%,而31岁以下的年轻人增加了15%以上。心血管疾病已经成为威胁人类生命的第一大疾病。"适量饮酒可预防心血管疾病"已引起医学界的重视。

适量饮酒为什么能防冠心病呢?"冠心病"是"冠状动脉粥样硬化性心脏病"的简称,指冠状动脉内壁上有胆固醇沉着,引起冠状动脉硬化,内腔变小、狭窄,甚至阻塞,使心肌缺血,轻者引起心绞痛,重者甚至导致心肌梗死。发生冠心病的祸首是胆固醇。胆固醇为什么能在冠状动脉内沉着? 原来体内有一种高密度脂蛋白,它能把血管里的,也包括冠状动脉的胆固醇运走,送到肝脏里去,转变成对人体有用的激素,多余的部分就从大便中排出。适量饮酒可使人体内的高密度脂蛋白增多,这可能是减少冠心病发生的主要原因。另外,适量饮酒还抑制血小板的聚集并增强纤维蛋白的溶解,因而阻止血液在冠状动脉内凝固,起到"活血化瘀"的作用,从而也使冠心病发生率降低。

(4)酒能加速血液循环,有效地调节、改善体内的生化代谢及神经传导:古代中医很早就知道酒有通经活络的作用,将酒中加泡药材,制成各种药酒,如虎骨酒、冯了性酒、史国公酒等,能治愈许多病症,如关节炎、神经麻木等。跌打损伤,多用白酒进行外部揉擦,散开淤血,解除病痛。

近几年日本盛行一种酒浴。每当入浴时,向浴水里加入约0.75升饮浴两用的特效酒,便会使身体异常暖和,浴后皮肤光洁如玉。日本人把这种酒称为"玉之肤"。"玉之肤"是将发酵的酒糟和发酵的米酒混合,再蒸制多次而成的清酒,即自制的米酒,色淡黄,醇香可口,加上染色剂便成了市场上出售的黄酒。日本医学专家对此进行了研究,发现酒浴时洗澡水中酒的成分对全身皮肤是一种良性刺激。不但能加速血液循环,且对神经传导产生良好的反馈作用。尤其是米酒,做酒的大米经过发酵,产生200多种有用成分;酒糟中原来含有大量氨基酸、蛋白质和维生素等营养物质,经发酵,营养价值又比普通清酒高几倍,加之酒精有活血作用,这就是"玉之肤"能使肌肤健美的奥秘。酒浴对一些皮肤病、神经痛等疾病有较好的疗效,再加上简便易行,所以作为一种保健方法已风行日本。

(5)适量饮酒有益于人们的身心健康:随着现代医学研究的发展,人们已经发现许多疾病的产生与环境、人的心理状况有密切关系。如果人长期处于孤独和紧张状态,就很容易生病,而适量饮酒能使人精神愉快。酒的陶醉作用能够缓解人的忧虑和紧张心理,增强安定感,提高生活的兴趣,对老年人尤其如此。针对不少老年人易发怒、易不满、孤独不快及其他令人难以理解的古怪性情,日本的一些养老院有时用一两杯酒代替通常服用的镇静药物,成功地改善了养老院的气氛,使之洋溢出和睦家庭中才有的气氛。同时,老人中睡眠差的人数比例,从以前的40%下降到18%。

(6)适量饮酒能延年益寿:近年来许多国家的研究显示,适量饮酒比滴酒不沾者要健康长寿。对老年人而言,少量的酒是健身的灵丹。美国波士顿的一家老人院自从每日下午给老人供应啤酒以来,短短两个月时间,可以自己行动的人数从21%陡增到74%;服用强效镇静药的人则从75%降为零。美国一大学生物统计学者为证实这一事实,以94对兄弟为对象,进行了长期的追踪调查。这94对兄弟中,每对都有一人适量饮酒,而另一人滴酒不沾。结果表明,适量饮酒者要比不饮酒者长寿。最后由于不饮酒的那组对象都已去世,追踪调查才不得不终止。调查同时表明,长寿的主要原因是心血管疾病的发生率较低,即使曾经饮酒后来戒酒的人,也要比从不饮酒者患心脏病的概率低。

饮酒适量而长寿者,在中国并不少见。如著名中医姜春华教授,学术有创见,治病能妙手回春,著述逾千万字。在他高龄时,依然精神矍铄,思维敏捷,身兼上海中医学会名誉理事长和国家科委卫生顾问等数职。他对酒有特殊好感,年轻时,他以酒酌文,酒后即能下笔千言,著出洋洋大观的学术论文;年届花甲后,他与"液体面包"(啤酒)结下不解之缘,每餐一瓶,以此自疗冠心病、糖尿病,竟颇见效验。

3. 酒中含有人体所需营养吗

常有人称葡萄酒、啤酒富含营养,是保健型饮料;近日又有营养型白酒面世,那么——酒真有营养吗?

酒的主要成分是酒精与水。酒精又称乙醇,在体内能产生大量的热,100毫升浓度为50%的白酒可产热350千卡,100毫升葡萄酒一般产热 65 千卡,100 毫升啤酒可产热 18~35 千卡。

　　酒中不含脂肪,白酒中可检测出微量氨基酸;葡萄酒和啤酒中含有较多的蛋白质、肽类、氨基酸、糖类和有机酸,但无论何种酒,这些物质的总含量一般都不会超过 1%。也就是说,在 1 千克酒中含有的氨基酸和糖类,充其量不过相当于 10 克牛肉或大米的含量。某些酒中含有一定量的矿物质,如钙、铁、铜、锌、硒等,但其量甚微。以 100 毫升的酒计,铁含量在 0.1~0.3 毫克以下,锌在 0.02~0.3 毫克以下,白酒的钙含量为 1~5 毫克以下,个别品种的葡萄酒、啤酒可达 30 毫克。白酒几乎不含维生素,葡萄酒和啤酒含有维生素 B_1、维生素 B_2、叶酸和烟酸,其量多在 0.05 毫克以下。就矿物质与维生素而言,酒中含量较高的是钙与维生素 B_1。但若以酒补钙,则每日需饮白酒 1 千克才能获得日需要量的 1/20;或者需饮 1 千克葡萄酒或啤酒,才能得到日需要量的 1/3。若以葡萄酒或啤酒补充维生素,则必须每日饮 2~10 千克,显然,这是不现实的。而且,酒中含有的几种维生素,正常人很少缺乏,且在日常膳食中都可获得。由此可见,人没有必要、也不可能将酒作为矿物质与维生素的供应源。

　　从营养学角度讲,酒是一种纯热量食品,有人将啤酒称作“液体面包”,正是指其提供的热量相当于面包。酒的主要成分乙醇对肝、大脑等器官有毒性作用已被公认。某些酒尽管含有多种有益的营养成分,但含量微小,不能抵消和掩盖乙醇的毒性。而且,过量饮酒还会减少其他食物的摄入,使热量过剩,破坏营养平衡。所以,说酒有营养,纯属无稽之谈。

4. 酒为百药之长

　　“酒为百药之长”一说,出自《汉书·食货志》,这是我国古人对酒在医药上应用的高度评论。酒在医学上的应用,是中医药学的一大发明。“醫”字从“酉”(酒),即是由于酒能治病演化而来。酒问世之前,人们得了病要求“巫”治疗,由于酒的酿造,我们的祖先在饮酒的过程中,发现了酒能"通血脉、散湿气""行药势,杀百邪,恶毒气""除风下气""开胃下食""温肠胃,御风寒""止腰膝疼痛"等作用。加之用酒入药还能促进药效的发挥,于是,"巫"在医疗中的作用便被"酒"逐渐取而代之。这是古人对酒认识上的一次飞跃。

在古代,用酒治病,特别是用药酒来防治疾病的现象十分普遍,因而古人视"酒为百药之长"。例如,用酒泡大黄、白术、桂枝、桔梗、防风等制成的屠苏酒,是古代除夕男女老幼必用之品。古人端午节饮艾叶酒,重阳节饮菊花酒以避瘟疫。据《千金方》记载:"一人饮,一家无疫,一家饮,一里无疫"。可见药酒在古代预防疾病的重要性。

现代医学研究表明,用酒浸药,不仅能将药物的有效成分溶解出来,使人易于吸收,由于酒性善行,能宣通血脉,还能借以引导药物的效能到达需要治疗的部位,从而提高药效。另外,药物酒渍不易腐坏,便于保存,可以随时饮用。这就是药酒受到历代医家重视和广大群众欢迎的原因。

药酒还有延年益寿之效。这一点在历代的医疗实践中已得到了证实。例如对老年人具有补益作用的寿星酒;补肾强阳、乌须黑发的回春酒。李时珍在《本草纲目》中列举了69种不同功效的药酒。例如五加皮酒可以"祛一切风湿痿痹,壮筋骨,填精髓";当归酒"和血脉,壮筋骨,止诸痛,调经";人参酒"补中益气,通治诸虚";黄精酒"壮筋骨,益精髓,褒白发"等。

其实,用酒治病在外国也很流行。乔姆希立科在他的《临床医药的酒饮料》著作中是这样介绍的:在发明激素很久以前,酒饮料是糖尿病患者的药物;即使在能够使用激素以后,酒饮料仍不会被放弃。在欧洲,许多医生将酒饮料特别是烈性佐餐葡萄酒作为糖尿病患者饮食的重要部分。经试验和研究表明,糖尿病患者一天饮用一杯左右的烈性佐餐葡萄酒,血液中的糖分基本不上升。以酒治疗心绞痛,早在几个世纪以前就被应用了,时至今日,许多医生仍认为酒比硝酸盐更为出色。心绞痛是因冠状动脉硬化心肌缺血而引起的阵阵剧痛,在发作时饮用 1～2 小杯不经稀释的蒸馏酒(威士忌、烧酒等),一般在 2～3 分钟就可使剧痛缓解。

5. 科学饮酒方法

科学饮酒法,就是根据饮酒者的年龄、性别、身体素质、经济状况、工作性质、心理状态、嗜好及所处的环境、季节、气候,所患病症等因素,选择适宜的酒类饮料,根据酒量酌情饮用的饮酒养生法。

(1)青壮年男子适宜饮葡萄酒、啤酒、黄酒,不宜时常饮烈性白酒。若喜欢饮酒者,可饮少量白酒,但每天不要超过 100 毫升;老年人适宜饮葡萄酒、啤酒,若饮白酒,每次不宜超过 50 毫升,以 30 毫升为宜;妇女、儿童在喜庆节日可饮少量的葡萄酒、啤酒、香槟酒;孕妇尽量不饮酒,儿童也不宜时常饮酒。

(2)为了消除疲劳,体力劳动者可饮适量的白酒、啤酒;脑力劳动者宜饮山楂酒、葡萄酒、啤酒;夏季宜饮凉啤酒、香槟酒和葡萄酒,冬季宜饮热啤酒、葡萄酒。

(3)根据不同的地域、经济状况及嗜好选择酒类。比如在我国南方各地,人们多喜欢饮低度酒,不喜欢饮烈性白酒;经济条件一般而又喜欢饮酒者,宜选高度数的白酒,少饮而价廉;经济富裕而又不嗜酒者,宜选葡萄酒、啤酒、低度白酒。

(4)喜庆及招待贵客的酒宴,宜选用名优酒,既能烘托酒宴间的热烈友好气氛,又能体现东道主对客人的敬重之意。一般自酌或家庭成员聚餐可选低度的白酒、葡萄酒、啤酒等价廉的酒类。

(5)人在喜庆之际,心情欢畅之时,宜饮低度酒类,如葡萄酒、啤酒,不宜饮烈性白酒,以避免乘兴狂饮而醉酒;抑郁烦闷时只宜酌情少饮些低度酒,达到振奋精神、缓解忧虑、紧张、抑郁、沮丧情绪的目的即可。不可借酒消愁而暴饮无度,以免醉酒伤身,酗酒闹事。

(6)"醉酒伤身,多饮亦有损健康"。过量饮酒会引起醉酒是世人皆知的。然而,许多人则不知醉酒就是急性酒精中毒。因此饮酒要科学,理当适可而止。从生理上讲,人喝下的酒都需要肝脏进行分解。不管一个人的酒量有多大,而肝脏每天却只能分解 100 毫升白酒所含的酒精,所以,一般成年人一天的饮酒量不宜超过 100 毫升白酒。长期饮酒的人,每天最好只饮 50～80 毫升白酒;若是老年人及冠心病患者,每天饮 30～50 毫升白酒为宜。

(7)饮白酒、黄酒宜慢饮细啜,暴饮则会对咽喉、胃产生强烈刺激,而且容易醉酒;饮用啤酒则不宜慢饮细啜,倒是适合一口气喝到只剩下泡沫为止。

(8)饮酒时只有慢慢地饮,细细地品尝,才能领略各种酒的独特之美。若举杯一饮而尽,或连干数杯,那会很快使人大醉,也就根本领略不到它的美味了。必须小酌慢饮,才能深得其妙。把酒慢慢地斟进杯中,闻其香。呷上一小口,品其味。用舌尖沾酒,品尝它的甘美,再用舌的两侧和后根领略它的酸甜苦辣。最后咽进肚里,再从口腔鼻腔返回悠悠余长的醇厚、浓郁味道,使您感受到一种美妙的享受和乐趣。

(9)美酒要配佳肴,饮酒要吃好菜。但下酒菜总是大鱼大肉等也不一定好。配菜要清淡、芳香,食之不腻,既有风味,又可解酒。酒与饭菜之间要注意营养平衡,要防止体内热量过剩,使人发胖。比如,一般情况下,喝 1 瓶啤酒,就应少吃半碗饭。

(10)饮酒要自觉地节制,个人对自己的酒量应心中有数,喝到六七分就可以了,不能嗜酒贪杯。有人劝酒也好,自斟自饮也好,都不可忘乎所以,免得失态伤身。

6. 饮酒注意事项

(1)喝烈性白酒宜慢饮细品,不宜暴饮多喝。白酒不宜与汽水同饮,否则会使酒精在全身迅速挥发,并产生大量二氧化碳,对胃肠、肝均有害处。

(2)白酒、黄酒中含有微量的甲醇、醛、醚类等有机化合物,对人体健康不利,如将黄酒、白酒隔水烫热至 60～70℃ 再饮,这些不良成分就会随温度升高而蒸发,使酒味更加芬芳浓郁。

(3)空腹饮酒,胃壁吸收酒精的速度比饭后快得多,这就是空腹饮酒易醉的原因。况且,在饮酒之初,胃液分泌增加,胃液的酸度增高了,这时又没有食物供胃液消化,以致胃酸和酒精一起刺激胃黏膜,酒性越烈,对胃的刺激和损害就越大,因此,不要空腹饮过量的酒。

(4)由于酒精对神经系统的刺激和影响,易使大脑失去正常功能,所以办重要之事,工作时间都不要喝酒,尤其是汽车、飞机、轮船的驾驶人员均禁止饮酒,以免发生意外事故。在国外,酗酒已成为一个严重的社会问题。据统计,法国每年有 4 万人因酗酒而死亡;酗酒使美国工业每年损失 200 亿美元;全世界的交通事故和工伤事故,1/3 以上是由酗酒造成的。

(5)过量饮用烈性酒后禁忌性生活。科学研究表明,男子大量饮酒后,精液中 70% 的精子发育不全。若此时同房后妻子怀孕,将会有 26% 的胎儿出现先天性畸形,故我国古代医书有"酒后勿入室"的记载。

(6)酒后勿洗澡。酒后入浴,体内储存的葡萄糖会大量消耗,从而引起体内血糖含量下降,导致体温降低。同时,酒精抑制了肝脏的正常生理活动能力,阻碍肝脏对葡萄糖储存的恢复,造成机体疲劳,甚至导致低血糖休克,故民间有"酒后不入浴"之谚语。

(7)酒是化学性饮料,故不宜与许多药物同服,阿司匹林等解热镇痛片、安乃近、吲哚美辛、酚氨咖敏(克感敏)、氯苯那敏(扑尔敏)、异丙嗪、呋喃唑酮(痢特灵)、氯氮䓬、利血平、帕吉林(优降宁)等药,均忌与酒同服。有人介绍,服阿司匹林(或解热镇痛片)后再饮酒,能增大酒量。此经验切勿仿效。因为事实表明,服用阿司匹林同时饮酒可引起胃肠道出血。

(8)患有精神病、癫痫,急、慢性肝炎和胃溃疡等病症均忌饮酒。

(9)不要喝"工业用酒精"配制成的酒。因这种酒精含有甲醇、甲醛等有剧毒物质。人们一次喝 5 克甲醇就能引起中毒,发生视觉障碍,喝进 8～10 克甲醇则可致人永久失明,甚至死亡。

7. 酒有八大社会功效

古往今来,英雄豪杰,男子汉大丈夫,没有几个不爱喝酒的。男人们缘何对酒如此情有独钟,是因为酒至少有如下八大功效吧。

(1)酒是宴席上品:无论国宴、家宴、公宴、私宴,还是婚丧嫁娶宴,开业庆典宴,朋友聚会宴,饯行接风宴,庆功宴,谢师宴,以及再婚宴、复婚宴、离婚宴等,哪一种宴席上少得了酒呢。自古不就有"无酒不成宴""无酒不成敬意"之说吗?

(2)酒能拉近人与人之间的距离,增进人与人之间的友谊:朋友之间表示友谊的最好方式,莫过于请你喝酒了;下级对上级表示敬意的最好方式,莫过于请你喝酒了。请你喝酒,请你喝酒,喝了人家的酒,当然也得回请人家一下,礼尚往来嘛。一来二往,朋友之间的关系就密切了,同事之间的关系就融洽了,领导和群众的关系就和谐了,于是大家的距离就拉近了。

(3)酒是壮胆之品:"临行喝妈一碗酒,浑身是胆雄赳赳。"京剧《红灯记》李玉和的一句经典唱词一语道破酒乃壮胆之品。平时不敢说的话,几杯酒下肚,便敢说出口来;平时不敢做的事,几杯酒下肚便敢做出来。武松景阳冈上拳打猛虎全凭十八碗酒壮胆,要不,你再借武二哥一颗胆,怕他也不敢夜行景阳冈。俗话说:酒壮怂人胆。

(4)酒有健身功效:俗语说:"酒是粮食精,越喝越年轻""饭后一杯酒,能活九十九"。可见,喝酒不仅可以健身,使人保持年轻态,而且还可延年益寿,使人长命百岁。

(5)酒能使人"实话实说":所谓酒后吐真言。要想让人说出真相,透露真情,最常用的简单办法,就是喝酒,喝酒,再喝酒,以诱人喝醉。

(6)酒能激发灵感:李白斗酒诗百篇。虽有些夸张,但是李白作诗填词的灵感的确与豪饮有关。

（7）酒能化解忧愁："何以解忧,唯有杜康"。酒能使人忘却忧伤烦恼,振奋精神;但也有人借酒消愁,从此意志消沉。

（8）酒是一种文化:中国的酒文化博大精深。古往今来,与酒有关的文章、诗篇不胜枚举。什么"葡萄美酒夜光杯,欲饮琵琶马上催""明月几时有?把酒问青天""劝君更尽一杯酒,西出阳关无故人""五花马,千金裘,呼儿将出换美酒"等,不胜枚举。

8. 饮酒的"四种最佳"

（1）最佳品种:酒有白酒、啤酒、果酒之分。从健康角度看,当以果酒之一的红葡萄酒为优。法国人少患心脏病即得益于此。据研究人员介绍,红葡萄酒中有一种植物色素成分,具有抗氧化与血小板抑制双重功效,能保护血管弹性与降低血液黏度,使心脏不致缺血,常饮红葡萄酒患心脏病的概率会降低一半。

（2）最佳时间:每天下午两点以后饮酒较安全。因为上午胃中分解酒精的酶——酒精脱氢酶浓度低,饮用等量的酒,较下午更易吸收,使血液中的酒精浓度更高,对肝、脑等器官造成较大伤害。此外,空腹、睡前、感冒或情绪激动时不宜饮酒,尤其不宜饮白酒,以免损伤心血管。

（3）最佳饮量:人体肝脏每天能代谢的酒精约为每千克体重1克。一个60千克体重的人每天允许摄入的酒精量应限制在60克以下。低于60千克体重者应相应减少,最好掌握在45克左右。换算成各种成品酒应为60度白酒50毫升、啤酒1升、威士忌250毫升。红葡萄酒虽有益健康,但也不可饮用过量,以每天2～3杯为佳。

（4）最佳下酒菜:空腹饮酒有损健康,选择理想的下酒菜既可饱口福,又可减少酒精之害。从酒精的代谢规律看,最佳下酒菜当推高蛋白和含维生素多的食物。如新鲜蔬菜、鲜鱼、瘦肉、豆类、蛋类等。注意,切忌用咸鱼、香肠、腊肉下酒,因为此类熏腊食品含有大量色素与亚硝胺,易与酒精发生反应,不仅伤肝,而且损害口腔与食管黏膜,甚至诱发癌症。

9. 适度饮酒,使人更聪明

研究人员最新研究发现,那些每天吃饭的时候喝上一两杯的人要比那些滴酒不沾或者酗酒者思维更加敏锐。澳大利亚一家综合大学对 7000 名被调查者的调查发现,那些适度饮酒的人在语言技巧、记忆力及思维能力方面要比那些在喝酒方面做法极端的人强很多。适度饮酒是指对于男性来说每周饮酒 14～28 杯,对于女性来说每周饮酒 7～14 杯。其原因还不太清楚。但是这一研究推翻了以前通常认为"酒精会杀死脑细胞,让喝酒人大脑变笨"的说法。罗杰斯布莱恩博士称,那些适度饮酒的人似乎也更加健康,不论在体质上还是在精神上。

研究人员对饮酒者的身体健康、个性、社会生活、社会关系、朋友关系及敌人等进行调查,并没有找出解释上述现象的令人满意的说法。其中,似乎与社会因素无关。

滴酒不沾未必对健康有利。英国伦敦大学通过一项健康调查得出一个有趣而惊人的结论:不喝酒者和酗酒者有一样高的病死率,而经常适量饮酒者却能延年益寿,并能降低心脏病的发病风险。该调查始于 1985 年,研究对象涉及 10 308 名在伦敦工作的各行各业的人。通过连续 11 年的跟踪调查,研究人员发现:不饮酒的人在 11 年里死亡的人数是那些每周摄入 8～80 克酒精的人的两倍。在对女性的调查中发现:如果一个女性在一天中喝两次以上的酒,其死亡危险比每周只喝一次或两次酒的人高 7 倍。在对男性的调查中发现:不饮酒的人和每周摄入酒精超过 248 克的人,不管喝的是白酒、啤酒还是葡萄酒,有着同样的死亡风险。

研究人员对饮酒的频率和饮酒量同时进行了分析,结果发现:对于心脏病来说,完全不喝酒的人的发病风险比那些少量饮酒的人高出 80%。另外,女性如果每周摄入的酒精超过 160 克,心脏病的发病风险会增加 58%。而对于男性来说,即便每周摄入的酒精超过 240 克,也不会增加心脏病的发病风险。

10. 适度饮酒能长寿的原因

(1)疏通血脉,祛风散寒:酒性温,味甘、辛,少饮有疏通血脉、活血祛瘀、祛风散寒、行药祛邪的功效。《内经》中已有关于古代用酒治疗的记载。《千金要方》中收集了大量的药酒方,用于各种疾病的防治。如独活酒治痹,附子酒治胀满,紫石酒治虚冷,杜仲酒治腰痛等。

老年人阳气渐衰,血脉不畅,易受风、寒、雾、露的侵袭,如能合理适量饮酒,可以疏风通络,轻身延年。唐代医学家、药王孙思邈是一位长寿之人,他在《千金要方》中提出:"冬服药酒两三剂,立春则止,此法终身常尔,则百病不生"。《保生月录》中记载:"夏月清晨炒葱头饮酒一二杯,令血气通畅""冬日早出宜饮酒,以却寒,或噙姜以辟恶",说明酒与药物配合使用能增强保健益寿的功效。

(2)药酒效果更好:酒的种类很多,作用也不尽相同。浸药多用白酒,做药引多用米酒,活血止痛多用黄酒。少量饮用葡萄酒可强心提神。《新修本草》谓其"能消痰破澼"。啤酒以大麦芽发酵而成,营养丰富又可健胃消食。饮酒的数量及方法宜据各人不同的体质情况而定,不能一概而论。总的原则是少饮、淡饮,反对暴饮杂饮。如《养生要论》中引阮坚之的话讲:"淡酒、小杯、久坐细谈,非唯娱客,亦可养生。"《清异录》指出:"酒不可杂饮,饮之,虽善酒者,亦醉。"

11. 适度饮酒能促进健康

据香港大公报报道,荷兰国家公共卫生和环境研究所研究人员最近在美国一次学术会议上公布的研究报告显示,少量饮酒能够延长男性的平均寿命,并显著降低患心血管疾病的风险。他们对荷兰工业城市聚特芬出生于 1900—1920 年间的 1373 名男性进行了为期 40 年的跟踪研究,并对他们的饮酒、饮食、吸烟习惯及是否存在心脏病、糖尿病、癌症等进行了 7 次调查。研究期间,一部分人因各种疾病死亡。发现长期适量饮酒者死于心血管疾病的风险比不饮酒者低 34%,平均寿命也比后者高 3.8 岁,而且发现强身健体效果喝红酒比喝其他酒效果更好,并认为适量饮酒能增加有益的高密度脂蛋白浓度,防止脑卒中或血液凝结。因此,参与研究的马尔加·奥克表示:"如果你喜欢饮酒,那么就请每天最多饮酒 1～2 小杯,而且最好是喝红酒。"

12. 破解饮酒的"十大误区"

(1)酒兑饮料时尚且健康:时下,喝酒兑饮料成了一种饮酒时尚。红酒加雪碧,威士忌加冰红茶,啤酒加可乐……各种"混搭"组合数不胜数。由于兑了饮料的酒浓度较低,感觉像在喝饮料,所以很多人对它情有独钟。但专家提醒,通常用来兑酒的碳酸饮料,在胃里放出的二氧化碳气体会迫使酒精很快进入小肠,而小肠吸收酒精的速度比胃要快得多,从而加大伤害。

另外,兑着饮料喝酒,表面上看是稀释了酒,结果却容易让人越喝越多。因为一开始觉得像在喝饮料,就使劲喝,一旦察觉到有酒精作用时,就已经喝多了。

(2)白酒伤身红酒养人:很多人认为,喝白酒伤身,喝葡萄酒对健康有益,多喝点也没关系。事实上,不管是红酒还是白酒,关键还在于控制饮用量。专家指出,每周酒精的饮用量男性为 140 克以下,女性为 70 克以下,过多就有患酒精性肝病的危险。140 克酒精相当于 50 度的白酒 150～200 毫升,也就是说,成年男性每周饮用 50 度的白酒不能超过 150～200 毫升,而红酒则要控制在每天 50～100 毫升。

(3)喝酒脸红的人不易醉:这句话常在宴席上被用作劝酒的理由。但事实上,醉酒和脸色并无多大关系。有些人认为,喝酒脸红如关公是好事,认为这代表血液循环好,能迅速将酒精分解掉,因此不容易醉。但专家指出,酒量和脸色没有太大关系,因人而异。事实上,导致很多人认为喝酒脸红的人不容易醉的原因其实是,红脸的人大家一般少劝酒,因此喝得少,加上酒后发困,睡上 15～30 分钟就又精神抖擞了,而白脸的则往往不知自己的底线,在高度兴奋中饮酒过量。

(4)腊肉、香肠做下酒菜:聚餐时千万不要空腹喝酒,如果事先不能先吃点东西垫肚子,最好也是边吃菜边喝酒。同时,切忌用咸鱼、香肠、腊肉下酒,因为此类熏腊食品含有大量色素与亚硝胺,与酒精发生反应,不仅伤肝,而且损害口腔与食管黏膜,甚至诱发癌症。为了尽量减少酒精对胃和肝脏的伤害,减少脂肪肝的发生,喝酒前最好先吃点东西,比如喝一杯牛奶,或者吃点鸡蛋和肉,因为这些高蛋白的食品在胃中可以和酒精结合,发生反应,减少对酒精的吸收。

(5)感情深一口闷:有些人喜欢大口喝酒,并且爱喝快酒,动不动就劝大家"感情深一口闷,感情浅舔一舔"。其实,喝酒的速度宜慢不宜快,饮酒快则血中乙醇浓度升高得也快,很快就会出现醉酒状态,若慢慢喝,体内有充分的时间把乙醇分解掉,不易喝醉。

(6)烟酒不分家:一些人认为,"一支烟、一杯酒,快乐似神仙",尤其是喝酒喝到了兴头上,边上递过来一支烟,这时哪怕一些平时没有吸烟习惯的人,也会边说"难得今天高兴",边接过来点上。事实上,边喝酒边抽烟,是伤肝又伤肺。因为香烟中的尼古丁会减弱人们对酒精的感觉,相当于被"麻醉"了,不知不觉中就会大大增加了饮酒量。

(7)高度酒才够劲:日常生活中,有些人总觉得低度酒是酒精与纯水勾兑的,喝着没劲,而高度酒多为粮食酿造,喝醉不上头,喝着更带劲。其实,度数越高的酒也意味着酒精含量越高。因为酒精进入体内 90% 以上是通过肝脏代谢的,大量的酒精加重了肝脏的解毒负担,酒的度数越高,摄入量越大,对肝的损伤就越严重。另外,酒精经肝脏分解时需要多种酶与维生素的参与,酒的酒精度数越高,机体所消耗的酶与维生素也就越多。

(8)突然戒酒有损健康:很多人因为健康问题被医生建议戒酒,但很大一部分人始终未能成功戒酒,甚至会以"突然戒酒反而伤身体"为理由,继续自己的美酒生涯。专家指出,一些人认为"突然戒酒反倒伤身",其实指的是一种戒断症状。对酒精已经产生了依赖的人,如果突然戒酒,可能会出现手抖、心慌、抽搐、呕吐等戒断症状。事实上,此时更应戒酒,而不应该喝一点酒来缓和症状。针对这种戒断症状,临床上有适当的药物能有效控制戒断症状。

(9)喝醉了抠咽喉催吐:日常应酬中,不少人采用的"秘诀"就是喝多了之后到卫生间抠咽喉催吐,呕吐之后感觉好受一些,甚至可以继续喝酒。专家指出,这属于"危险动作"。抠咽喉催吐一定要在清醒时或医护人员的帮助下进行,因为醉酒者意识不清,很容易吸入呕吐物引起窒息,甚至危及生命。另外,剧烈呕吐会导致腹内压增高,除了容易引起食管、胃出血外,还会使十二指肠内容物反流,引发急性胰腺炎等急症。

(10)浓茶或咖啡可醒酒:有些人认为,酒后喝浓茶或咖啡有"醒酒"作用,事实上这是一种误解。酒后饮浓茶,茶中的咖啡因等可迅速发挥利尿作用,促进尚未分解成乙酸的乙醛(对肾有较大刺激作用的物质)过早地进入肾脏,使肾脏受损。而咖啡的主要成分是咖啡因,有刺激中枢神经和肌肉的作用,酒后喝咖啡会使大脑从极度抑制转入极度兴奋,并刺激血管扩张,加快血液循环,极大增加心血管的负担,对人体造成的损害会超过单纯喝酒的许多倍,甚至诱发高血压。

13. **老年人饮酒益处多**

有喝酒爱好的老年人,适当喝点酒,有益于温通血脉、调和气血,是一种美好的生活享受。适当饮酒,对于心脏病病人有助于血管扩张,使血液加速流入缺氧的心肌和身体其他各部,克服短暂呼吸不足的困难。国外学者经过多年的研究表明:老年人适当饮酒能降低冠心病病死率,以适度饮酒与不饮酒比较,总病死率为1:1.33,冠心病病死率为1:3.13。另外,适量饮酒可使全身组织特别是动脉血管平滑肌松弛或扩张,并且能将血液高密度脂蛋白升高,有利于血压下降及保护心肌细胞。

(1)黄酒:黄酒含有丰富的糖分、甘油、糊精、酯类、氨基酸和维生素等多种营养成分;集饮料、药用、作料于一身,每升发热量1～2千卡,而且多为低分子糖类和以肽、氨基酸的浸出物状态存在,极易为人体吸收,并有镇静安眠之效。

(2)低度白酒:优质低度白酒刺激性小,醇而不烈。适当饮用能舒筋活血,起到与进行体力活动相同的效果。并能增加血液中高密度脂蛋白,减少低密度脂蛋白,使胆汁、胆固醇含量减少,对于防止胆结石有帮助。还能消除积累在动脉壁上的有害胆固醇类,起到保护心血管作用。

(3)葡萄酒及其他果酒:酒精为12～24度,主要成分是水、酒精、醇类、酸和酸性盐、糖、鞣酸、蛋白质、果胶等。饮用葡萄酒对身体虚弱、患失眠症和精神倦怠者及老年人来说是有益的。山楂酒具有开胃止痛、消食化积、治痢止泻、镇痛收敛、调经化瘀、活血止血、软化血管、降脂降压等功效,老年人也可饮用。

(4)加入中草药材酿制的保健滋补酒及药用酒,如人参酒能补中益气、开胃健脾;枸杞酒能补肾益精、润肺明目;五加皮酒能除风湿、壮筋骨。

因此,一些研究者认为,老年人适量喝点酒有益身体保健。但一定要适量,每天以50毫升左右为宜,特别是药用酒应遵医嘱。肝炎病人及饮酒过敏者,则应禁用酒类。

14. 适量饮酒可防电磁辐射

饮酒可抗电磁辐射。长时间看电视,电视荧光屏的辐射对人体有害。如果看电视前适量饮酒,就不必担心电视的微量辐射了。

因为酒类含有的酒精成分，能吸收并中和射线产生的有毒成分，从而保护生物体内细胞免受伤害。所以，看电视前适量饮酒对身体健康是有好处的。但另一方面，酒后看电视对眼睛不利。有人经过研究发现，人在正常情况下，连续收看4～5小时的电视节目，视力会暂时减退30％，尤其是观看彩电，会因大量消耗视网膜上圆柱细胞中的视紫红质，使视力衰退。

若长期饮酒，特别是酗酒，对眼睛是有较重损伤的，尤其是甲醇，能使视神经萎缩。酒后再看电视节目，自然会使眼睛受到更大的损伤。因此，酒后看电视应注意掌握，眼睛不要正对屏幕，并且要坐在离电视机1.5米以外的地方才好。

15. 美酒外用让女人美丽长久

(1)爱啤酒，告别发如雪：哪个女孩也不会愿意自己的头发真的雪花片片，一头青丝乌发如果出现了头皮屑，那绝对是美丽的噩梦。去屑洗发水的有效性乏善可陈，头发日渐干枯分叉却是不争的事实，如果真有一种方法能消灭头皮屑又营养头发，你难道不会爱上它吗？

人们普遍认为头皮屑是由头皮上的真菌引起的，这种真菌以皮脂(自然分泌的油脂)为食，随新陈代谢产生(包括脂肪酸)，可引起头皮发炎和增加细胞繁殖的概率。啤酒中的少量酒精能够杀掉头皮上的细菌，其中的酵素能够为头皮细胞注入活力并促进细胞的代谢，而维生素、矿物质和氨基酸又能为发丝提供营养，是天然的美发剂。方法是先把啤酒在热水里烫温，然后倒在头发上将头发弄湿，保持15～30分钟，并不断地轻揉头皮。然后用温水冲洗，最后用普通洗发膏洗净，每日两次，四五天就可以除尽头皮屑、消除瘙痒。这种方法对头皮没有丝毫损伤，头发还能变得更有光泽更柔顺。

(2)爱红酒，告别皮肤松弛：有什么比一身的肤如凝脂更能让女人们心动？肌肤在热水中渐渐由僵硬变得柔软，毛孔扩张，好像所有的疲劳都挥发一空了。如果在洗澡水中加入对肌肤有益的成分，就很容易被肌肤吸收。红酒含有丰富的矿物质和抗氧化的多酚，尤其是多酚，它的抗氧化的能力是维生素 C 和维生素 E 的很多倍，酒精可以促进肌肤吸收养分，让营养成分更快进入肌肤里层。用红酒泡澡，能够加速肌肤的新陈代谢，让肌肤红润、细腻、紧致而有弹性，还有抗衰老和瘦身的功效。方法是在洗澡水中倒入200 毫升左右的红酒，浸泡 15～30 分钟，并用双手按摩身体，直至全身微微发热。注意水温不要太高，因为红酒中的营养成分如维生素、果酸等，在高温下容易变质、流失。而且在泡过之后要彻底用清水清洁，否则残留在肌肤上的酒精会带走肌肤大量水分。

(3)爱清酒，告别黄脸婆："黄脸婆"，多么让人烦恼的字眼，为了逃离这个名号，女人们消耗了太多的护肤产品和彩妆，我们的面孔就像试验田一般一次又一次地接受着挑战。清酒有着很好的美容疗效，能够帮助减轻厚重的粉妆对皮肤的伤害。清酒含 18 种氨基酸和蛋白酶等多种营养成分，能活化肌肤，还有保湿的功效，所含的酒精成分不但不会刺激皮肤，反而能深入毛孔清除污垢，从而保持皮肤光滑。方法是将少许清酒放入温水中，在卸妆后轻泼洗脸；或者，以清酒代替水，混入面膜粉中敷脸。选用精米度低（即米粒外壳磨得愈多）的清酒，效果会更好。

16. 饮酒方法有讲究

(1)黄酒：可带糟食用，也可仅饮酒汁。后者较为普遍。传统的饮法，是温饮，将盛酒器放入热水中烫热，或隔火加温。温饮的显著特点是酒香浓郁，酒味柔和。但加热时间不宜过久，否则酒精都挥发掉了，反而淡而无味。最佳温度：适当加温后饮用，口味倍佳，但是究竟温度多少为宜，还没有人做过系统研究。古代用注子和注碗，注碗中注入热水，注子中盛酒后，放在注碗中。近代以来，用锡制酒壶盛酒，放在锅内温酒。一般以不烫口为宜。这个温度为 45～50℃。

（2）葡萄酒：一般是在餐桌上饮用的，故常称为佐餐酒。在上葡萄酒时，如有多种葡萄酒，哪种酒先上，哪种酒后上，有几条规则：①先上白葡萄酒，后上红葡萄酒；②先上新酒，后上陈酒；③先上淡酒，后上醇酒；④先上干酒，后上甜酒。

最佳温度：不同的葡萄酒适宜的饮酒温度有所不同：①白葡萄酒和红葡萄酒 8～12℃；②香槟酒、甜型白葡萄酒 6～8℃；③新鲜红葡萄酒 12～14℃；④陈年红葡萄酒 15～18℃。

（3）白酒和啤酒：白酒一般是在常温下饮用，但是，稍稍加温后再饮，口味较为柔和，香气也浓郁。邪杂味消失。其主要原因是，在较高的温度下，酒中的一些低沸点的成分，如乙醛、甲醇等较易挥发，这些成分通常都含有较辛辣的口味。啤酒是一种低酒度的饮料酒，较适宜的饮用温度在 7～10℃，有的甚至在 5℃左右。如果喝黑啤酒，温度更低些，较为流行的做法是将酒置于冰箱内冻至表面有一层薄霜时才拿出来喝。

（4）开胃酒、佐餐酒和饭后酒：①开胃酒，这是饭前饮的酒，能增加食欲。适合于开胃酒的酒类品种很多，这些酒大多加过香料或是植物性原料，用于增加酒的风味。现代的开胃酒大多是调配酒，用葡萄酒或烈性酒作酒基，加入植物性原料的浸泡物。②佐餐酒，是在进餐时饮的酒，常用葡萄酒。③饭后酒，在西方有先吃饭后喝酒的习俗，饭后酒的种类主要是白兰地和利口酒。利口酒也是一种烈性酒，但其风味是由加入的香料决定的。制作方法主要有两种：一种是将风味料浸泡在烈性酒中，另一种方法是加入香料后进行蒸馏。因都要加入糖浆作为甜味剂，故利口酒都是甜酒。

17. 品酒论优劣

逢年过节，走亲访友，所带礼品中少不了酒。怎样才能买到价廉物美的酒呢？下面介绍一些简单的鉴别优劣的方法。

（1）白酒：一般无色透明，首先要看看酒色是否清澈透亮。鉴别时，可将同一牌子的两瓶酒迅速同时倒置，气泡消失得较慢的那瓶酒质量较好。因为气泡消失得慢,说明酒浓度高,或者存放时间长,喝时酒味会更加醇香。再看是否有悬浮物或沉淀。把酒瓶颠倒过来,朝着光亮处观察,如果瓶内有杂物、沉淀物,酒质量就不好。最后看包装封口是否整洁完好。现在不少酒厂都用铝皮制作的"防盗盖"封口,这样比较保险;酒瓶上的商标也要细看,因为一般真酒的商标印制比较精美,颜色也十分鲜明,并有一定的光泽,而假冒的却非常粗糙。

(2)啤酒:首先看瓶装啤酒的商标,背面一般印有出厂日期。按国家规定,瓶装鲜啤酒,保存期为 7 天;瓶装熟啤酒,保存期为40～60 天。啤酒过期则质量下降,甚至不能饮用。优质啤酒清亮透明,无悬浮物和沉淀物,色泽呈淡黄色、米绿色或金黄色,如果酒色暗淡则不要购买。将啤酒倒入杯中应有泡沫升起,可按泡沫状况进行质量鉴别。泡沫颜色洁白、细腻,奶油状为优;反之,色泽暗淡、泡沫稀少为劣。泡沫升得越高,质量越好,泡沫从升起到消失持续的时间越长越好。喝完啤酒后,酒杯内壁和底部残留的泡沫越多,说明啤酒质量越好;反之,泡沫粗又带有微黄色,持续时间短则质量差。喝一口啤酒含在嘴里细细品尝,若有酒花和麦芽香味,入口醇香,清爽柔和,回味醇正为佳;如果有苦涩味就次之。如出现悬浮物、沉淀物、发酸,表明已变质,切勿购买食用。

(3)葡萄酒:不同的葡萄酒,其色泽不同。红葡萄酒为紫色,白葡萄酒为淡黄色,桃红色葡萄酒为桃红色。但是不论什么颜色的葡萄酒,都应该透明、鲜艳、不浑浊。葡萄酒应有天然的果香,不应有杂味。质量好的葡萄酒入口醇香,不能带苦、涩味。

18. 酒的社会魅力

(1)酒可助兴:饮酒被用于刺激人们的感情,或用于促,或用于抑,在人们神经活动过程中起着催化作用,也就是人们常说的"助兴"。无论在古代,还是现实生活中,我们随时可见:贺喜、庆功、祝捷、感恩、谢师、待客、励志、排忧、解闷、压惊、节怒、赠别、团聚、访友……这时都要饮酒,其目的是为了调节情绪、交流感情,满足人们精神生活的需要。

(2)酒可成礼:酒用于各种礼仪中,即古人所谓"成礼"。其实这也是间接地表达人们的感情,满足精神生活的需要。古人礼重,不胜枚举,可都是"百礼之会",非酒不行。直至今天,我们仍时时可以见到:订婚酒、结婚酒、女儿酒、百日酒、生日酒、毕业酒、出师酒、团圆酒、接风酒、饯别酒、出丧酒、立春酒、清明酒、端阳酒、中秋酒、重阳酒、除夕酒以及各种节日之酒、宴会之酒……酒已成为各种礼仪中不可缺少的一个部分。

(3)酒可解忧:酒,可以消愁解忧。曹操的"何以解忧,唯有杜康",早已传颂千古,并成为酒徒酒仙放浪形骸,贬谪之人借酒浇愁、失意文人消除忧思的箴言。

人的忧愁主要有:思念故人之忧,感时愤世之忧,思恋故乡之忧,壮志难酬之忧等。可见人的忧思是内心的情感受压抑不能得以宣泄郁结而成的。

(4)酒可出智:李白的善饮是有名的,所以郭沫若说:"读李白的诗使人感觉着,当他醉了的时候,是他最清醒的时候,当他没有醉的时候,是他最糊涂的时候"。这就是郭老对李白酒与诗关系的推断。宋朝大文豪苏东坡所说:"得酒诗自成。"酒可以出智,对于少数人来讲可能是借着酒的兴奋刺激,精神振奋,思维敏捷,可写出一些好文章或绝妙的诗句,但对于大多数人来讲,酒饮多了,出现的则是相反现象。因此,上面所举的轶事趣闻,仅为茶余饭后的话题,不具科学的依据。

(5)酒可交友:"酒逢知己千杯少"。原来酒主要是祭奠祖先用的,以后送往迎来、喜庆佳日也成为不可缺少的饮料了。酒的神奇力量,的确使陌生的人亲近了,使忧愁满腹的人饮以忘忧了,也使平常沉默寡言的人倾吐心声了。

(6)酒可壮胆:既可以助人行正义之举,也可使人行不义之事。

君不见,某些人动辄喝得大醉,轻者口吐狂言,重则行凶,终陷囹圄,不亦悲乎!

19. 为何低度酒不宜久放

低度酒一般是指酒内的酒精含量低于 40% 的酒。葡萄酒和啤酒的酒精含量则更低些。这些低浓度酒对微生物抑制能力较弱,当酒瓶开启后,一次喝不完,空气中的微生物就很容易在酒中滋生起来,并经发酵产生醋酸、乳酸等化合物,酒就会变酸。

20. 酒杯形状会影响人的饮酒量

一项研究显示,人们倒酒时会受酒杯形状的影响,相比于长身窄口的杯子,人们往往在短身宽口的酒杯中多倒一些酒。这项由美国伊利诺伊大学厄巴纳香槟分校的韦斯克博士所做的调查还发现,即使资深调酒员也会犯同类的错误,只是比常人程度轻一些而已。

在这项研究中,韦斯克进行了 3 项试验。首先,他给参加减肥夏令营的 97 名 12—17 岁的青少年,每人发了一个杯子,用来倒橙汁喝。这些杯子的容量是相等的,但有的高,有的矮,高杯子的高度是矮杯子的两倍。结果发现,青少年倒入矮杯子的橙汁量比倒入高杯子的量多出 76.4%,女生表现得更明显。更有趣的是,他们还都以为自己倒入矮杯子的饮料比倒进长杯子的要少。瑞士著名心理学家皮亚杰曾经认为,儿童容易出现视错觉,但是随着人的成长和阅历增加,他们会逐渐学会区分真相和错觉,从而区别横向和竖向物体的能力也会相应增强。

韦斯克的第二个试验调查得出了与皮亚杰不一致的结论。他以相同的方式又调查了 89 名年龄介于 16—82 岁、平均年龄为 37 岁的成年人。结果显示,成年人往矮杯子中倒的果汁量比往高杯子中多出 19.2%。这表明随着年龄的增长,人们也不能完全消除"高-矮"视错觉。第三个试验是对专业调酒员做的,也得出了相似的结论。

这些研究提醒人们,由于人存在视错觉,在衡量和控制饮食时应有所警觉。也就是说,高杯子可以让你少饮酒,因为人们会不知不觉往矮杯子里多倒酒。

21. 饮酒的完美搭配

(1)啤酒清热解暑:啤酒性凉,适合易便秘、口渴的热性体质,是夏天的解暑佳品。适度饮用有助于防止血栓形成,预防缺血性脑卒中。

健康饮用量:9 度的啤酒,男性每天最好不要超过 350 毫升,女性每天最好不要超过 200 毫升。

完美搭档:坚果类,如醋泡花生米等。坚果中的脂肪和纤维素可以减缓酒精渗透进入血管的速度,同时中和作用还可以使酒精的代谢更为平缓,保护心脏和心血管。

(2)白酒舒筋活血:白酒可通血脉,御寒气,醒脾温中,行药势。主治风寒痹痛、胸痹、心腹冷痛。夜晚服用少量白酒,可起到催眠作用,适量饮用有散寒、舒筋、活血、健胃等功效。

健康饮用量:58 度的白酒,男性每天最好不要超过 50 克,女性每天最好不要超过 25 克。

完美搭档:白酒性热,搭配些凉拌菜(蒜泥黄瓜等)不仅爽口,而且更能衬托出酒香,抑制酒的热性。此外,饮白酒前吃点高蛋白食物,如牛奶、鱼、肉等,可减少酒精对胃壁的刺激。

(3)果酒保护心脏:果酒不仅酸甜美味,且含大量多酚类物质,具有抗氧化、防衰老、软化心血管的作用。

健康饮用量:每天不超过 200～300 克。

完美搭档:蔬菜沙拉或苏打饼干,可减缓对酒精的吸收速度。

(4)黄酒补血养颜:黄酒性热味甘苦,有通经络、温脾胃、散湿气等治疗作用。黄酒还含有维生素 E,适量饮用可补血养颜。此外,黄酒酒精度适中,是较为理想的药引子。

健康饮用量:加饭酒每日不超过 400 克,花雕酒不超过 300 克。

完美搭档:干型黄酒,宜配蔬菜类、海蜇皮等冷盘;半干型黄酒,宜配肉类、大闸蟹;半甜型黄酒,宜配鸡、鸭类。

(5)米酒健脾益胃:米酒具有补养气血、助运化、健脾、益胃、舒筋活血、祛风除湿等功能。

健康饮用量:最好每天不超过 500 克。

完美搭档:鸡蛋。米酒煮鸡蛋是南方人给产妇坐月子时的传统滋补食品。

22. 冬天饮酒选好下酒菜味道更好

很多人认为在冬天喝酒可以起到御寒的作用,真的是这样吗?其实,在冬天饮用不同的酒类具有不同的功效与作用,不能一概而论。今天,为大家介绍一下适合在冬天喝的酒以及下酒菜。

黄酒:御寒养颜。黄酒含有 18 种氨基酸,其中 8 种是人体自身不能合成而又必需的,如糊精、麦芽糖、葡萄糖、脂类、甘油、高级醇、维生素及有机酸等,这些营养物质易被人体消化。这些成分经贮存,最终成为营养价值极高的低酒精度饮品。冬天温饮黄酒,可活血祛寒、通经活络,有效抵御寒冷刺激,预防感冒,适量饮用有助于血液循环,促进新陈代谢,并可补血养颜。一般气温在 10℃ 以下,黄酒最适宜温着喝。将酒具放入沸水中,加温至 40～45℃,这个时候的黄酒不光养胃、暖胃、活血,酒性散发得也快,加入姜丝或话梅是很好的配搭方式。

啤酒:缓解上火。啤酒不是专属夏季的酒类饮品,啤酒含有丰富的糖类、维生素、氨基酸、无机盐和多种微量元素等营养成分,适量饮用,对散热解暑、增进食欲、促进消化和消除疲劳均有一定效果。适度喝啤酒有助于防止感冒。研究发现,每天喝 4 杯啤酒比滴酒不沾者更少感冒。这是因为,酒精可发挥抗炎作用,遏制病毒繁殖,从而抑制鼻黏液产生。冬季人们喜欢吃火锅,如果在汤汁中倒入适量的啤酒,可使汤汁略带醇香,更加鲜美可口。同时,因啤酒中富含大量的维生素,可缓解吃火锅而引起的上火。

低度白酒:舒筋活血。低度白酒刺激性小,醇而不烈。适当饮用能舒筋活血,起到与锻炼身体相同的效果。并能增加血液中高密度脂蛋白,减少低密度脂蛋白,使胆汁、胆固醇含量减少,对于防止胆结石有帮助。还能消除积累在动脉壁上的有害胆固醇类,起到保护心血管的作用。

23. 冬天喝酒吃什么

膳食纤维高的菜。酒精有利尿作用,大量饮酒与频繁排尿会出现钾、钠、镁等无机盐的丢失,而表现出酸中毒、酒精中毒等症状。若能吃些凉拌海带、香菇油菜、拔丝香蕉等,既可稳定水、电解质和酸碱平衡,又可防止酒精中毒。膳食纤维可减缓或减少酒精的吸收,起到保护肝脏的作用。海带、木耳、大白菜等属于膳食纤维高的菜。凉拌海带丝、洋葱拌木耳等都是既护肝又美味的下酒菜。

豆腐,任何酒都含有乙醛,乙醛是一种有毒物质。豆腐中的胱氨酸是一种重要的氨基酸,它能解乙醛之毒,并使其排出体外。因此,人们在饮酒时或饮酒后吃点豆腐是大有好处的。由于蛋白质和脂肪在胃内停留的时间最长,故最好选择瘦肉、鸡肉、豆制品、蛋、奶酪等蛋白质含量高的食物做下酒菜。

糖醋类。酒的主要成分是乙醇,进入人体在肝脏分解转化后才能排出体外,这样会加重肝脏的负担。所以做下酒菜时,应适当选用几款保肝食品。糖对肝脏具有保护作用,下酒菜里最好有一两款甜菜,如糖醋鱼、糖藕片、拔丝山药、糖炒花生米等。

24. 喝杯热酒暖暖身

随着大家健康意识的不断增强,很多人饮用酒水的方式也越来越讲究。寒冷的冬日里,有人喜欢把酒水加热饮用,觉得这样喝起来比较暖和。但是,不少人对于酒水加热却存在疑惑,都知道黄酒可以加热,那么白酒和啤酒能加热吗?加热到什么程度?带着种种疑问,近期记者采访了一位酒水业内人士,为大家讲解温酒的注意事项,不同类型酒水加热有讲究。

(1)黄酒:适度加热味道更浓郁。黄酒加热,很多人并不陌生,寒冷的季节,温暖的黄酒喝下去,暖胃活血。在采访中,很多市民表示喝过加热的黄酒,觉得味道更浓郁。

黄酒加热,很多人会把酒倒入水壶、小锅等容器中在火上直接加热。据业内人士介绍,热黄酒的正确方式是水浴加温到45℃左右即可,还可加入话梅、姜丝等配料。

为什么黄酒不能加热温度过高?据业内人士介绍,黄酒加热到45℃左右,酒香开始四溢,温度太低酒香出不来,太高了酒精容易过度挥发,酒味变淡。市民在操作时有一个简便的检测方式,用手触碰一下杯壁,感觉稍稍比体温高些即可。

加热时,黄酒中加入姜丝可防寒保暖,加入话梅酸甜可口,但业内人士强调,黄酒中加了话梅等配料,味道会发生很大变化,若想品味黄酒的真味最好不加。

(2)白酒:加热可去除一些有害物质。跟黄酒相比,白酒是否能加热饮用,很多人持不同观点。有人认为,白酒乙醇含量高、沸点低,将白酒加热很容易挥发,破坏了白酒的口感。事实上,只要控制好温度,白酒加热也有一定好处。

业内人士说,白酒加热后饮用对身体有一定好处。白酒中的主要成分是乙醇,但也含有少量甲醇、乙醛、杂醇油等物质,对人体健康有害。如甲醇对视神经有害,醛摄入量过多会引起头晕、头痛。白酒的甲醇沸点是60℃左右,乙醛的沸点是20℃,加热时,它们会转变成气体挥发掉,从而消除或减少这类有害物质。

业内人士强调,随着现代酿酒工艺的不断发展,严格的质量管理已经将有害物质的含量控制在安全范围。现在人们喝热酒,多是因为想在冬季饮用时更舒服,但是对白酒加热要有限度,如果太热,会使酒中的主要成分乙醇挥发掉,影响口感。

(3)啤酒:搭配米酒加热口味独特。炎炎夏日,来一杯冰镇啤酒最是沁人心脾,但是要在寒冷的冬季,一杯凉啤酒下肚,不少人直呼受不了。

冬天不想喝凉啤酒怎么办?业内人士告诉记者,很多北方人不熟悉啤酒加热的喝法,其实在我国四川等地,冬季加热啤酒很常见。不过,喝热啤酒不是单纯的将啤酒加热,那样会严重破坏啤酒的口感,很多人习惯的做法是将啤酒配米酒共同加热。

业内人士介绍了简单的制作方法,2 瓶啤酒、60 克米酒,少量红枣、枸杞、橘子皮、冰糖一起放入锅中煮沸,熬几分钟关火,这样做啤酒味道同样香气浓郁。不过需要强调的是,这种加热的啤酒喝起来甜甜的,有人不自觉会多喝一些,实际上这种酒也有后劲,不能过量饮用。

25. 怎样喝白酒养生而不伤身

近年来,喝葡萄酒养生已经成为一种时尚,其实,每天适量喝一点白酒也具有养生的功效。适量饮用白酒,可增强心脏功能、增强消化腺的分泌功能、消除疲劳等,少饮有益,多饮有害。白酒饮用太多会损伤身体,饮用太少又起不到养生的作用。

怎样喝白酒才能做到既养生又不伤身呢?酒水专家说,所谓的适量饮酒是有标准的,比如 50 度以上的高度酒,一般每天饮用不超过 50 克,30 度左右的低度酒每天饮用不超过 100 克。

酒水专家说,不仅是白酒,就算是葡萄酒、啤酒也不能过量饮用,否则会影响健康。

"很多人认为白酒应冷饮,因为酒性本热,如果热饮容易损伤胃。如果冷饮,则以冷制热,对人体就不会产生危害了。"酒水专家说,"其实,白酒最好是温饮,切忌不要热饮。"

"有的人喜欢上午喝酒,这是不对的。"酒水专家说,"早晨和上午不宜喝酒，尤其是上午。因为上午胃分泌分解酒精的一些物质浓度最低，在饮用同等量的酒精时更易被人体吸收，导致血液中的酒精浓度较高，对人的肝脏、脑等器官造成较大伤害。"

人们什么时间喝酒最好呢？酒水专家说，每天 14 时以后喝适量的酒对人体比较安全，尤其是在 15～17 时最适宜。此时，由于人在午餐时进食了大量的食物，血液中所含的糖分增加，对酒精的耐受力较强，此时饮酒对人体的危害较小。

酒的分类与科学饮用

酒的种类很多,功效各异。一般来讲,若论营养价值与美味,啤酒、葡萄酒较白酒好;若论保护心脏、医治心脏病,葡萄酒、山楂酒等果酒较其他酒类疗效好;若论行药势、活血脉,黄酒较其他酒为佳;若用以浸制药酒、制酊剂,散风寒,抢救休克,外用消炎灭菌,消肿止痛,白酒用之最宜。

(一)葡 萄 酒

1. 葡萄酒是怎么酿成的

为了保证葡萄鲜果的质量,必须在 1 周内完成采摘收购。然后将葡萄倾倒于搅拌机搅成葡萄汁,这就是最原始的酒料。酒料通过分流道分出自流汁、轻压汁与重压汁,即成为原酒。自流汁、轻压汁是制作高档酒的原料;重压汁则为调配一般产品的原料。原酒经沉淀、发酵与储藏,即可勾兑为葡萄酒。值得一提的是,其沉淀物(酒脚)是制作白兰地、科涅克、威士忌、朗姆酒等葡萄蒸馏酒的原始材料。可见,许多城市白领一提起饮用白兰地,立即觉得自己"身份高贵、气度不凡"。其实,喝白兰地就是喝酒渣,还不如喝二锅头。

2. 葡萄酒的营养成分

葡萄是一种营养价值很高的水果,用它酿成的葡萄酒仍然含有极其丰富的营养物质。《本草纲目》中指出:"葡萄酒……驻颜色、耐寒"。就是说葡萄酒有增进人体健康的作用。葡萄内的葡萄糖、果糖、戊糖等糖类和多种氨基酸,能直接被人体吸收。迄今为止,人们已经查明葡萄酒中大约含有 250 种成分,其营养价值得到充分的肯定。据介绍,葡萄酒不仅含有维生素 A 原、B 族维生素、维生素 E、维生素 C(其中维生素 B_2 比鲜牛奶高 1 倍以上),还含有人体所必需的 13 种微量元素(钙、镁、磷、钠、钾、氯、硫、铁、铜、铝、锌、碘和钴),而且含有具有刺激嗅觉神经和味蕾的醋酸、单宁酸等物质。可增进食欲,增强体质,而其中的一些成分还能防止人体内某些病菌的繁殖。因此,在国外,葡萄酒是食用海味、生吃蔬菜时不可缺少的饮料。常喝葡萄酒的法国人、意大利人心脏病死亡率最低,而芬兰人、美国人喜喝烈性酒,心脏病死亡率高。这是因为葡萄酒中含有不饱和脂肪酸,能减少沉积于血管壁内的胆固醇。据测定,1 升葡萄酒含有 600~1000 千卡热量;葡萄酒中的酒精在人体内产生的热量 95% 是立刻可用的。所含果胶质、黏液质和各种有机酸、矿物质都与人体代谢密切相关。经常饮用葡萄酒,每次不超过 200 毫升,对身体健康有利,有益于人(特别是老年人)的保健。据美国麻省州立医院对一些年纪最老的人进行调查,这些人大都有有节制地饮葡萄酒的习惯。因此,少量饮葡萄酒,对身体健康很有好处。

3. 葡萄酒如何分类

葡萄酒的类别,按其含糖量有甜、半甜和干、半干之分。含糖量在 7% 以上的为甜型葡萄酒;在 2.5%~7% 的为半甜葡萄酒;

0.5％～2.5％的为半干葡萄酒;0.5％以下的为干葡萄酒。其他果酒按含糖量分类亦采用此法。

葡萄酒按色泽有红、白、黄、桃红之区别。高档红葡萄酒,酒体澄清透明,有光泽,酒香浓郁悦人,滋味柔和舒心,回味绵长,典型性好,酒精度一般在 14～18 度,糖类在 12 度左右。高档白葡萄酒,一般无色或微黄带绿,澄清透明,有光泽,果香、酒香浓郁悦人,酒体和谐、口味醇厚、丰满、爽口,余香绵长,典型性好,酒度、糖度一般均在 12 度左右。黄色葡萄酒果香一般,酒精度多在 15～20度。个别品种亦有度数较高的,糖度在 13 度左右。

按酒液中含葡萄原汁量的多少,葡萄酒有高、中、低档之分。高档葡萄酒,均为全汁酒和特制酒,是用 100％的葡萄原汁在旋罐中进行色素和香味物质的隔氧浸提以后,再进行皮、渣分离发酵酿造而成。全汁和特制葡萄酒理化指标高,工艺复杂。高档葡萄酒一般均是全汁酒。中档葡萄酒含汁率在 30％左右,在酿制过程中要加入一定数量的人工砂糖、酒精,故其营养价值较低,所谓"大路货"就是指的这种低原汁的酒。

由于传统的饮食习惯,目前,我国人中多数还是喜欢饮用甜型葡萄酒,喜欢红色又多于白色葡萄酒。随着人们生活水平的提高,饮食结构开始向低脂肪、高蛋白及营养丰富的食品转变。为适应这一需要,葡萄酒也正朝着高营养、低酒精、低糖度的方向发展,出现了风格各异的半干及干类葡萄酒,并逐渐被人们所认识和接受。

4. 葡萄酒的药用价值

(1)葡萄酒中的单宁含有水杨酸,即阿司匹林,它可软化血管,维持血管的渗透性,防止动脉硬化。因此,对心脏、脑血管具有保护作用。

科研人员通过对 5 万人调查发现,每天喝 1～2 杯红葡萄酒的人,患心肌梗死的危险性要比滴酒不沾的少 26％。

(2)葡萄酒内含多种维生素,维生素 B_1、维生素 B_2、维生素

B_6、维生素 B_{12} 和泛酸,以及 20 多种氨基酸,患有高血压的人常喝葡萄酒可起到有效的治疗作用。

葡萄酒中富含核黄素,它可促进细胞氧化还原,防止口角溃疡和白内障的发生。

葡萄酒中的尼克酸具有维持皮肤健康、美容养颜等作用,因此,葡萄酒尤其适宜妇女饮用。

葡萄酒中所含肌醇能促进消化液分泌,可助消化,还可增强机体活力,故老年人常饮葡萄酒定能益寿延年。

(3)葡萄酒中含有一种叫"多酚"的天然物质,这是科学家的最新发现。实验表明,常饮葡萄酒可使血液中的好胆固醇增加,坏胆固醇减少。因此,可起到预防动脉血管硬化的作用。葡萄酒中酚类化合物具有极强的抗氧化活性,能中和人体内自由基,保持血管弹性。红葡萄酒中酚类化合物高于白葡萄酒。

(4)葡萄酒中含有钾、钙、镁、铁、铜、硒等微量元素,其中钙可直接吸收,钾有保护心脏的作用,镁和硒有预防冠状动脉硬化和心肌病变的功效。

(5)近年来科学家发现,红葡萄酒中含有的藜芦醇能防止炎症,抑制病菌的生长,并具有防癌作用。

此外,红葡萄酒对肠胃功能及皮肤也有一定的保健功能。

有研究认为,葡萄酒可提高肾脏的排泄功能,排出更多的毒素,减少患肾结石的可能性。

5. 葡萄酒的饮用学问

饮葡萄酒讲究温度适宜,不同品种的葡萄酒对温度有不同的要求,只有在最合适的温度时饮用,才能更显其地道的醇香味道。为了避免手握杯时手掌的温度影响杯中酒的美味,所以喝葡萄酒讲究用高脚杯。一般来说,白葡萄酒要冰镇后饮用更好,而红葡萄酒可在室温条件下饮用。

葡萄酒的最佳饮用温度:甜白葡萄酒 4~6℃;干白葡萄酒 6~

10℃;干红葡萄酒 10～13℃;甜红葡萄酒 13～18℃。

只有在最适宜的温度下饮用,才可能品味出美酒的醇香。

6. 葡萄酒与菜肴搭配的方法

大体上说,白葡萄酒与白色肉类食物搭配,如鸡肉、鱼、壳类海产品等;而红葡萄酒与红色肉类搭配最相宜,如牛肉、猪肉、鸭等。

调味中带醋的食品不能当葡萄酒的下酒菜。此外,咖喱、巧克力及带巧克力的甜食也不适合与葡萄酒一起食用。否则会相互抵触,产生出很不柔和的味道。

还需要注意的是,甜葡萄酒一般不宜在餐前饮用,否则会使食欲减退。

7. 葡萄酒的爱情滋味

(1)从口感方面说,葡萄酒那份酸涩的甜蜜、暗香浮动的缠绵,如同丝绸般地滑过你的舌头的柔情,十分接近爱情的感觉。据说上好的葡萄酒应有 500 多种香味,包括鲜花类、植物类、水果类、焙烤类,比如玫瑰的香、蔷薇的香、紫罗兰的香、柠檬的香、车厘子的香、黑加仑的香、薄荷的香、乳酪的香、咖啡的香、巧克力的香……这似乎注定一杯葡萄酒就是一段风花雪月的故事。

(2)从品质方面说,红葡萄酒富含钙、镁、钾、铁等矿物质和维生素,尤其值得称道的是一种被称为"多酚"的神秘物质,医学家说它可以减少心脏病的发病率;生物学家说它可以促进新陈代谢;酒商说它可以让皮肤美白;诗人说它可以让爱情永恒……英国格拉斯哥大学心理学教授巴里·琼斯最近组织的一项调查还发现,当一个人饮到第四杯葡萄酒时,他眼中异性的魅力将增加 25%。所以,喝葡萄酒的最高境界应该不超过四杯。

第一杯,今晚真的很浪漫,最初识佳人,并且一见钟情。

第二杯,回味无穷,这个女人真有魅力。

第三杯,激情正浓。

第四杯,她就是我寻觅多年的那个人啊,主意已定,决不犹豫。

第五杯,最好不要喝了,给大脑留一点清醒吧,再喝人就醉了,心也醉了……

8. 葡萄酒有沉淀是不是已经变质

准确地说,葡萄酒的沉淀物就是酒石酸氢钾,是葡萄酒随温度降低而析出的酒石。因而,葡萄酒酒瓶底中心设计为凸形,就是为了使沉淀物沉积于凹底,并非说明葡萄酒已经变质。相反,恰恰证明出现沉淀的葡萄酒不是假酒。市场上平底瓶装葡萄酒,整箱(6瓶)售价才 30 多元钱,虽销售火爆,却大多是假酒。

按照国内制作标准,葡萄酒加工至少需要 3 次沉淀过滤处理。在国外却没有这么多沉淀环节。另外,储藏年份越长的酒,沉淀物会越多。即便是酒厂储藏也不能完全解决沉淀问题。那么,饮用期间该如何解决沉淀物呢?换新瓶,是法国人常用的方法。就是打开酒瓶,烛光对准瓶颈,在烛光下观察,将酒倒入新瓶,见沉淀物即停止。这是没有电灯照明时代的通常做法,但现在法国人仍旧在坚持这一方法。

9. "干红"的"干"代表什么

多年以来,国内消费者对"干红"如痴如醉,甚至将其演绎为"葡萄酒"的代名词。其实并不明白"干"字在葡萄酒中到底代表了什么?

专家介绍,葡萄酒的分类方法极多,干酒和甜酒是相对于酒中的含糖量而制定的一种分类规则。一般将葡萄酒分为干葡萄酒、半干葡萄酒、半甜葡萄酒和甜葡萄酒四种。干葡萄酒就是含糖量较低的葡萄酒,其中的大部分糖分已经转化为酒精;甜酒就是比干酒含糖量更高、酒精度数更低的葡萄酒。

10. 品尝葡萄酒时为什么要察颜观色

通过观察葡萄酒的颜色,可以判断葡萄酒的原料、品种、酿造方法和储藏时间。例如,橘红色是黑比诺的特征,而几乎不透明黑红色则多半是用切拉子所酿。新红葡萄酒的颜色通常为鲜红色,随着储藏时间的延长,可能呈微黄色。葡萄品种、酿造方法和储藏时间的不同,可使红葡萄酒的颜色千变万化,如宝石红、鲜红、深红、暗红、紫红、瓦红、砖红、黄红、棕红、黑红等。此外,葡萄酒装瓶后随着储藏时间、温度、湿度及酒质不同,其颜色和口感还会发生微妙的变化。

当然,颜色只是葡萄酒的感官指标而非质量指标。但是,葡萄酒并非越陈越好,只有顶级好酒(如法国波尔多地区上佳年份的高级酒)才宜于长期保存,并必须存于恒温、恒湿、少震动的酒柜里。一般的葡萄酒则应在装瓶后 3 年内饮用为佳。

11. 干红与干白有什么区别

如今,"干红"与"干白"已成为红葡萄酒与白葡萄酒的简称,这种说法通常流行于酒吧,深受青年朋友所追捧。在酒吧畅饮葡萄酒,不但要讲葡萄酒的品位,还要讲葡萄酒的文化及常识。可是,若说起"干红"与"干白"区别时,却有很大一部分朋友认为,红葡萄酒是用红葡萄生产的,白葡萄酒是用白葡萄生产的,这是一种误解。它们的主要区别在于加工方法的不同。具体来讲,区分"干红"与"干白"主要从葡萄酒的酿造工艺上、颜色上、营养价值上、饮时温度上、鉴赏方法上等方面区分。

(1)酿造工艺:"干红"是用皮红肉白或皮肉皆红的葡萄带皮发酵酿制的,采用皮、汁混合发酵,然后进行分离陈酿;"干白"是选择用白葡萄或浅色果皮的葡萄酿酒,经过皮汁分离,取其果汁进行发酵酿制的。

(2)颜色上:由于"干红"用皮红肉白或皮肉皆红的葡萄带皮发

酵酿制,酒液中含有果皮或果肉中的有色物质,使"干红"以红色调为主,一般呈深宝石红色、宝石红色、紫红色、深红色、棕红色等;"干白"因是白皮白肉或红皮白肉的葡萄经去皮发酵酿制,一般以黄色调为主,主要有近似无色、微黄带绿、浅黄色、禾秆黄色、金黄色等。

(3)营养价值:"干红"含 B 族维生素、烟酸、泛酸等的比例高于"干白"。由于"干白"只用汁液酿造,其单宁含量较低;而"干红"是用果皮、果肉和汁液一起酿造,其单宁含量较高。因此,一般情况下,"干红"比"干白"的酒性更稳定,保质期也更长,这是因为单宁高而耐久藏。

(4)饮时温度:"干红"在 16~18℃ 时品尝,口感最好;而"干白"则以 8~10℃ 品尝,口感最佳。

12. 为什么不能喝太甜的葡萄酒

我国规定,从 2004 年 7 月开始,半汁葡萄酒不能再以"葡萄酒"的名称在市场上销售。什么是半汁葡萄酒,为什么我国要禁止这种酒的销售呢?市场上常发现一些葡萄酒只有十几元,味道很甜,这些酒大部分都是半汁葡萄酒。因为我国在 50 余年的葡萄酒生产过程中,一直存在着两种推荐标准:一种是符合国际标准的全汁葡萄酒标准;另一种是根据我国实际情况制定的半汁葡萄酒标准。据国际葡萄酒管理局(OIV)规定,葡萄酒只能由 100% 的新鲜葡萄或葡萄汁经生物发酵酿制。我国特定的半汁葡萄酒标准则允许用部分葡萄酒或葡萄汁,人为添加食用酒精、糖、酸及色素等。因此,市场上的葡萄酒种类繁多、质量参差不齐、价格高低各异。尤其是有些小型葡萄酒企业,为了追求利润最大化,生产的所谓"葡萄酒"甚至不含一滴葡萄原酒或葡萄汁。这些产品不但没有任何营养价值和保健作用,还会影响身体健康。因此,2003 年 6 月,国家相关部门决定,废除原来的半汁葡萄酒标准,从 2004 年 7 月开始,停止在市场上销售半汁葡萄酒,规定只有用 100% 的新鲜葡萄或葡萄汁发酵的产品才能称之为葡萄酒,其他的酒类产品名称中绝不允许出现"葡萄"字样。

13. 喝葡萄酒要注重酒的"个性化"选择

俗话说,"世界上没有两种相同的葡萄酒",这说明,葡萄酒的"个性化"特质。因为它种类繁多、各具独特风格,且口味随着储藏时间延长不断变化,直到喝前的一分钟,也许口感还会发生微妙的改变。如何选择葡萄酒,是由消费目的和喜好决定的,一旦选定,应细细地品味它的香气、口味、颜色及典型,欣赏它的不同风格。

另外,葡萄酒并非越陈越好,也不是越新鲜越好。有些葡萄酒的质量寿命在 30～50 年;有些酒只有 3～5 年,甚至 2～3 年。质量寿命主要指葡萄酒的品质在储藏期间不断变化,随着储藏时间的增加,逐渐达到最佳点,然后开始降低直至衰败。因此,所有的葡萄酒都应在其质量寿命的最佳时期饮用,这是葡萄酒消费中最为关键和最具个性化的部分。一般而言,甜味、口味清爽、浓厚度适中的新鲜型葡萄酒更适合中国消费者。

14. 选购和饮用山葡萄酒注意事项

山葡萄酒按酿制方法不同,按色泽可分为桃红山葡萄酒、红山葡萄酒;按二氧化碳压力可分为平静山葡萄酒、山葡萄汽酒;按含糖量可分为干山葡萄酒、半干山葡萄酒、半甜山葡萄酒、半甜山葡萄汽酒、甜山葡萄酒。因此,在选购山葡萄酒时要特别注意以下几点。

(1)保质期通常在 12 个月内,不要购买过期的山葡萄酒。所谓越陈越好的观念不适用于山葡萄酒。

(2)品质较好的山葡萄酒,外观清亮透明(深色酒可以不透明),无杂质、酒体光泽,色泽自然。

(3)酒精度必须大于等于 7 度,低于 7 度的不能称作山葡萄酒。

在饮用时,不同类型的山葡萄酒饮用温度不同,干酒 14～18℃时酒香最纯正;甜型酒在 8～10℃时饮用口感最佳。有木塞的山葡萄酒应倒放或平放,让瓶塞因接触到酒而膨胀,保持密封,防止空气透进瓶内。一次未饮用完的干型山葡萄酒,可用原木塞密封后存放几天,酒质量会下降,应尽快饮用;甜型山葡萄酒含糖量高,极易变质,一次未饮用完的必须用原木塞密封后于 0～4℃处冷藏,并尽快饮用。

15. 冰酒——液体黄金

冰酒,不是冰镇的酒,也不是加冰块喝的酒,而是把自然冰冻的葡萄压榨后,按照传统方式发酵酿制的酒,是葡萄酒中的贵族,被誉为液体黄金,一瓶冰酒容量只有普通葡萄酒的一半,价格却是其好几倍。专家指出,市场上有些所谓的冰酒并不是真正的冰酒,而是假冰酒,是打着冰酒旗号牟取暴利的酒。

冰酒来源于一个美丽的错误。1794 年,在德国的弗兰克尼地区,酒农为了最大限度减少霜害损失,不得已将冰冻的葡萄压榨,按照传统方式发酵酿酒。谁知,竟酿成了酒味浓香、风味独特的极品佳酿,冰酒因此而诞生。

加拿大酒商质量联盟(VQA)对冰酒的定义是:利用在零下8℃以下、在葡萄树上自然冰冻的葡萄酿造的葡萄酒。葡萄在被冻成固体状时才压榨,并流出少量浓缩的葡萄汁。这种葡萄汁被慢慢发酵并在几个月之后装瓶。在压榨过程中外界温度必须保持在零下 8℃以下。

在加拿大,冰酒的生产和酿造受 VQA 的管制。真正的加拿大冰酒都必须符合 VQA 的规定,以保证产品的质量。其中最重要的一条规定是:冰酒必须采用天然方法生产,绝不允许人工冷冻。这就使得冰酒的酿造变得极其困难——葡萄必须得到妥善保护,防剧烈的温度变化而受损。同时,由于酿造冰酒的葡萄是留在葡萄树上的最后一批葡萄,人们还要防止鸟兽偷食。德国的法律规定,酿造冰酒的葡萄必须是留在枝头,在低于零下 8℃ 的自然条件下冰冻 6 个小时以上。

冰酒酿造技术独特,在当年的 12 月到次年 1 月,等寒冷的天气使水分凝结,采摘葡萄的工作就开始了。采摘下来的葡萄立即予以压榨。葡萄的水分结了冰,压榨成碎冰,但含量最高的葡萄汁则不会结冰,于是取得浓汁。用这种方法,一串葡萄也取不出多少汁,仅为普通葡萄的 10% 左右,一棵葡萄树也仅能生产一瓶冰酒。冰葡萄原汁经低温发酵成酒,不做勾兑,才是真正的纯冰葡萄酒。因此冰酒非常珍贵,即使在冰酒产地,饮用冰酒也是一种难得的奢华享受。

纯正的冰酒生产每年只一季,产量也只能看这一年的气候而定。有时候受气候的影响,冰酒并不是每一年都有,像在冰酒的故乡德国,甚至 3~4 年才遇上一个生产冰酒的年份。这也是冰酒价格居高不下的原因。

由于酿制冰酒对地理及气候条件非常苛刻,全世界只有奥地利、德国、加拿大、中国等少数几个国家的特定地点能够生产,因此冰酒产量非常珍稀,全球每 3 万瓶葡萄酒中才有一瓶冰酒,市场价格往往在每瓶 200 美元以上,在西方被称为"液体黄金"。

冰酒不仅美味可口,而且营养价值非常高。冰酒含有 15%~25% 易被人体吸收的葡萄糖和果糖,各种有机酸及矿物质成分,其中钙、钾、镁、磷、铁、锌、硒等微量元素,以及多种氨基酸和维生素,都能直接被人体吸收利用。喝冰酒具有解毒清淤利尿,防癌抗癌,降低血压,扩张血管,使血管壁保持弹性等功效。另外,冰酒是一种甜葡萄酒,符合以谷物为主食,饮食习惯偏好甜食的中国人。

16. 品冰酒与吃芒果布丁

传统习惯上,饮冰酒一般搭配吃甜品,但是甜品一定不能比冰酒更甜,否则冰酒喝起来就会又酸又涩。因此,布丁和蛋挞都是不错的冰酒伴侣,它们淡淡的甜味能够很好地烘托冰酒的味道。芒果布丁有芒果的清香,与冰酒搭配饮用尤其美味。

芒果布丁的材料:鱼胶粉 30 克,白砂糖 300 克,热水 600 毫升,冰 300 克,淡奶油 300 克,牛奶 300 毫升,芒果酱 600 克。具体做法如下。

(1)将锅洗净擦干,倒入芒果酱,加热煮熟,关火。

(2)放入白砂糖、淡奶油和热水,拌匀。

(3)倒入牛奶拌匀,上火一边放入鱼胶粉一边搅拌,充分化开后关火。

(4)趁未变冷凝结时,倒入模具或小碗、玻璃杯中,室温凉凉即成。

17. 红酒泡洋葱饮用,抗癌又保健

葡萄酒有活血、防治心血管病的功效,洋葱有降脂抗癌作用,两者搭配更提升其保健作用,且其制作简单。推荐一个葡萄酒加洋葱的保健处方。方法是:取洋葱 1～2 个,葡萄酒 400～500 毫升(如果喜欢甜食,可适量加一些蜂蜜)。将洋葱洗净,去掉表面茶色的外表皮,切成 8 等份半月形。再将洋葱装入玻璃瓶内,加上红葡萄酒。将玻璃瓶盖好密闭,在阴凉的地方放置 5～8 天后,打开玻璃瓶,将洋葱片取出,把洋葱和汁分别装入瓶中,放冰箱冷藏待饮。饮用方法如下。

(1)一次喝 50 毫升左右,年纪大的人一次约 20 毫升,每天喝 1～2 次。

(2)同时吃浸过的洋葱片。

(3)不喝酒的人,可用两倍左右的开水稀释饮用或每次放入电锅内加热 4～5 分钟,待酒精蒸发后再饮用。

18. 红酒不宜与鱼肉搭配饮用

红酒可与红肉搭配饮用,但不应与鱼肉搭配饮用。日本一项研究小组发现,这样的说法是有科学依据的。因为红酒与鱼肉搭

配会有令人不快的鱼腥味,这是因为红酒中含有铁离子的原因,且口中残留的鱼腥味浓重程度越重,说明红酒中铁离子或亚铁离子的浓度越浓。

19. 自己酿制葡萄酒的方法

(1)新鲜上市的葡萄,如八九月份采摘的葡萄,洗净晾干。

(2)加入普通白砂糖,葡萄和白砂糖比例为10:2。

(3)装入玻璃罐或橡木小酒桶、酒坛子,放平整,留1/3的空间。把白砂糖直接铺在葡萄上面。葡萄无须特地挤破,盖好盖子。

(4)在八九月份,20天左右葡萄即发酵。发酵过程中,可看到葡萄汁逐渐析出,甚至可以听到冒气泡的声音。基本不冒气泡了说明发酵完成。

(5)把酒倒出来,用准备好的干净纱布挤压葡萄粒,直至液体全部榨出。酒要放在玻璃器皿里,千万不能用塑料器皿,否则会有一股塑料味。

(6)沉淀两三天,就可以喝了。不怎么甜,但酒味甘醇,酒色红润。

20. 常喝红酒对人体的九大好处

(1)增进食欲:葡萄酒颜色鲜艳,清澈透明,酒香扑鼻,尤其是单宁微带涩味,可促进食欲,令人兴奋、放松心情。

(2)滋补作用:葡萄酒含有多种氨基酸、矿物质和维生素,是人体必须补充和吸收的营养品,且可以不经消化,直接被人体吸收、利用。特别是体弱者,经常适量饮用葡萄酒,对恢复健康有利。因为葡萄酒中的酚类物质和奥立多等成分,可以防止对细胞中 DNA 和 RNA 伤害,从而预防白内障、心血管病、动脉硬化等。

(3)有助消化:葡萄酒可促进胃液分泌,有利于蛋白质代谢,其中的单宁,可以增加肠道平滑肌收缩,调整结肠功能,对结肠炎有一定的疗效。甜白葡萄酒含有山梨酸钾,有助于胆汁和胰腺的分泌。因此,葡萄酒可以帮助消化,防治便秘。

(4)美容抗衰老:葡萄酒独有的聚酚类等有机化合物具有降低血脂、抑制坏胆固醇,从而软化血管、增强心血管功能和心脏活动,并有美容、防衰老的功效。

(5)减肥作用:葡萄酒有减轻体重的作用。饮酒后,葡萄酒能直接被人体吸收、消化,在4小时内全部消耗掉而不会使体重增加。因此,经常饮用干葡萄酒的人,不仅能补充体内水分和多种营养素,且有助于减肥。

(6)利尿作用:白葡萄酒中的酒石酸钾、硫酸钾、氧化钾含量较高,具利尿作用,可防止水肿,并维持或调节体内酸碱平衡。

(7)杀菌或杀病毒作用:葡萄酒中的抗菌物质对流感病毒有抑制作用,传统的方法是喝一杯热葡萄酒或将一杯红葡萄酒加热后,打入一个鸡蛋,搅拌后即停止加热,稍凉后饮用。

(8)抑制脂肪吸收:日本科学家用老鼠做试验发现,老鼠饮用葡萄酒一段时间后,其肠道对脂肪吸收变缓;对人做临床试验,也获得同样的结论。说明红葡萄酒能抑制脂肪吸收。

(9)预防乳腺癌:最新试验发现,以葡萄酒喂养已诱发癌症的老鼠,可强烈抑制癌组织生长。美国研究人员最近发现,葡萄酒里含有一种可预防乳腺癌的化学物质,能抗雌激素,而雌激素与乳腺癌有关。因此,常喝红酒有利于预防乳腺癌。

21. 适量饮用葡萄酒可强健骨骼

美国最新一项研究发现,适量饮用葡萄酒对强壮骨骼有益。在男性被调查者中,每天饮用一两杯葡萄酒或啤酒者的骨密度高于不饮酒者;而每天饮用两杯以上烈性酒者的骨密度则低于不饮酒者。在女性被调查者中,每天饮用两杯葡萄酒者的骨密度比饮用量少于两杯者高,但饮用啤酒对女性骨密度的影响似乎不明显。葡萄酒中含有多酚物质能对骨骼起保护作用。

骨密度是衡量骨骼强壮与否的重要指标之一。

22. 关于葡萄酒的年份

葡萄酒的生命周期大致可划分为:浅龄期→适饮期→成熟期→高峰期→退化期。

判断一瓶葡萄酒的品质,不但要看哪里产的酒,还要看哪年的酒。即使波尔多产区的酒庄,如果是在不好的年份,这瓶酒的品质也会大打折扣。为维护品牌声誉,有的酒庄遇到不太理想的年份,甚至不惜主动停产。

酒标上醒目地标出的年份,不是葡萄酒的酿造年份,而是指葡萄的收成年份。在某种程度上说,葡萄酒不是酿造出来的,而是"栽培"出来的,因为葡萄酒的酸度、甜度、色泽和味道取决于葡萄产地的土壤及葡萄生长期的日照、降雨量和年平均气温。一个难得的好年份,应该是温度、阳光和雨水组成的一个金三角结构的适量与平衡。

23. 葡萄酒怎么喝最有味

随着生活水平的提高,人们请客吃饭都喜欢来点葡萄酒。那么,葡萄酒到底有什么营养,怎么喝口感最佳并且对身体最好呢?有位记者来到法国,从葡萄酒工程师那里学到了不少饮用葡萄酒的知识。

(1)用高脚杯保证饮用温度:在波尔多圣爱米利永葡萄酒产区联盟古老的城堡里,总酿酒师巴特兰工程师告诉记者:"红葡萄酒在饮用前应该先冰镇一下,饮用前1~2小时开瓶,让酒呼吸一下,这叫'醒酒';白葡萄酒的饮用温度要低一些,一般要冰镇2小时左右。"

喝红葡萄酒应该用郁金香型高脚杯,因为这种杯子容量大,葡萄酒可以在杯子里自由呼吸;杯中略窄,酒液在晃动时不会溅出来,香味却可以集中到杯口。高脚杯可以避免人手碰到杯身,影响葡萄酒最佳的饮用温度。白葡萄酒饮用时温度相对要低一些,使用小一号的郁金香型高脚杯,以避免酒从冷藏状态倒入酒杯后,温度上升得太快。

(2)越清澈品质越好:巴特兰工程师向大家演示了品尝葡萄酒的三个步骤。

第一步要看。最好先铺一张白色桌布,从酒杯正上方看酒是否清澈,越清澈越好。从酒杯正侧方的水平方向摇动酒杯,看酒从杯壁均匀流下时的速度,酒越黏稠品质越好。把酒杯侧斜45°角,酒与杯壁结合部形成一层水状体,水状体与酒的结合部呈现不同颜色,显示不同酒的酒龄。

第二步是闻。先用鼻子在杯口闻一下,新酒有果味,好酒一般有股复合的香味。然后用拇指、示指和中指捏住杯柄晃动,迅速闻酒中释放出的气味,看它与刚才的气味相比是否稳定。

第三步是品。巴特兰工程师端起酒杯喝了一小口。记者看到酒在他口中打了几转,后来才咽下。他说:"红葡萄酒集中了酸、甜、苦、辣四味,从酸到甜,再由甜到苦辣,咽下后唇齿留香。"

(3)喝红酒不宜加冰块:法国人在喝酒的时候,从来不往杯里加冰块或雪碧。巴特兰工程师解释说:"这样做会损害葡萄酒原来的口味,而且会破坏它的营养。"

葡萄酒含有丰富的营养成分,对人体保健有多种功能。其一,可以降低胆固醇,预防动脉硬化和心血管病。其二,可以提高胃酸含量,促进人体对食物中矿物质的吸收。因此,法国人一般在吃饭时喝葡萄酒,是很有讲究的。其三,可以防治退化性疾病,如白内障、免疫障碍和某些癌症。其四,可以补充人体热量。葡萄酒的酒精度比较低,介于7~16.2度,每天喝3杯比较合适。

(4)没喝完的酒放冰箱:我们中国人喜欢陈年佳酿,但葡萄酒是有生命周期的,"越陈越香"的理论并不适用于葡萄酒。葡萄酒是否经久耐藏取决于酒中的单宁含量。单宁含量高的耐久存,单宁含量低的就要尽快喝完。通常好酒可以贮藏15~25年,其他的一般不超过10年。巴特兰工程师介绍说,葡萄酒的生命周期是:

浅龄期→发展期→成熟期→高峰期→退化期。红葡萄酒贮藏时温度应保持在 7~18℃,放在阴凉、避风、干燥的地方,比如地窖、车库或床底下。

一瓶没喝完的酒应该怎么保存呢?应该塞上软木塞,放进冰箱,直立摆放。但保存期也不要超过 3 周,否则酒的营养就会受损。

24. 常饮葡萄酒对身体健康的影响

法国人喜好美食佳肴,食物中多奶酪和牛油等各种动物脂肪。但科学研究发现,法国人比其他食用高蛋白、高脂肪和高胆固醇食品的人群寿命长、心脏病发病率低、活得更健康。流行病学家们认为,这与绝大多数法国人在用餐时喜欢饮用葡萄酒有关。

在《美国临床营养研究》期刊上,美国北卡罗来纳杜克大学的约翰·贝尔福特教授和丹麦哥本哈根大学的莫顿·格伦贝克教授等发表了一份研究报告指出,人的健康程度与饮品有很高的关联度。

为了减少社会经济地位等因素的影响,研究人员挑选了一群具有相似背景的对象进行了研究。这群人共有 4500 人,他们基本上全是白种人、中年、受过高等教育及相对富裕,而且他们对各种饮料有着不同的嗜好。

研究人员首先对这些研究对象进行了初步的问卷调查,然后根据他们对啤酒、葡萄酒、烈性酒精饮料、软饮料的兴趣及有没有特殊要求等分成了 5 个小组。研究人员要求他们详细真实地报告其体重、饮食习惯、是否抽烟、是否经常运动等情况。

在对这些资料进行分析后,研究人员发现,常年饮用葡萄酒的人体质更健康,并且更喜爱运动,更少抽烟。而那些喜好烈性酒精饮料的人的习惯最令人担忧:他们少食蔬菜和水果,偏爱食肉,更多抽烟。研究还发现,比起喜好啤酒和软饮料的人士,饮用葡萄酒的人的生活方式也更精细和健康。即使在偶尔过度饮用葡萄酒的情况下,他们仍然显得非常自律。由此可见,经常饮用葡萄酒不仅会使人更健康,还会使人更理智。

25. 最新研究的红酒医疗保健价值

红酒,是葡萄与酵母"日以继夜,缠绵厮磨"的产物。与其他酒类相比,红酒的独到之处在于"一专多能"。除了可供净饮、佐餐之外,还有治病和保健的"额外"功效,难怪会成为众多有识之士的追捧对象。

归纳以往的研究记录,医学界有足够证据证明,适量的红酒对人类的身体功能有很大益处。红酒早在清朝时就已被御医所用,被用来为光绪皇帝治疗头痛。时至今日,来自世界各地的医学研究报告,从不同的角度共同证明了红酒的医疗价值。

(1)一小滴红酒内所含有的化合物成分达上千种之多,其中包括人体所需要的水分以及有促进体内酸碱平衡的天然果酸等,对强化五脏六腑的功能有非常好的帮助。

(2)国外的一份权威性医学报告指出,红酒具有很好的杀菌功能。实验证明,红酒的杀菌能力比有些抗菌药物还强;来自德国的一份研究报告也表明,红酒有阻止幽门螺杆菌繁殖的作用,这便是健康专家常建议人们要以红酒来佐餐的主要原因。

(3)每升红酒至少含有 1~5 克的酚类化合物,其中的单宁酸具有收缩性,可以增进口腔内肉类蛋白质的凝固。因此,进食肉类菜通常以红酒作为佐饮。除了单宁酸外,红酒还包含有氨基酸、蛋白质及多种维生素成分,能够有效地改善心脏血管的微循环,有效地避免血管硬化。

(4)美国南加州大学的一项研究显示,饮用红酒可以降低体内的胆固醇积聚;其他的医学研究报告也指出,适量的红酒还有助于减少患心脏病、脑卒中及白内障的机会。饮用适量的红酒能有效降低突发心脏病的机会,如每日饮用约 250 毫升的红酒,患有心脏病的机会可减低约 24.7%。

(5)丹麦的研究报告显示,酒精、口腔及食管癌三者有密切关系。而红酒内的一种被称为 Reseveratrol 的物质,被证明对抑制癌症产生及扩散有一定的作用。饮用红酒的人与饮用其他酒精饮料制品(如啤酒、白酒等)的人相比,患消化道肿瘤的机会要少得多。而另一项持续了十多年的医学研究发现,在 13 000 名年龄30—70 岁的人士当中,每天饮用 3～5 杯红酒的人与平常人相比,死亡率竟然减少了一半,而每天饮用同等酒精含量的啤酒或白酒的人,其死亡率高于平常人。

(6)红酒虽然在一定程度上有益身体,但我们也应喝得恰到好处。美国政府建议,以体重 60 千克的成年人为例,每天的安全摄入酒量是 18 克的纯酒精,相当于约 150 毫升酒精浓度为 12.5％的红葡萄酒或 400 毫升或酒精浓度为 4.7％的啤酒。若是长期过量地摄取酒精,不但起不到保健作用,反而导致脂肪肝、肝硬化、神经系统受损及肠胃功能衰退等不良效果。

26. 红酒能缓解慢性阻塞性肺疾病

伦敦帝国学院的研究人员发现,红葡萄酒中含有的白藜芦醇可以有效缓解慢性阻塞性肺疾病的炎症。美国、英国多家媒体曾对此进行了报道。

研究小组从 15 名慢性阻塞性肺疾病患者和 15 名普通吸烟者的肺内分泌物中提取了巨噬细胞的样本。巨噬细胞能释放导致炎症的白细胞介素-8,它将中性粒细胞聚集到自己周围,后者也释放一种酶,它们就是破坏慢性阻塞性肺疾病患者肺部的“元凶”。当研究人员把白藜芦醇加入巨噬细胞样本时,它几乎完全阻止了白细胞介素-8 的产生。在慢性阻塞性肺疾病患者的巨噬细胞中,这种炎性物质减少了 88％,在普通吸烟者的巨噬细胞中,炎性物质减少了 94％。此外,白藜芦醇还能大幅降低另外一种炎性物质——粒-巨噬细胞集落刺激因子的产生。

27. 喝红酒防蛀牙

据美国《医学日报》报道,西班牙马德里食品科学研究所和瑞士苏黎世大学的研究人员发现,红葡萄酒和葡萄籽提取物能够有效去除口腔细菌,从而起到预防蛀牙和改善口腔健康状况的作用。

在实验中,研究人员培养出了能引起牙科疾病的细菌,并把它制成生物膜的形式,浸泡在各种液体(包括不含酒精的红葡萄酒、混有葡萄籽提取物的红葡萄酒和含有 12％乙醇的水)中,来观察它们的抗菌作用。实验结果显示,红葡萄酒(不论是否含有酒精)和混有葡萄籽提取物的红葡萄酒更有可能清除掉口腔中的细菌。

发表在《农业与食品化学》期刊上的这项研究成果认为,葡萄酒中所含的多酚类物质有阻碍口腔中变形链球菌生成葡聚糖的作用,而葡聚糖能够让细菌附着在牙齿上,对牙齿表面造成破坏作用。因此,多酚类化合物能够防止细菌生成葡聚糖,从而让有益菌在口腔中生长繁殖,防止牙齿受到有害菌的侵蚀。这项研究也为科学家研制新的防蛀产品提供了新的思路。

28. 该不该每天喝一杯红酒

适量喝红酒有益健康的观点,正在被越来越多的人所接受。然而,在不久前播出的一档网络访谈节目中,有专家指出,"每天喝一小杯红酒防高血压"的说法并不科学。专门从事葡萄酒研究的中国农业大学食品科学与营养工程学院教授段长青,予以求证。

在节目中,受访专家表示,虽然有法国学者研究发现,每天饮用少量葡萄酒有利于保持血管弹性,对冠心病的预防有一定作用。但他认为,国外研究所用的葡萄酒为纯葡萄酿制酒,不是一般勾兑的红酒,不能"洋为中用",而且"葡萄酒对预防高血压病的作用,目前尚未看到相关的可靠报道"。

对此,段长青教授则表达了不同的看法。2008 年 1 月 1 日实施的《葡萄酒强制性国家标准》(GB 15037-2006)明确规定,不同种类的红酒均需要满足相应的葡萄汁含量要求,且不得添加合成着色剂、甜味剂、香精、增稠剂等。因此,他认为,目前市面上所售的合格红酒并不存在勾兑现象。此外,适量饮用红酒的好处早在 20 世纪 90 年代就已有论述。红酒中所含的抗氧化物质能带给身体诸多益处,其中包括保持血管弹性。

2012 年,美国心脏协会《循环研究》期刊上登载了西班牙巴塞罗那大学的一项研究,证实常喝无醇红葡萄酒(无酒精红葡萄酒)可降压护心。数据显示,心脏病高危男性每天饮用 2 小杯(10 盎司,约合 284 克)无醇红葡萄酒,心脏病和脑卒中危险分别下降了 14%和 20%。欧洲研究认为,可在用餐时用红酒佐餐,或晚间睡前喝一点红酒,每天饮用量应控制在 300～500 毫升。段长青提醒,这一数据源于西方人,国人应根据自身情况及酒精含量进行调整。中国保健协会副秘书长贾亚光指出,我国现行的安全饮用标准是日酒精摄入量不超过 15 克,女性摄入量应更少一些。北京友谊医院肝病中心贾继东教授推荐,可用"饮酒量×酒精浓度×0.8"公式大致计算出酒精摄入量。酒精过敏者及有肝病者尤应慎重饮酒,普通人饮酒也应尽量避免空腹。

29. 吃红肉配红酒

英国《每日邮报》曾刊文称,以色列研究发现,吃红肉时喝红酒能降低血液胆固醇。这项试验为期 4 天,研究人员向身体健康的志愿者提供了一系列肉类食品。另外,数量相同的志愿者也在这 4 天内摄入了同样的饮食,但配有定量的红酒。研究结果显示,只吃肉的志愿者血液中胆固醇的含量会明显上升,患动脉硬化和心脏病的风险随之增加;而边吃肉边喝红酒的志愿者血液中胆固醇含量并没有发生改变,甚至出现了下降。

专家称,这是因为食用红肉后,肉中有害物质会被肠道吸收,在血液中累积,形成低密度脂蛋白,对血管造成损害,增加患心脏病的风险。然而,红酒中的多酚物质能够阻碍这些有害物质被肠道吸收。

30. 红葡萄酒的护肤秘密

酿造红葡萄酒的葡萄果肉中含有超强抗氧化物,其中的 SOD (超氧化物歧化酶)能中和身体产生的自由基,保护细胞和器官免受氧化,令肌肤恢复美白光泽。

红葡萄酒提炼的 SOD 活性特别高,其抗氧化功能比由葡萄直接提炼的要高得多。葡萄籽富含多酚物质,其抗衰老能力是维生素 E 的 50 倍,是维生素 C 的 25 倍,而红葡萄酒中的低浓度果酸还有抗皱、洁肤的作用。

据说,埃及女王克雷巴特拉曾用红葡萄酒洗浴,以保持自己的美貌。在古埃及还有人把红葡萄酒制成软膏、膏药,或用来按摩,对伤口进行消毒。到了近代,有报道称,法国酿酒圣地波尔多有人将葡萄核中所含的营养物质浓缩后开发为化妆品,能够让已开始老化的皮肤细胞重新焕发出青春的光彩。

事实上,敷红葡萄酒面膜后有的人皮肤恢复了弹性,有的人脸上的痤疮很快有了好转,有的人灰暗的皮肤有了光泽,有的人皮肤上的雀斑淡化了许多。

总之,红葡萄酒面膜对皮肤的复原和养护效果极高,活跃皮肤细胞的作用十分明显。那么,红葡萄酒的护肤秘密是什么呢?

葡萄皮和果核中含有多苯基物质,它是由植物光合作用产生的部分糖分变化而来的,是一种抗氧化作用极强的成分。比如,有一种人所共知的说法,它具有防止恶性胆固醇氧化的功能,常饮红葡萄酒的人动脉不易硬化。同样的道理,抗氧化成分多苯基物质也可抑制皮肤表面氧化。皮肤容易过敏或皮肤表面比较粗糙的人,就是皮肤细胞正在氧化的表现。多苯基物质的作用在于当已氧化的皮肤剥掉后,阻止皮肤继续氧化,有助于肌肤再生,让皮肤变得水嫩起来。

另外,雀斑和灰暗的皮肤是美白大敌。其中,最大的原因是皮肤细胞的新陈代谢活动已停滞。在通常情况下,表皮下的黑色素慢慢上升到表皮上,然后开始脱落。然而,当皮肤细胞的新陈代谢功能停止后,这些黑色素便不断沉积在表皮下,形成颜色很深的雀斑。如果让多苯基物质的作用在这里得到发挥,可以促进皮肤细胞的新陈代谢活动,将黑色素不断排出体外,雀斑和灰暗的皮肤状态将不复存在,我们就能拥有白皙的皮肤。

自制红葡萄酒面膜的方法很简单,选品质好的红葡萄酒和压缩面膜纸,在碗中倒入红葡萄酒浸泡面膜,之后敷在脸上。

纯天然的红葡萄酒在酒精作用下可扩张血管、改善皮肤微循环和加快皮肤代谢,其主要功效是增加皮肤光泽,使皮肤看起来很红润,建议每周在家里做 1~2 次,每次 30 分钟,以补充皮肤营养。但对酒精过敏及敏感性皮肤的人最好不要使用这种面膜,以免发生过敏性皮炎。使用前,最好在耳后小范围搽涂红葡萄酒,如感觉刺痛、灼伤,应尽快用冷水冲洗,并用冷毛巾敷面,再涂以抗敏感及保湿的护肤霜。

31. 红酒可减轻脑损伤

美国约翰·霍普金斯大学的科学家近日发表研究报告说,红酒不仅能预防脑卒中,还能降低脑卒中患者的大脑受损程度。这所大学的科学家从葡萄的皮和籽中提炼出一种名为白藜芦醇的化合物,并给实验鼠服用。结果发现在脑卒中反应后服用白藜芦醇的实验鼠大脑受损程度远小于没有服用这种化合物的实验鼠。

研究报告,白藜芦醇可提升大脑中血红素加氧酶的水平,从而保护脑神经细胞不受损害。红酒内也含有白藜芦醇,因而可以起到同样效果。主持这项研究的西尔万·多尔教授说,一个人每天喝多少红酒才能见效,取决于每个人的体重和红酒中的白藜芦醇含量。他说,一般而论,每天以饮两杯红酒为宜。

32. 女性喝点红酒可护骨

研究发现,女性绝经之后适度饮酒有助于保持骨骼强度。美国俄勒冈大学研究人员研究了 40 名平均年龄 56 岁的健康绝经妇女。他们发现,参试女性每天摄入 19 克酒精(约两小杯葡萄酒)可以使骨质流失大大减少,新旧骨质平衡得到改善,能更好地保持骨质强度。而当研究人员要求这些女性停止饮酒的时候,其新旧骨质交替失衡,骨质流失加重。但是就在她们重新开始饮酒的第二天,其骨骼强度就恢复好转。这一结果表明,适度饮酒对女性骨骼的保护作用与双膦酸盐类药物相当。

英国剑桥大学医学研究委员会营养学研究小组教授乔纳森·鲍威尔和莱文加戈·道辛格博士表示,最新研究充分证明,适度饮酒对骨骼具有保护作用。芬兰一项研究也表明,女性每周饮酒至少 3 次,其骨密度明显高于滴酒不沾的女性。

英国全国骨质疏松症协会专家莎拉·利兰德警告说,这项新研究并不鼓励女性为了保护骨骼而过量饮酒。她表示,适度饮酒有益骨骼健康,而过量摄入酒精则会增加中老年妇女摔跌和骨折的风险。

33. 品红酒须知的 7 个步骤

在红酒入口之前,先深深地在酒杯里嗅一下,是一般人喝红酒的做法,而真正懂酒的人在品酒后一定会闻酒塞。

第一步:酒温。冰镇后,红酒味道较涩。传统上,饮用红酒的温度是清凉室温(18～21℃),在此温度下各年份的红酒都在最佳状态下。一瓶经过冰镇的红酒,比清凉室温下的红酒单宁特性会更为显著,因而味道较涩。

第二步:醒酒。红酒充分氧化后才够香。一瓶佳酿通常是尘封多年的,刚刚打开时会有异味出现,这时就需要"唤醒"这瓶酒,在将红酒倒入精美的醒酒器后稍待 10 分钟,酒的异味散去后,浓郁的香味就流露出来了。

第三步:观酒。陈年佳酿的酒边呈棕色。红酒的那种红色足以撩人心扉。在光线充足的情况下将红酒杯置于白纸上,观看红酒的边缘就能判断出酒的年龄。层次分明者多是新酒,颜色均匀的是有点岁数了,如果微微呈棕色,那就有可能是碰到了一瓶陈年佳酿。

第四步:摇杯。在酒杯内倒入少许葡萄酒(以适合饮用为宜),以正确的姿势持杯逆时针旋转酒液,旋转幅度不宜过大,防止酒液溅出污染衣物。当酒液自然静止后,观察杯壁,悬挂的酒液会自然垂落,爱酒人士喜欢称为"挂杯"。"挂杯"程度优劣可说明该酒的酒精度。另外,摇杯还能增加酒液与空气的接触,从而增进葡萄酒的氧化,使葡萄酒的香味得到充分散发。大部分葡萄酒在摇杯后的香气差别很大,这也是摇杯最吸引人的地方之一。

第五步:闻酒。将杯子靠近鼻前,深吸一口气,仔细感受葡萄酒本身散发出来的果香、发酵时产生的味道,以及好的葡萄酒成熟后复杂而丰富的酒香。第一次闻酒香时的感觉比较直接和清淡,第二次闻酒香时会感觉香味比较浓烈、丰富和复杂。

第六步:饮酒。经过闻酒已能领会到红酒的幽香了,再吞入一口红酒,让红酒在口腔内多停留片刻,在舌头上打两个滚,使感官充分体验红酒,最后全部咽下,一股幽香立即萦绕其中。

第七步:酒序。先尝新酒,再尝陈酒。一次品酒聚会通常会品尝 2~3 支或更多的红酒,以期达到对比的效果。喝酒时应按照"新在先陈在后、淡在先浓在后"的原则。

(二)黄　酒

1. 黄酒的分类及主要成分

我国黄酒的种类很多。按原料、酿造方法的不同可分为 3 类,即绍兴酒,黍米黄酒(以山东即墨老酒为代表)和红曲黄酒(以浙南、福建、台湾为代表)。

按风味特点和甜度的差别也可分为 3 类,即甜型黄酒、半甜型黄酒和干型(不甜型)黄酒。

按颜色不同也可分为 3 类,即深色(褐色)黄酒、黄色黄酒和浅色黄酒。

黄酒中的主要成分除乙醇和水外,还有麦芽糖、葡萄糖、糊精、甘油、含氮物、醋酸、琥珀酸、无机盐及少量醛、酯与蛋白质分解的氨基酸等。因此,黄酒具有较高的营养价值。

黄酒的质量指标如下。

(1)感官指标

①色泽:具有本品应有的色泽,一般为浅黄,澄清透明,无沉淀物。

②香气:有浓烈的香气,不能带有异味。

③滋味:应醇厚稍甜,不能带有酸涩味。要求入口清爽,鲜甜甘美,酒味柔和,无刺激性。北方老酒要求味厚、微苦、爽口,但不得有辣味。

(2)理化指标

①酒精度:黄酒酒度同白酒一样,是以含酒精量的百分比计算的。黄酒的酒精含量一般为 12％～17％。

②酸度:总酸度(以醋酸计)一般在 0.3％～0.5％。总酸度如超过 0.5％,酒味就会发生酸涩,影响质量;如果超过过多,必须测定挥发酸含量。黄酒的挥发酸含量应为 0.06％～0.1％(以醋酸计算)。挥发酸含量超过 0.1％的黄酒,就有变质的可能,不能再饮用。

③糖度:糖度也是以含糖量的百分比计算的。3 种甜度黄酒含糖量的百分比分别为:甜型黄酒 10％～20％;半甜型黄酒在 2％～8％;不甜型黄酒一般为 1％左右。

2. 黄酒的营养价值

黄酒是世界上最古老的饮料酒之一。黄酒的营养价值超过了有"液体面包"之称的啤酒和营养丰富的葡萄酒。

黄酒含有多种氨基酸。据检测,黄酒中的主要成分除乙醇和水外,还含有 17 种氨基酸,其中有 7 种是人体不能合成的。这 7 种氨基酸,黄酒中的含量最全,居各种酿造酒之首,尤其是能助长人体发育的赖氨酸,其含量比同量啤酒、葡萄酒多一至数倍。黄酒的热能是啤酒的 3～5 倍,是葡萄酒的 1～2 倍。每升含有氢化合物 1.6～2.8 克,糖类 28～200 克。此外,还含有许多易被人体消化的营养物质,如糊精、麦芽糖、葡萄糖、酯类、甘油、高级醇、维生素及有机酸等。这些成分经贮存陈化,又形成了浓郁的酒香,鲜美醇厚的口味,丰富和谐的酒体,而最终使之成为营养价值极高的低度酒饮料。

3. 黄酒的药用价值

黄酒多用大米、糯米、黍米等原料制成。由于在酿造过程中,注意保持了原有的多种营养成分,还有它所产生的糖、胶质等,这些物质都有益于人体健康。它在辅助医疗方面,不同的饮用方法还有着不同的疗效作用。

(1)凉喝:凉喝黄酒,有消食化积、镇静的作用。对消化不良、厌食、心跳过速、烦躁等有疗效。

(2)烫热:黄酒烫热喝,能驱寒祛湿、活血化瘀,对腰背痛、手足麻木和震颤、风湿性关节炎及跌打损伤患者有益。

(3)与鸡蛋同煮:将黄酒烧开,然后打进鸡蛋 1 个成蛋花,再加红糖用小火熬片刻。经常饮用有补中益气、强健筋骨的功效。可防治神经衰弱、神思恍惚、头晕耳鸣、失眠健忘、肌骨痿脆等症。

(4)与桂圆或荔枝、大枣、人参同煮:其功效为助阳壮力、滋补气血,对体质虚衰、元气降损、贫血、遗精下溺、腹泻、妇女月经不调有疗效。

与活虾(捣烂)60 克共烧开服:每日 1 次,连服 3 天,可治产后缺乳。

4. 黄酒的养生保健作用

由于中国黄酒有酸、甜、苦、辣、鲜五味一体的独特风味,还有香、醇、柔、绵、爽五感俱全的独特风格,所以历来为饮者所称道。再加上其酒度较低、营养价值高、具有保健养生的良好功效,所以有"东方名酒"的美誉,有"独步天下"的气势。黄酒有史以来就备受世人青睐,被誉为"仙酒""神液",经现代科学检测,是很有道理的。中国黄酒和其他酒类相比较,至少有以下三大优点。

(1)营养十分丰富:在 1983 年 10 月召开的全国黄酒生产工艺学术交流会上,对黄酒的营养价值做了认真研究。科学分析表明,黄酒中含有 17 种氨基酸,其中 8 种是人体所必需的。其含量不仅超过了日本清酒,也远远超过了啤酒和葡萄酒。其人体所必需的氨基酸的总含量每公升达 5647.7 毫克,是日本清酒(每升 4190 毫克)的 1.35 倍,是啤酒(每升 782 毫克)的 7.2 倍,是葡萄酒(每升 1593 毫克)的 3.5 倍。每升黄酒中含高达 400～596 毫克的丙氨酸、精氨酸、谷氨酸、脯氨酸,这在世界酒类中是罕见的。黄酒中除含有大量人体必需氨基酸以外,还含多种糖类。如绍兴加饭酒每 100 毫升含葡萄糖 4.7286～2.0772 毫克,占糖类组成的 54.79%～66.62%;还富含低聚糖、异麦芽糖、异麦芽丙糖、戊糖等。这些糖类使黄酒具有鲜甜味,易被人体吸收。另外,黄酒中还含有乳酸、乙酸、琥珀酸、多种维生素和芳香物质,对帮助消化、促进食欲都有一定好处。

(2)黄酒是泡制各种药酒的佳品:明代著名医药学家李时珍在《本草纲目》中就曾明确指出,用黄酒浸泡中草药,可制成疗效很好的药酒,其配方就达 60 多种,不少方子至今仍沿用。现在不少滋补及妇科药物,都是用黄酒作"药引子",这是因为黄酒不但可以柔和地促使药物发挥作用,而且本身就有活血养神的功能。如《红楼梦》第三十一回中写到袭人患病吐血时,贾宝玉"即刻便叫人烫黄酒,要山羊血峒丸……"贾宝玉讲的,就是把黄酒烫热作"药引子"。现在,有些老中医开处方时,还会注明"用黄酒送下"。在我国江南一带,至今仍有产妇食用黄酒煮鸡蛋以恢复体力的风俗,还有的地方讲究以黄酒炖鸡滋补身体的习俗。

(3)黄酒是中国烹调过程中的必用之物:几乎所有的厨师、家庭主妇,在烹制菜肴中都离不开黄酒。这是其他酒类不能代替的。如在烹制鱼虾和肉类菜肴时,加入适量黄酒,会使菜肴增添特殊的香味,更为可口。这是因为黄酒中所含酒精比较适宜,能渗入肉类组织内部,溶解其中的三甲胺,在烹调加热时,能使之随酒精一起挥发,从而除去各种肉类的腥味。黄酒还可以使肉中脂肪发生酯化反应,使肉味变得香而不腻。

5. 中医要用黄酒作药引

首先,黄酒具有补养气血,助运化,活血化瘀,祛风等效用,与寒性药服,可缓其寒;与温性药服,可助其走窜,加强通调气血、舒筋活络的作用。

其次,黄酒中的酒精能够溶解中药里的有效成分,更好地提高药效。而且酒精具有舒筋活血、促进血液循环的功能。这是由于黄酒中酒精的含量比较适中,并含有多种维生素等营养物质,对人体十分有益。而白酒中酒精含量过高,往往会产生一些不良反应,啤酒中含酒精又太少,达不到提高药效的作用。所以传统习惯都以黄酒作药引。

6. 黄酒在烹调中的作用

其作用主要是去除海味类、肉类的腥膻,有利于"五味"充分渗入菜中,增加菜肴的香醇,使味道更加浓郁鲜美。

海味类、肉类都含有极丰富的蛋白质,放置一段时间后,其所含蛋白质会在微生物的作用下被分解,生成三甲基胺、六氢化吡啶、氨基戊醛、氨基戊酸等物质,使海味类、肉类等食物产生令人讨厌的腥臭味或其他异味。而酒中的乙醇是一种良好的有机溶剂,能将这些产生腥膻异味的物质溶解。在烹调中,随着菜肴温度的升高,这些物质可随酒的挥发而去除。

烹调菜肴用料酒(黄酒)的最佳时间,应当是在烹制菜肴的锅内温度最高的时候。不同的菜肴加料酒的时机也不同,如烧鱼应在鱼进锅前用料酒腌一下,10 分钟后再下锅,当鱼在锅内即将煎成时还应再加料酒。炒肉丝在将炒完时加料酒。炒虾仁要待炒熟后加料酒。汤类则不必放料酒。

在烹调蔬菜时,如果加料酒的时机恰当,能起到保护叶绿素的作用,蔬菜碧绿鲜嫩,色泽美观。

黄酒能清除猪腰子的"膻臭"。将猪腰子剥去薄膜,剖开,剔除筋丝,切成所需的片或花状,先用清水漂洗 1 遍,盛起沥干。500 克腰子约用 50 毫升黄酒拌和捏挤,然后用清水漂洗 2、3 遍,再用开水烫 1 遍,捞起后即可烹调。

炒鸡蛋时加一点料酒,可使鸡蛋鲜嫩松软、光泽鲜艳。

如用河鱼做油炸鱼时,可在裹面粉油炸前将鱼在料酒中浸一下,可去其土腥味。

做冷面时,如果面条结成团,可在面条上洒一些料酒,面条团就能散开。

我国自古就有酒醉菜肴的做法。用酒烧开的菜肴,酒香扑鼻,鲜嫩味美,最宜佐酒。这种菜肴的做法,有的是先将原料煮熟或氽熟,再用黄酒加盐腌醉,如醉鸡、醉肉、醉脊髓等;有的是直接加酒及调料将原料煮熟,如醉猪蹄等;还有的是将原料洗净后,用黄酒(其他酒类亦可)浸醉,如醉蟹、醉虾等。

名菜"酒呛虾",也叫"满天飞"。就是将活虾除掉芒脚,入盆浸入黄酒中盖好。十几分钟后,沥酒,加入酱油、精盐、姜末、白糖、胡椒粉、芝麻、香油等佐料,搅拌后即可食用。此时,青虾尚活,满盘跳跃,有醉酒的醺态,滋味更是鲜美脆嫩,如再备一碟优质食醋蘸食,其味更佳。

蟹的吃法很多,其中以醉蟹更受人们喜爱。其具体做法是:选用每只重近百克的肥胖螃蟹,洗净,沥干,掀开脐盖,挤出脐底污物,放入一小撮食盐及微量花椒,置于酱缸内,按层摆好,最好每层用竹片将其架在缸内,然后加入酱油、黄酒、姜块(拍松)、蒜瓣、冰糖和高粱酒,密封缸口,醉腌1周即可开缸食用。醉蟹可在缸内保存2个月不变质。醉蟹色青带黄,肉质细嫩,味道鲜美,酒香浓郁,回味甘甜。

7. 黄酒变质不宜饮用

黄酒色泽诱人,香气扑鼻,味道甘醇,是人们尤其是南方人喜欢喝的酒。在炎热的夏季,黄酒容易发生霉变。变质的黄酒不能喝,喝了会对人体造成危害,严重时甚至有生命危险。

变质黄酒进入胃肠后,其酸性与毒性物质会对肠胃黏膜和肌层产生一种强烈的刺激与腐蚀作用,并能麻痹侵蚀胃肠毛细血管,抑制胃肠神经感受器,致使胃肠蠕动减弱,食物消化排泄迟缓,新陈代谢功能降低。这一系列病理变化均易引发某些病症,如食物中毒、胃与十二指肠溃疡、胃肠出血、胃肠感染、腹痛腹胀、恶心呕吐、便秘、肛裂等。

我国广大农村一向有自酿自饮黄酒的习惯,但并非家家都能酿出好黄酒。有时酿出来的黄酒是酸的,时间一长就会变质。就是市场上销售的黄酒,买回来也要及时用光。如存放时间过长变酸,可高温杀菌后再用,如果变质,只好倒掉。如果常饮变质的黄酒,将可能导致胃穿孔、慢性肠胃炎、混合痔、胃癌、肠癌等严重疾病。

在夏季购买黄酒时,应选购无浑浊、无沉淀、无变色、无异味的黄酒。如果发现厨房里未用完的黄酒有上述浑浊等毛病,只可作高温烹调使用。

8. 冬天喝点黄酒对人体有益

黄酒的药用价值很大,用它来浸泡、炮制、煎熬中药,能提高中药的治疗效果。这是因为中药的有效成分在水中有微溶或不溶,而在乙醇中溶解度却很大。虽然白酒中药溶解效果较好,但饮用时刺激性较大,不善饮酒者易出现胃痛、头痛、腹泻、瘙痒等现象。啤酒则酒精度太低,不利于中药有效成分的溶出。而黄酒酒精度适中,是较为理想的药引子。此外,黄酒还是中药膏、丹、丸、散的重要辅助原料。黄酒气味苦、甘、辛,大热,主行药势,能杀百邪恶毒、通经络、行血脉、温脾胃、养皮肤、散湿气、扶肝活血、除风下气、利小便等。冬天温饮黄酒,可活血祛寒、通经活络,能有效抵御寒冷刺激,预防感冒。

黄酒的饮用可根据酒的品种和气候不同分为热饮和冷饮两种。元红酒在饮用时需微温并以鸡肉、鸭肉等佐餐,若用黑枣浸泡后饮用,口味更佳。加饭酒在饮用时微温,酒味特别芳香醇厚,可用冷盘菜下酒,也可与元红酒调后饮用。在冬季,黄酒加点姜片煮后饮用,既可活血祛寒,又可开胃健脾。香雪酒不需加温,可以饭前或饭后饮用,如与汽水、冰块对饮,效果更好。

需要注意的是,黄酒虽然酒精度低,但饮用时也要适量,一般以每天不多于 200 毫升为宜。

9. 端午节要慎用雄黄酒

"惟有儿时不能忘,持艾簪蒲额头王。"额头王,即指每逢端午节时,用雄黄酒在孩子额上画个"王"字。也有的在鼻尖、耳垂上涂上一些,还有的将雄黄调入白酒加热后直接下肚或抹身,说这样可以驱邪,避免"疫疠"之气。雄黄酒是有毒的,可是至今,每当端午节来临,有些人总要喝杯雄黄酒。这主要是由于人们认为雄黄能"驱避百邪"的想法在作怪。

雄黄的主要化学成分是二硫化砷。雄黄加热经过化学反应会转变为三氧化二砷,也就是剧毒品砒霜。由此可见,饮用加热的雄黄酒实际上是在服毒。把雄黄酒涂在小孩头部、鼻尖、耳垂或抹在身上驱邪避疫,是没有科学道理的,只是千百年来民间沿用的一种习俗而已。酒可以扩张血管,加速砷在消化道和皮肤的吸收,时间短者十几分钟、长者4~5小时即会中毒,轻者表现为头痛、恶心、呕吐、腹泻、腹痛、大便呈"米泔样",重者甚至死亡。

雄黄酒有很强的除害作用,我国古代,夏季除害灭病的主要消毒药剂,雄黄酒便是其中之一。经常将它喷洒在床下、墙角等阴暗地方,以避毒虫危害。

10. 黄酒一定要加热后再喝

黄酒营养丰富,含有丰富的氨基酸,蛋白质含量为酒中之最,每升绍兴加饭酒的蛋白质含量达16克(是啤酒的4倍),且多以肽和氨基酸的形态存在,易被人体吸收利用。其丰富的矿物质、低聚糖等,具有保护心脏、美容养颜、舒经活血等功效。

黄酒最好加热后饮,因为黄酒最佳饮用温度在38℃左右。在这一温度下,酒香更浓郁、柔和,且更安全。黄酒通常含有极微量的甲醇、醛、醚类等有机化合物,对人体有害。由于这些化合物沸点较低,一般在20~35℃,甲醇约在65℃。如果将黄酒隔水加热到70℃左右,其中的甲醇、醛、醚类物质就会挥发掉。同时,其脂类芳香物则随温度升高而蒸腾,使酒味更加甘爽醇厚、芬芳浓郁。因此,黄酒加热后饮对健康有利。如果在黄酒中加入姜丝或话梅,会使酒味更醇美,营养效果也更好。但温度不要过高,否则酒精挥发,反而会失去其醇香。

11. 常喝黄酒好处多

黄酒是很好的药用品,它既是中药药引子,又是丸散膏丹的重要辅助材料,《本草纲目》中云:"诸酒醇不同,唯米酒入药用。"米酒即黄酒,它具有通经脉、厚肠胃、润皮肤、养脾气、扶肝、除风下气等治疗作用。

黄酒是我国最古老的饮料酒,它以糯米为原料,酒曲为糖化发酵剂酿造而成。其色泽浅黄或红褐,质地醇厚,口味香甜甘爽,回味绵长,浓郁芳香,而酒精含量仅为 15％～16％,是比较理想的酒精类饮料。

黄酒含有 18 种氨基酸,其中 7 种为人体必需氨基酸。黄酒还含有糖分、有机酸、酯类、高级醇和丰富的维生素等。

元红酒在饮用时需微温并以鸡鸭肉等佐餐,若用黑枣浸泡后饮用,口味更佳。加饭酒在饮用时微温,酒味特别芳香醇厚,可用凉菜下酒,也可与元红酒兑后饮用。在冬季,黄酒加点姜片煮后饮用,既可活血祛寒,又可开胃健脾。香雪酒不需加温,可在饭前或饭后饮用,如与汽水、冰块兑饮,效果更好。

需要注意的是,黄酒虽然酒精度低,但饮用时也要适量,一般以每日折合 200 毫升为宜。

12. 雄黄酒

"雄黄"又名雄精、石黄、熏黄、黄金石,产自湖南、甘肃、云南、四川等地。雄黄性温、微辛、有毒,既可以外用又可以内服,主要用于解毒、杀虫,外用治疗恶疮、蛇虫咬伤等,效果较好。少量饮用雄黄酒,可治惊痫、疮毒,但雄黄有腐蚀性,一定要经医生指导,并遵古法炮制的雄黄酒才能喝。

现代科学证明,雄黄的主要成分是硫化砷,砷是提炼砒霜的主要原料,喝雄黄酒等于吃砒霜。雄黄含有较强的致癌物质,即使小剂量服用,也会伤害肝脏,易使中毒,轻者出现恶心、呕吐、腹泻等症状,甚至出现中枢神经系统麻痹,意识模糊、昏迷等;重者则会致人死亡。

（三）啤　酒

1. 啤酒的种类

市场上出售的啤酒，有 12 度和 14 度的两种。这种商标上标明的"度"，不是酒精的度数，而是指啤酒酿制过程中糖化麦汁的浓度。一般 12 度以上的啤酒，酒精含量不低于 3.5 度。也有一种低浓度啤酒，糖化麦汁 7～8 度，酒精含量只有 2％，主要适于妇幼饮用。根据颜色的深浅，啤酒分黄啤酒、褐啤酒、白啤酒与黑啤酒。黑啤酒具有浓咖啡的色泽，糖化麦汁与酒精含量稍高，喝起来味道醇香。这种啤酒在酿制中加入部分高温烘炒的黑麦芽。黄啤酒为市场上供应的主要品种。国外还生产一种白啤酒，是采用乳酸发酵酿制而成的。啤酒又有鲜、熟之别。鲜啤酒又称生啤酒，保留了活的酵母菌，饮用起来味道鲜美，但不能久存，散装生啤酒在一般室温下不宜过长，熟啤酒中的酵母菌已被加温杀死，不会继续发酵，稳定性较好，可供长期贮放饮用。还有一种可继续发酵，稳定性较好，可供长期贮放饮用。此外，还有一种瓶装"鲜啤酒"，实际也是一种熟啤酒，只是发酵期较短，价格也较低。

人们多依据泡沫多少判断啤酒质量的优劣。啤酒的泡沫与酒中溶有二氧化碳多少有关。这种二氧化碳主要是酿制过程中由葡萄糖转化成酒精时产生的，也有部分是用机器压缩进去的。当打开瓶盖时，瓶内压强降低，二氧化碳就直冒而出。啤酒中的泡沫多、细、白，能持久，表明酿制后发酵期积聚于酒液中的二氧化碳多，发酵程度好，为上品，这样的啤酒口味比较醇厚。如果啤酒没有泡沫，喝到嘴里不仅鲜醇风味降低，也会减弱清爽的感觉。当然，保持泡沫还与酒器是否洁净（油污会降低啤酒表面活性，使泡沫减少并很快消失）、容器大小、气温以及和空气接触时间长短有关。

一般认为,啤酒主要是夏季防暑降温的清凉饮料,冬季不宜饮用。其实不然,一年四季,啤酒都可以作为佐餐的佳品。啤酒温度在 10～20℃时,饮用口味纯正,清爽舒适。温度过高,啤酒泡沫虽多但不持久,苦味加重;温度过低,会使泡沫减少,口味淡薄。夏季饮用啤酒,可生津解渴,降温止汗;冬季饮用啤酒,会使人体发热,祛风解乏。

2. 如何正确饮啤酒

(1)啤酒杯的选用:首先要选用洁净、透明的玻璃杯。好啤酒倒出后泡沫丰富、洁白细腻、挂杯持久,这样就可以直观地感受啤酒的神奇和神韵——闻着淡淡的酒化清香,听着和谐悦耳的泡沫破裂声。喝一口感受到的不仅是口味纯正、爽口宜人的美酒,更是一种沁人心脾的舒畅。当油脂附着于杯壁上时,使二氧化碳泡沫失去表面张力,无法形成泡沫。因此,一定要保证杯壁清洁、无污染,防止影响啤酒泡沫。扎啤一般用 0.5～1.0 升大扎杯,瓶啤一般用 0.2～0.5 升的玻璃杯。

(2)倒酒的方法:常见一些人一下子将啤酒杯倒满,泡沫溢流不止,这种方法是不正确的。理想的倒酒方法是要很好地掌握啤酒的泡沫,让瓶口距离杯子 2～3 厘米,啤酒瓶与酒杯呈直角,酒斟向杯子正中,慢慢沿玻璃杯壁缓缓倒入,一直斟到泡沫上升到杯口为止。稍候片刻,待泡沫消退一些后,再次向杯子正中斟酒,直至泡沫呈冠状,并超过杯口 1.5 厘米左右为好。一般来说,啤酒产生的泡沫以约为玻璃杯的 25% 为宜。

洁白细腻的泡沫是由二氧化碳、酒花树脂及气泡蛋白组成的,它不仅能直观地表现啤酒外观,还能抑制二氧化碳气体从啤酒中逸出,同时泡沫还可防止酒液与空气接触而被氧化,起到保护层的作用。在用餐饮酒时,注意要勤擦嘴,避免嘴上的油脂进入啤酒中,影响泡沫的形成。

(3)适宜的饮用温度:啤酒饮用温度受到地区、年龄层、消费者嗜好等诸多因素的影响,确切地给出一个"温度标准"显然是不科学的。一般来说,夏季喝 6～8℃的啤酒,冬天喝 10～15℃的啤酒,大多数人感到适宜、舒心。有研究结果表明,啤酒温度在 10℃时泡沫最丰富,既细腻又持久,香气浓郁,口感舒适。要保持这个酒温,需要根据环境温度适当调节啤酒温度。如环境温度在 25℃时,啤酒应冷却到 10℃左右;环境温度在 35℃时,啤酒应冷却到 6℃最好。喝啤酒要快,不要浅斟慢酌。

(4)盛酒容器的选用:注意不要使用裸铁、裸铝等易腐蚀和可引起化学反应的容器制品。因为啤酒呈酸性,并且其中许多成分容易被氧化和异构化。特别是与氧气的接触,对啤酒的破坏性更大,氧能使啤酒颜色加深,口味变差,提前浑浊和变质。所以啤酒开启后不要放置过久,应在尽可能短的时间内喝完。

(5)啤酒的选购:选购啤酒时,拿起啤酒不要使劲摇动,特别是夏季温度高,瓶内压力大,如果瓶子质量不好,会引起爆炸伤人。可以轻轻转动瓶身察看商标,检查啤酒清亮度。国标规定啤酒一般有四个月的保质期,保质期内的啤酒一般是合格产品。啤酒的保质期:瓶装、听装熟啤酒保质期不少于 120 天(优、一级)及 60 天(二级);瓶装鲜啤酒保质期不少于 7 天;罐装、桶装鲜啤酒保质期不少于 3 天。

(6)啤酒的保存:购进的啤酒应放在阴凉、干燥的地方,应特别注意防止日光直接照射。经阳光直晒的啤酒会发生氧化而产生像柿饼的味道,俗称"日光臭"。购进的啤酒要先进先喝,不宜存放。

(7)啤酒瓶的开启:要用瓶启子开启啤酒,不能用牙齿咬,更不能用两个瓶盖撞击的方法来开启,以免损伤牙齿,更重要的是防止爆炸受伤。

啤酒也可用做消暑解渴的饮料。每次饮用量不宜过多,一般以不超过 1 升为宜。啤酒宜即开即饮。启盖过久的啤酒,二氧化碳气跑掉了,饮之使人感到味苦而淡薄无味,特别是夏天,气候炎热,易导致微生物滋生。

3. **鉴别啤酒好坏的方法**

（1）首先是啤酒瓶的商标或瓶盖上是否有明显的出厂日期及保存期，是否在保存期之内。超过保存期的啤酒口味会受到影响。优质啤酒的保存期为 120 天，普通酒的保存期为 60 天。

（2）二氧化碳充足，开瓶时有二氧化碳气泡升起。

（3）啤酒注入杯中有泡沫升起，洁白细腻，优质啤酒的泡沫持久性应在 3 分钟以上。

（4）酒液清亮透明，富有光泽，无明显悬浮物或其他杂质。

（5）饮后应爽口有柔和感觉，并有杀口力和愉快的苦味，无其他异味。

（6）浅色啤酒应有酒花香味，浓色啤酒应有麦芽香味。

4. **储藏啤酒的方法**

有的啤酒经销者常常购入一定量的啤酒储藏，人们在过年过节也常一次购入几箱啤酒。由于啤酒是一种非常易变质的饮料，因此应当掌握正确的储藏方法。

（1）不要放在温度偏高的场所：啤酒长时间放置在温度偏高的环境下，其口味调和性将会受到破坏，酒花的苦味质及单宁成分被氧化，特别是啤酒的颜色会变红浑浊现象也会提前发生，如放置在 20℃温度下保存的啤酒要比放在 5℃条件下引起浑浊的时间会提前 6～9 倍。因此，啤酒最好放置在阴凉处或冷藏室内保存。

（2）不要在日光下暴晒：夏季，有的饭店或经销单位室内无处存放，便放在露天堆放。这样也会缩短保存期，影响啤酒的口味。经过日光暴晒的啤酒会产生一种令人不愉快的异味。因此，通常啤酒瓶均采用褐色或绿色瓶，以遮蔽光线，减轻光化作用，保持啤酒的质量。

（3）要在保存期内饮用：当啤酒被灌装在容器的瞬间起，无论放置何种理想的条件下保存，随着时间的推移，啤酒新鲜口味都会逐渐丧失,如想真正地尝到啤酒的美味感,只有尽可能趁新鲜饮用才能完全达到。当啤酒放置时间较长时,啤酒的颜色会变深,由于各种不同的情况还会发生浑浊和沉淀现象及氧化味。虽然这种啤酒还能饮用,但主要是已失去了啤酒的风味,所以不要过长时间存放啤酒。

5. 啤酒有助于强健骨骼

美国一项最新研究发现,啤酒中富含对骨骼形成有帮助的硅元素,适量饮啤酒有助于强健骨骼。硅是骨骼形成过程中的重要元素,有助于提高骨密度,防止骨质疏松。此前曾有研究发现,啤酒中含有硅元素,但并不清楚不同类型和不同酿造过程的啤酒硅含量有何区别。

美国加利福尼亚大学研究人员对市面上 100 种不同品牌的啤酒进行分析后发现,啤酒的硅元素含量在 6.4～56.5 毫克/升,平均含量为 30 毫克/升。其中,低度啤酒的硅含量最高,而无醇啤酒(即不含酒精)和小麦啤酒的硅含量相对较低。

一般来说,两杯啤酒所含的硅元素约为 30 毫克。研究人员提醒,啤酒并非多多益善,一次最好不超过两杯。至于每人每日应摄入多少硅元素,目前并没有经科学论证的推荐量,但研究人员说,目前美国人每天从各种食物中摄取的硅元素为 20～50 毫克。

6. 饮用啤酒可消除或缓解运动后肌肉酸痛

巴塞罗那大学医学运动生理学教授拉蒙·巴尔巴尼说,运动后适量喝点啤酒有助于消除肌肉酸痛和身体疲劳。他指出,啤酒有抗氧化作用。由于运动过程肌纤维的氧化活动增强,喝啤酒有助于缓解这一过程,进而消除肌肉疲劳。格拉纳达大学医药生理学教授曼努埃尔·卡斯蒂略·加尔松则指出,为了缓解高温或运动引起的口渴,单纯喝水并不如适当喝啤酒效果好。另外,啤酒中的酒精有一定的镇静作用,也有助于缓解压力,有益于身体健康。

7. 饮用啤酒可祛寒解乏

众所周知,啤酒是炎炎盛夏防暑解渴的清凉饮料。殊不知,啤酒也是寒冷冬天宴席餐桌上的美味佳品。实践证明,啤酒温度在15℃时饮用,味道醇正,爽口舒适,太热则酒味苦涩,太凉酒味又淡薄。因此,冬饮啤酒,应先用 30～40℃ 的温水将未开瓶的啤酒加热至 15～20℃,然后摇匀倒入杯中饮用,既可以领略到啤酒细腻的泡沫,优雅的清香和纯正的口味,又令舌下生津,胃口大开。正所谓夏饮"冰啤酒"消暑,冬饮"温啤酒"祛寒。

8. 啤酒的药用价值

(1)啤酒花可治多种疾病:通过一系列的实验发现,啤酒的防癌特性是酒花在起作用。一项模拟麦汁煮沸的实验显示了酒花的积极作用。模拟麦汁煮沸的过程,在 1000 毫升 pH 为 5 的缓冲水加入 1.5 克酒花,煮沸 90 分钟,产生的水溶液具有抗癌变活性。由此可以得出结论,具有积极作用的啤酒内含物来源于酒花。

波兰《观察家》周刊载文说,波兰医学家认为,用啤酒花球果封闭蒸沸 15～20 分钟制成冲剂,每天饮用 2 次,每次 1/4 杯,可治失眠症、神经衰弱症、月经不调及消化不良等病症。另外,用啤酒花球果泡制成的茶叶有利尿作用,饮用这种茶能辅助治疗肾脏疾病。

另外,在一篇关于流行病的论文中指出,啤酒饮用者(同样包括葡萄酒饮用者)比不饮酒者感染幽门螺杆菌的概率低得多,这种杆菌是引起单纯性胃溃疡的主要原因。科学家已经证实,酒花中的蛇麻酮有很高的抗幽门螺杆菌的能力。

(2)啤酒酵母能瘦身:生活中爱喝啤酒的人,常常有个啤酒肚,让人得出"喝啤酒会发胖"的结论。但是,在制作啤酒过程中,以小麦发酵酿出的啤酒酵母,经过沉淀,其中的维生素族及矿物质可促进新陈代谢,短期内能达到瘦身的效果,已经成为人们的减肥新食品。

以麦芽酿造的啤酒酵母本身不含任何酒精成分,和啤酒是完全不同的物质。它含有蛋白质高达 50%,天然纤维质 20%,低脂肪 6% 及丰富的 B 族维生素,锌、硒、铬等 14 种矿物质。此外,人体无法制造的必需氨基酸成分也是众多食物中比例较高的。现在流行的儿童食用健齿糖,就是以啤酒酵母为主要成分。

啤酒酵母之所以有如此功效,是因为它内含的 B 族维生素会加速糖类和脂肪的代谢,快速消耗热量,促进身体和脑部新陈代谢;成分中的铬,则对降低中性脂肪非常有效;除此之外,它也可抑制食欲。

天然的啤酒酵母,吃起来有一种苦味,所以一般食用时多加在牛奶、蜂蜜、咖啡等里面。食用过程中需要搭配其他健康的食物来补充啤酒酵母本身欠缺的营养素。以人体一天需要约 2000 千卡的热量计算,如果一天减掉 1000 千卡,1 周之后,约可达到轻松减重 1 千克的喜人成效。

一些得天独厚的好条件使得"啤酒酵母粉"成为时下轻松减肥的新方法。它不会伤害身体,完全无不良作用,代谢快,营养好。因此,啤酒酵母成为减肥食品中的安全选择。

(3)啤酒的保健功能优于葡萄酒:过去有大量的研究指出了红葡萄酒的益处,在人们的观念里,红葡萄酒是现代最为健康的饮品了。然而,荷兰科学家认为,偶尔喝一杯啤酒实际上对我们的心脏有利,而且效果比红葡萄酒还要好。

啤酒之所以对身体有益,是因为啤酒含有丰富的维生素 B_6,能阻止高半胱氨酸(一种可能增加患心脏病危险的氨基酸)在身体中的积聚。

荷兰 TNO 营养和食品研究所的科学家,将 11 名年龄在 44—59 岁的健康男子作为研究对象,进行了一项有趣的研究。这些男子分别在晚餐时饮用一杯啤酒、红葡萄酒、白酒和矿泉水,试验期限为 3 周。他们每天在就餐时间饮用相应的饮料,并且在这期间他们从食品中摄入的营养是相同的。结果发现,喝啤酒者体内高半胱氨酸的含量没有增加,而喝葡萄酒和白酒者体内高半胱氨酸的含量分别增加了 8％～9％。研究人员指出:从统计学上说,高半胱氨酸含量增加 8％～9％,相当于患心血管疾病的概率增加了 10％～20％。

那么,是什么导致喝啤酒者体内高半胱氨酸的含量没有增加呢?研究者指出,喝啤酒者血液中维生素 B_6 的含量增加了 30％,而饮用红葡萄酒和白酒者血液中维生素 B_6 的含量分别增加了 10％和 15％。不过研究人员强调,饮用啤酒的好处是在接受试验者"适量饮酒"而不是在"过量饮酒"之后出现的。

(4)啤酒能降低结石形成:1995－1999 年在芬兰进行的一项预防肺癌的试验中,研究人员对芬兰 3 万名烟民进行了长达 5 年的研究和取证。研究意外发现,每日饮一杯啤酒,可降低形成肾结石的机会。

研究人员在《美国流行病学杂志》中称,啤酒的这一功效可能是因为啤酒中的酒精及水分发挥了保护作用。酒精抑制抗利尿激素的分泌,结果增加尿液流通及将尿液稀释,而啤酒的水分亦有增加排尿及稀释尿液的功用。

此外,啤酒含有的蛇麻子有防止骨骼分解的作用。赫尔辛基国家公共卫生学院的希尔沃宁说:"蛇麻子可能因此降低钙质排放速度"。由于肾结石含钙量高,啤酒减少了钙在尿中的积聚,可能是减低肾结石形成的原因。

(5)啤酒可预防白内障:加拿大学者的一项最新研究报道指出,啤酒中的抗氧化剂还有助于减少患白内障的风险,而且啤酒的颜色越深越好,但条件是只有在适量饮用啤酒(大致是一天一杯)的情况下,才会有益健康。

啤酒的这个新效用是加拿大化学家特维斯科在进行糖尿病患者白内障成因的研究时偶然发现的。当时,特维斯科博士和他的同事们正通过实验测试,如何更好地让眼晶体细胞中自然产生的多种氨基酸,防止眼晶体细胞被氧化。因为一旦人们患上白内障,其眼晶体细胞中的氨基酸含量就会下降。

为测试每种氨基酸的抗氧化能力,特维斯科把它们溶解在酒精中。结果发现,酒精本身就是一种抗氧化剂,它能有效阻止眼晶体细胞被氧化。20世纪80年代中期曾有研究报道显示,适量饮酒可以降低患白内障的概率。于是,特维斯科开始研究和测试啤酒所含的抗氧剂作用及其阻止细胞氧化的能力。同时,不把啤酒的抗氧化能力和红酒及纯粹的酒精进行比较。特维斯科通过一只老鼠的眼晶体测试啤酒的抗氧化能力,结果证实,它可以有效地防止糖尿病白内障的形成。

特维斯科表示:"就抗氧化能力来说,啤酒几乎和红酒一样好,但某些黑啤,其抗氧化能力还会更好。"研究报告还指出,除酒精之外,啤酒和红酒中的其他成分也有抗氧化作用。不久前的另一份啤酒研究报告,也证实了这一研究结果。美国宾夕法尼亚州史克兰顿大学教授温森通过研究发现,每天饮少量啤酒的老鼠,动脉粥样硬化的比例减少了50%。

(6)啤酒壮骨:矿物质硅能帮助骨骼生长,而啤酒正是现代人饮食中最丰富的硅的来源之一。英国医学家鲍威尔称,硅在骨骼的功能上占重要一环,每人平均每日需30微克硅,而0.5升啤酒即含硅6微克,可提供身体每日所需硅的20%。鲍威尔称,比较其他食物,啤酒中的硅更容易被人体吸收。啤酒中发现高含量硅是"理所当然"的事情,因为构成啤酒的主要原料大麦从泥土中吸收硅,再将硅储存于表皮,酿酒过程中硅就会溶解进大麦汁中。

矿泉水中含有大量硅,另外,青豆及谷物早餐也含硅。营养学家指出,由于现代饮用的纯净水经过处理后,硅含量已大大降低,啤酒作为重要的硅来源便更显重要。

(7)缓解紧张感:酒精饮料具有缓解精神上紧张感的效果,啤酒虽内含少量酒精却也具有同样的效果。

(8)缓解老年病:老年病一般表现为丧失生活的信心,自卑感及孤独感等。一项对老年病使用啤酒治疗的试验,得出了积极的结论。以美国的精神病院报道为例,在依靠药物治疗老年病患者的饮食中增添 1 小瓶啤酒,经 1～2 个月后,药物的服用量可以大幅度地减少。同时还发现,这些患者能积极地参加各种集会、合唱、舞会及娱乐等集体活动。此外,还观察到失禁人数在减少,能够行走的患者人数在增加。

(9)啤酒美容:近来,一股用啤酒美容的小旋风正在悄然兴起,并成为女士们的生活时尚。下班后先购一些瓶装啤酒回家,可用作洗脸美容。

国内外一些报刊上不断披露外国女性用啤酒来美容的新闻和趣事,例如,每天早、晚,将适量的啤酒掺入清水里洗脸,然后用双手自我按摩,直至面部微微发热、发红为止。另外,有些女性甚至采用"标本兼治"的方法,不仅每天坚持用啤酒洗脸,还坚持每日适量饮些啤酒。

适量喝啤酒对美容有很多好处。一方面,啤酒中的酒精成分能够促进血液循环,滋养肌肤,促进新陈代谢,有益于人体代谢物的排泄。另外,啤酒还有消除便秘的功效。啤酒中所含蛇麻子还是一种清凉剂,具有预防皮肤过敏、暗疮等作用。

值得一提的是,许多啤酒美容者购买用来美容的啤酒时,对品牌也极为讲究、甚至是极为挑剔的。在啤酒的选用上,首先选用新鲜啤酒;其次是选用矿泉水啤酒;再次是选用特制名牌啤酒。因为这些啤酒系列货真价实,更重要的是富含人体皮肤表面和体内所需的营养性微量元素。

9. 黑啤能防血栓

有外国专家指出,判定啤酒质量最重要的指标是色泽。啤酒一般分淡色啤酒、浓色啤酒和黑色啤酒 3 类。

淡色啤酒是各类啤酒中产量最多的一种。如淡黄色啤酒,大多采用麦芽为原料,糖化周期短,其口味多属淡爽型,酒花香味浓郁;金黄色啤酒,所采用的麦芽溶解度较淡黄色啤酒略高,因此,色泽呈金黄色,口味醇和,酒花香味突出;棕黄色啤酒,采用溶解度高的麦芽,烘焙麦芽温度较高,麦芽色泽深,酒液黄中带棕色,接近浓色啤酒,口味较重。

浓色啤酒呈红棕色或红褐色,酒体透明度较低,分为棕色、红棕色和红褐色 3 种。浓色啤酒味较轻,麦芽香味突出。

黑色啤酒,色泽呈棕色或黑褐色,酒体透明度很低或不透明,一般原麦汁浓度高,酒精含量 5.5% 左右,口味非常醇厚,沁人心脾。

那么,哪种颜色的啤酒最有营养?啤酒研究所的研究结果是黑啤。因为黑啤具有抗氧化能力,它富含黄酮素,能防止心脏血栓,降低患心脏病的危险,效果近似于服用阿司匹林。

实验显示,黑啤酒可以减缓心脏血管中血液凝块形成的过程,而普通啤酒却没有这个效果。心脏病发作就是由血液凝块阻塞心血管而引起的。研究人员还发现,黑啤中所含的抗氧化物质可以减缓胆固醇在动脉壁上附着。

10. 喝啤酒过量后果不良

经常听到有些人在说:只有烈性酒才会危害健康,而啤酒是没关系的。这种看法不正确。殊不知两玻璃杯啤酒下肚,也等于喝了不少烈性酒。因为啤酒和白酒、白兰地、葡萄酒一样,均属于酒精性饮料,只是啤酒所含酒精量较低而已。

我们来推算一下,100 毫升 40 度的白酒中含有酒精 40 克,普通的啤酒为 3.5～4.5 度,就是说每 100 毫升啤酒中含纯酒精约 4 克;而一玻璃杯啤酒为 300～500 毫升,因此一杯啤酒喝下,就有约 20 克酒精进入人体,如果在"酒逢知己千杯少"的情况下开怀畅饮,那么危害身体健康的酒精就会大量摄入。啤酒亦能醉人,酒精中毒就是在过量饮酒后发生的。

根据调查,经常大量饮用啤酒的人,常常也喜欢喝白酒,否则不过瘾,因此这些人往往处于酒精高负荷状态。加之大量饮用啤酒后,必有大量液体进入体内,这本身就给心血管和肾脏带来不利的影响,所以啤酒爱好者的心脏较大,常称为"牛心"或"啤酒心"。他们经常出现心跳加快,心律不齐,动脉压升高,面部血管扩张并呈现水肿。

啤酒爱好者常常不把自己身体不舒服与饮用啤酒相联系起来考虑,相反,往往自以为是地增加饮用啤酒量到"改善症状",这就会使他们的体质每况愈下,有时即使在小量体力活动时亦能发生心动过速和呼吸困难,并周期性地出现脚部肿胀。因此,进行体格检查就会发现心前区扩大,心音不正常,心电图亦有改变。

与过量饮用啤酒相伴而来的是肥胖症。因为啤酒中含有3‰～10‰容易被人体消化吸收的糖类,它进入人体后转化为脂肪而贮藏于体内及皮下。为此,啤酒爱好者的胖通常被人误解为"健壮",是喝啤酒的"好处",其实,它掩盖了对体内潜在的物质代谢破坏和对肝脏、肾脏、胰脏的损害。

曾经有一位青年,不顾别人的劝告,经常狂饮啤酒,结果不幸发生了颅内出血伴有严重的下肢瘫痪和语言障碍,成为终身残疾。

已发生过酒精中毒的人要特别警惕,有时即使一杯啤酒也能激化而发生酒精中毒,再一次进行治疗将会增加很大困难。

11. 饮用啤酒最佳用量

啤酒是低酒度、低糖度、富有营养的保健性饮料之一。但由于它毕竟含有一定量的酒精,所以还是以适量饮用为佳。根据营养学家计算,每人每日摄入乙醇的安全量为每千克体重1克。这个数量,即会引起兴奋现象。虽然酒类的品种繁多,但均可根据酒精的含量来折算。例如,一个50千克体重的人,一天可饮用4度的啤酒625毫升,即1瓶啤酒为宜。

如果嗜酒无度,长期连续地狂喝暴饮,就会引起慢性酒精中毒,可能导致肝硬化、胃炎、多发性神经炎和胰腺癌等疾病。患有这些病的人及患有胰腺炎、心脏病、泌尿系统结石症、较严重的气管炎和痛风等病患者,均应戒饮啤酒。

12. 冬天饮用啤酒价值更高

冬天由于寒冷的刺激,人体热能消耗大,常常出现低热能性寒证,如四肢冰凉,面色发白,神态蜷缩,小便频繁,甚至战栗等。由于啤酒中含有糖和酒精,它们是啤酒所含高热量的主要来源。据测定,每升啤酒可产生 760 千卡的热量,相当于成年人每天所需热能的 1/3。所以,冬天饮啤酒可以增加人体热能,提高机体对寒冷的抵抗力。啤酒中的啤酒花有强心、利尿、防腐杀菌的作用。喝热啤酒能增加啤酒花中的啤酒素,对肺病、淋巴结核病有较好的辅助治疗作用,并且还能使血液循环加快,改善末梢循环,防治冻疮。

冬天喝啤酒可以加热喝,温度随气温的高低而定。一般说来,饮用啤酒适宜的温度为 12～15℃。因天气冷,啤酒达不到此温度时,饮前可将酒瓶放入温水内浸泡,以达到适温为止。但水温不要过高,因啤酒瓶玻璃的耐温度有限,如过高,酒瓶就会爆裂,甚至有爆炸的危险。

13. 饮用啤酒 14 忌

(1)忌饮用过量:长期过量饮用啤酒,会导致体内脂肪堆积而阻断核糖核酸合成,进而造成"啤酒心",影响心脏功能和破坏脑细胞。

(2)忌大汗之后饮用:人们剧烈运动后,汗毛孔扩张。此时如大量饮用啤酒,将导致汗毛孔因骤然遇冷而引起急速闭塞,造成体温散热受阻,容易诱发感冒等疾病。

(3)忌与烈性酒同饮:有的人在饮烈性酒时,同时饮用啤酒,结果引起消化功能紊乱,造成酒精中毒。这属个别情况。

(4)忌饮生物因素造成的浑浊啤酒:买来的散装啤酒或瓶装鲜啤酒,放在室温下时间长了,细菌就会得到繁殖,其中的乳酸菌和醋酸菌会使啤酒变酸变浑,如再污染上大肠埃希菌或真菌,饮后会使人患病。

(5)忌饮变质、变色啤酒：在生产过程中，由于生产工艺等方面的问题，啤酒受到杂菌的污染，或夏季温度较高氧化反应加速，或超期存放啤酒，就可能变色、变浑，发生沉淀、变质、变味等现象，饮用后即会中毒。

(6)忌饮用热水瓶贮存的啤酒：热水瓶内积有大量的水垢，当啤酒存放瓶内后，水垢中所含的汞、镉、砷、铅等成分即被啤酒中的酸所溶解。这样的啤酒对人体有害，常饮会导致重金属中毒。

(7)忌饮冷冻啤酒：夏季啤酒饮用的最佳温度是18℃左右。饮冷冻后的啤酒，会因温差太大，导致胃肠不适，引起食欲缺乏或腹痛。

(8)忌啤酒混汽水饮用：因为汽水中含有二氧化碳，啤酒中原本含有二氧化碳，再加入汽水饮用，过量的二氧化碳便会更加促进胃肠黏膜对酒精的吸收。因此，用汽水冲淡啤酒饮用的方法，会事与愿违的。

(9)忌用啤酒送服药物：啤酒与某些药物混合会产生不良反应。特别是对抗生素、降压药、镇静药、抗糖尿病等药物的不良反应更为明显。

(10)忌消化系统病患者饮用：慢性胃炎、胃溃疡及十二指肠溃疡等病患者，如经常饮用啤酒，酒中的二氧化碳极易使胃肠的压力增加，诱发胃及十二指肠壶腹部溃疡穿孔。

(11)忌饮用时吃腌熏食品：腌熏食品中含有机胺以及因烹调不当而产生的多环芳烃类苯并芘、胺甲基衍生物。当大量饮用啤酒并食入腌熏食品时，人体血糖含量就会增高，上述有害物质会与其结合，极易诱发消化道疾病。

(12)忌空腹多饮冰镇啤酒：由于空腹，啤酒甚凉，多饮易使胃肠道内温度骤然下降，血管迅速收缩，血流量减少，从而造成生理功能失调，影响正常的进餐和人体对食物的消化吸收；同时，还会使人体内的胃酸、胃蛋白酶、小肠淀粉酶、脂肪酶的分泌大大减少，极易导致消化功能紊乱。胃肠受到过冷刺激,变得蠕动加快,运动失调,久之易诱发腹痛、腹泻及营养缺乏等症。

(13)忌运动后饮啤酒:人在剧烈运动后立即喝一杯清凉味美的啤酒,感到再惬意不过了,其实这样做有害健康。因为剧烈运动后饮酒会造成血液中尿酸急剧增加,使尿酸和次黄嘌呤的浓度比正常情况分别提高几倍。尿酸是体内高分子有机化合物被酶分解的产物,当血液中尿酸值异常高时,就会聚集于关节处,使关节受到很大刺激,引起炎症,从而导致痛风病。因此,剧烈运动后不宜饮啤酒。

(14)忌食海鲜饮啤酒:有关专家研究指出,食海鲜时饮用啤酒,将有可能发生痛风症。痛风即身体无法排泄过多的尿酸沉积在关节或软组织内而引起发炎。当痛风发作时,不但被侵犯的关节红肿热痛,甚至会引起高热,使人全身战栗。久而久之,患部关节会逐渐被破坏,此外还可能引起肾结石和尿毒症。这是因为大多数海鲜食物会给身体制造过多的尿酸,而海鲜食品却常常被当作饮用啤酒时的美味佳肴,这是令人担忧的。

14. 喝啤酒要因人而异

如今的啤酒家族十分兴旺,市场上的啤酒种类繁多,有生啤酒、熟啤酒、无醇啤酒和运动啤酒等。这些啤酒的成分不同,而人的体质又各不相同,因此喝啤酒也要因人而异。

(1)生啤酒:即鲜啤酒,是没有经过巴氏杀菌的啤酒。由于酒中活酵母菌在灌装后,甚至在人体内仍可以继续进行生长反应,因而喝了这种啤酒很容易使人发胖,比较适于瘦人饮用。

(2)熟啤酒:经过巴氏杀菌后的啤酒就成了熟啤酒,因为酒中的酵母已被加温杀死,不会继续发酵,稳定性较好,所以胖人饮用较为适宜。

(3)低醇啤酒:低醇啤酒适合从事特种工作的人饮用(如驾驶员、演员等)。低醇啤酒是啤酒家族新成员之一,它属低度啤酒。

一般这种啤酒的糖化麦汁的浓度是 12 度或 14 度,酒精含量为 3.5 度,人喝了这种啤酒不容易"上头",还能满足啤酒爱好者们的酒瘾。

(4)无醇啤酒:无醇啤酒是啤酒家族中的一名新成员,也属于低度啤酒,只是它的糖化麦汁的浓度和酒精度比低醇啤酒还要低,所以很适于妇女、儿童和老弱病残者饮用。

(5)运动啤酒:顾名思义是供运动员们饮用的,它也是啤酒家族的新成员了。运动啤酒除了酒精度低以外,还含有黄芪等 15 种中药成分,能大大加快运动员在剧烈运动后恢复体能的速度。难怪不少运动员喝了以后都称赞它好。

15. 剧烈运动后不宜马上饮啤酒

人剧烈运动后口渴难忍时,饮用一杯清凉美味的啤酒觉得是再惬意不过的事了。其实这会损害健康,有导致痛风的潜在危险。

日本东京女子医科大学风湿病研究中心的西风久寿树教授领导的研究小组发现,人在剧烈运动后马上饮啤酒,血液中的尿酸浓度会迅速升高。尿酸是人体中的一种高分子含氮有机化合物,当尿酸排泄发生障碍时,在全身的内脏和组织中就会有尿酸结晶沉积,特别是关节部位最容易受到侵犯(以大拇指根部最严重),而导致痛风的发作。临床症状是:大拇指关节局部红肿,并伴有剧烈疼痛。其他部位也有同样的红肿和疼痛感。

西风教授以 4 名健康的成年男性为对象进行了调查。试验开始后,这 4 人首先做 15 分钟的剧烈运动,然后每人立即喝下一大杯啤酒(633 毫升),再接受检查。发现其血液中尿酸和次黄嘌呤(可转化为尿酸)的浓度比运动前显著增加,其中尿酸值为运动前的 2.1 倍,次黄嘌呤的数值增加了 500 多倍。

剧烈运动后饮啤酒患痛风的危险性大小,因人而异,尤其与运动的剧烈程度和饮用啤酒量直接相关。排泄尿酸的重要器官是肾脏,肾功能不全者在剧烈运动后立即喝大量的啤酒,比一般人更容易诱发痛风。

为了避免出现痛风,剧烈运动或重体力劳动后,应先休息一会儿,再吃一点儿点心,然后可少量饮些啤酒。

16. "啤酒肚"与喝啤酒无关

传统观念认为,过量饮用啤酒会出现"啤酒肚"。其实,德国联邦营养医学会最新研究表明,"啤酒肚"与喝啤酒的关系并不大,它与男性遗传基因有关,就像女性肥胖从臀部开始一样,男性的脂肪大部分会储藏于腹部。研究进一步发现,好饮啤酒者出现"啤酒肚",乃至肥胖的概率并不比不喝啤酒的人高。

17. 出现"啤酒肚"的原因

由于基因不同,男性出现"啤酒肚"的可能性也不同。一般来说,青少年有"啤酒肚",往往是因为营养过剩;对于中年人,睡眠质量是主因。随着年龄增长,男性深睡眠阶段减少,睡眠质量差,激素分泌会减少,激素缺乏可使体内脂肪增加并聚集腹部,且年纪越大影响越明显。

此外,很多中年人缺乏运动,长期的办公室工作也容易造成腹部脂肪囤积,加之饮食过量,消化不良,造成体重超标。

18. 以下八种人夏天不宜饮用啤酒

炎炎夏日,约上三五好友,几杯冰镇啤酒下肚,已经成为时下很多人消夏的生活方式。专家提醒,啤酒虽然可口,但要注意禁忌事项,有些人并不适合饮用啤酒,切勿盲目贪杯。以下八种人不宜饮用啤酒。

(1)消化系统疾病病人:慢性胃炎、胃溃疡及十二指肠溃疡等病人,如经常饮用啤酒,酒中的二氧化碳极易使胃肠压力增加,诱发胃及十二指肠球部溃疡穿孔。另外,饮用啤酒可抑制或减少胃黏膜合成前列腺素 E,造成胃黏膜损害,引起腹胀、胃部烧灼感、嗳气、食欲减退等。

(2)痛风病人:因为啤酒中含有嘌呤物质会使血尿酸浓度增高,从而引发痛风的发作,空腹喝啤酒尤其危险。

(3)肝病病人:这类病人肝脏解毒功能下降,无法将乙醛顺利转化为乙酸,导致乙醛在体内大量积聚,损害肝细胞,可使肝病加重。

(4)糖尿病病人:1克酒精可产生约30千焦热量,若糖尿病病人大量饮啤酒,又不控制其他食物,则会使血糖升高,使病情恶化。用胰岛素控制血糖者尤其要注意不宜空腹喝啤酒。

(5)高血压病人:啤酒中富含酪氨酸,能促使交感神经纤维中的肾上腺素释放,全身小动脉强烈收缩,使血压剧升,甚至引发高血压危象。

(6)孕产妇:啤酒以大麦为原料酿制。中医学认为,大麦有回乳作用,用其配制的啤酒会抑制乳汁分泌,影响母乳喂养。再者,酒精会通过脐带或乳汁传递给胎儿或孩子,影响其大脑发育。

(7)儿童、青少年:由于神经系统发育不健全,饮酒会引起头晕、头痛、注意力涣散、情绪不稳、记忆力减退等。另外,儿童、青少年的食管、胃黏膜细嫩,管壁较薄弱,对酒精更敏感,易诱发胃炎或胃溃疡。

(8)泌尿系统结石病人:啤酒中含有钙和草酸,能使体内尿酸量增加,促进肾结石形成。

19. 夏季畅饮啤酒"五不宜"

夏季饮用啤酒应注意以下"五不宜"。

(1)不宜以啤酒解渴:据保健专家介绍,酒精进入人体后会刺激肾上腺激素分泌,使心跳加快、血管扩张、体表散热增加,从而增加水分蒸发,引起口干。同时,酒精还会刺激肾脏,加速代谢和排尿,使身体流失水分。此外,酒精溶于血液后,会使血液的黏稠度增加而加重口干。建议在饮用啤酒后大量喝白开水和淡茶水,以及时补充水分。

(2)不宜同时吃烧烤食物：专家提醒，烧烤食品大多为海鲜、动物内脏及肉类，它们和啤酒一样，同属高嘌呤食物，而嘌呤代谢异常是诱发痛风的重要因素，如果同时进食烧烤食物，将使患痛风的风险大增。此外，食物在烧烤过程中，不但会产生"苯并芘"等致癌物质，而且肉类中的核酸经过加热分解会引起基因突变而致癌。同时，饮酒会使消化道血管扩张，并溶解消化道黏膜表面的黏液蛋白，使上述致癌物质极易被吸收，加大致癌风险。因此，喝啤酒时应尽量避免同时吃烧烤食物。如果实在想吃，可同时吃一些绿叶蔬菜。

(3)不宜饮用温度低的啤酒：专家认为，即使是存放在冰箱里的啤酒也应控制在 $5\sim10℃$，因为啤酒中二氧化碳溶解度可随温度高低而变化，其中的各种成分在这一温度区间可协调平衡，能形成最佳口味，温度过低不仅不好喝，还会使酒液中的蛋白质发生分解、游离，营养成分受到破坏。更重要的是，酒温过低会使胃肠道温度急速下降，血流量减少，影响消化功能，严重时可引发痉挛性腹痛、腹泻等肠胃疾病，并可引起十二指肠内压升高，进而导致胰管内压升高，激发胰腺分泌，诱发急性胰腺炎。

(4)不宜过量饮用：啤酒酒精含量不高，不少人开怀畅饮。但是，无限制地饮用啤酒，同样有损健康。专家指出，大量饮用啤酒，其中的大量水分会很快排出，但酒精却会被吸收，如果整个夏季都过量饮用啤酒，将极大地增加肝脏、肾脏和心脏的负担，对这些重要器官造成伤害。同时，因为酿造啤酒的大麦芽汁中含有草酸、鸟核苷酸，它们相互作用，能使体内尿酸增加，促使结石形成。此外，由于啤酒营养丰富、热能较大，所含营养成分又易被人体吸收，大量饮用会造成体内脂肪堆积，因此专家建议个人每天饮用量应不超过 1000 毫升。

(5)肥胖的人不宜喝生啤：啤酒有生啤、熟啤之分。生啤一般没有经过杀菌处理，气味和口感都要好于熟啤，且保留了酶的活性，有利于大分子物质分解，因而含有更丰富的氨基酸和可溶性蛋白,往往比熟啤更受欢迎。但是,由于生啤中的酵母菌进入人体后仍能存活,可促进胃液分泌,增强食欲,因而喝生啤酒易发胖,肥胖的人饮用更会越喝越胖。胖人和减肥的人更适宜饮用熟啤,因为熟啤经过巴氏杀菌,酒里的酵母菌已被高温杀死,不会继续发酵,致胖可能性相对较小。

20. 不宜饮用啤酒的常见情况

除以上提到的情况外,以下情况值得注意。

(1)吃海鲜时不宜饮用:海鲜中富含嘌呤、苷酸两种成分,啤酒中富含的维生素 B_1 是这两种成分分解代谢的重要催化剂,会使血中的尿酸含量增加,可能诱发痛风或形成结石。

(2)吃熏烤食品不宜饮用:饮用啤酒后,血液中铅含量增加,可与熏烤食品中的有害物质结合为致癌物质。

(3)喝白酒时不宜饮用:啤酒和白酒混喝,会加速白酒中酒精在全身的渗透,可能强烈刺激和伤害肝、胃、肠、肾等器官。

(4)服药者不宜饮用:啤酒可与药物发生化学反应而产生不良反应,既增加酸度也影响药物的分解和吸收,影响药物疗效。

(5)满身大汗者不宜饮用:大汗淋漓,毛孔扩张,饮用将导致汗毛孔因骤然遇冷而引起急速闭塞,造成体温散发受阻,容易引起头痛、周身酸痛,诱发感冒。

(6)吃螃蟹时不宜饮用:由于螃蟹蛋白质异常丰富,肝炎、心血管疾病、胆囊炎、感冒等病人,进食螃蟹不仅会引起消化不良,而且还有可能加重病情。

21. 德国流行喝抗衰啤酒

最近,从"啤酒王国"德国传来消息,一种新型啤酒——"抗衰啤酒"已经面世。

(1)什么是抗衰啤酒:这种新型啤酒是由拥有 400 年历史的纽泽勒·克罗斯特啤酒厂研制的。该厂负责人弗林切克先生宣称,

"抗衰啤酒"不使用任何化学物质,在纯自然原料的基础上用古老秘方生产,可以增强人体免疫系统,减缓人的衰老过程,使人青春常驻。

"抗衰啤酒"色泽与黑啤酒差不多,味道和麦芽啤酒相似,酒精含量为 4.8%,除含一般啤酒成分外,还含有丰富蛋白质的螺旋藻、铁质、维生素 A、维生素 D 及抗氧化物等。

(2)抗衰老作用与促健康成分密不可分:弗林切克先生表示,"抗衰啤酒"之所以有抗衰老的功效,与其促健康成分密不可分。首先,"抗衰啤酒"的螺旋藻可以补充矿物质、能量、维生素、类黄酮等。另外,其抗氧化物比一般啤酒多出 10 倍。研究证明,人体代谢产物——超氧离子和氧自由基的积累,会引发心血管病、癌症和加速人体衰老,而抗氧化物质——从麦芽酒花中得到的多酚或类黄酮,在酿造过程中形成的还原酮、类黑精,以及酵母菌分解的谷胱甘肽等,都是减少氧自由基最好的还原物质。特别是多酚中的一些酸类可以避免对人体有益的低密度脂遭到氧化,防止心血管病的发生。谷胱甘肽可消除氧自由基,是人类延缓衰老的重要物质。

22. 自己配制风味啤酒饮品的方法

将啤酒与其他冷饮相配合,能调制成色彩艳丽、风味独特、消暑解渴的啤酒冷饮。配制方法如下。

(1)番茄啤酒:啤酒 300 毫升,番茄汁 300 毫升,碎冰块适量。将冰块放入水杯内,倒入冰镇过的啤酒,最后将番茄汁倒入,搅匀即可。特点:色泽红艳喜人,略有酸味,维生素 C 含量丰富,是老少皆宜的冰饮佳品。

(2)绿茶啤酒:啤酒 80 毫升,绿茶水 50 毫升,柠檬糖浆 25 毫升,鲜柠檬汁 25 毫升。将啤酒、绿茶水、柠檬糖浆、鲜柠檬汁混合搅拌均匀,加入冰块后即可饮用。

(3)冰淇淋啤酒:啤酒 320 毫升,巧克力冰淇淋 1 支,碎冰块少许。1 升容量的玻璃杯 1 只,注满啤酒后放置冰箱冰凉,取出放置片刻,加入冰块,再放入巧克力冰淇淋,搅拌均匀即可饮用。

(4)太空啤酒:啤酒 640 毫升,苏打汽水 640 毫升,碎冰块适量。将适量碎冰块放入杯内,然后将冰过的啤酒、汽水先后倒入,调匀即可。

(5)香槟啤酒:黑啤酒 320 毫升,香槟酒 320 毫升。先将啤酒冰凉,然后慢慢倒入装有香槟酒的啤酒杯内,搅匀后即可饮用。

(6)柠檬啤酒:啤酒 320 毫升,柠檬汽水 320 毫升,碎冰块适量。将适量碎冰块放入水杯内,然后慢慢注入啤酒、柠檬汽水,搅拌均匀即成。特点:色泽金黄,入口清香爽快,维生素和蛋白质比较丰富,是国际上流行的夏季饮品。

(7)牛奶啤酒:啤酒 50 毫升,牛奶 150 毫升,鸡蛋 1 个,白糖40 克。先将啤酒、牛奶冰凉,然后将鸡蛋、白糖放入冰过的啤酒、牛奶中,充分搅拌,待泛起很多泡沫时即可饮用。

23. 常用啤酒烹调的美食

(1)啤酒焖牛肉:用啤酒代水焖烧牛肉,能使牛肉肉质鲜嫩,异香扑鼻,为餐桌上不可多得的佳肴。

(2)啤酒炒肉:用啤酒调淀粉拌肉片,按常法爆炒即可。由于啤酒中的酶能使肉中的蛋白质迅速分解,故炒出来的肉片更加嫩滑爽口。

(3)啤酒炖鱼:将鱼洗净,放在啤酒中浸泡 10 分钟,捞出调味炖制。炖时,再加入少量啤酒,可减少腥味。味道更美。

(4)啤酒蒸鸡:将鸡放在 20% 的啤酒水溶液中浸泡 20 分钟,然后依常法蒸或煮,鸡肉香嫩可口,味道纯正。

(5)啤酒面饼:做葱油饼或甜饼时,在面粉中掺一些啤酒揉和,制作好后的葱油饼或甜饼既脆又香,还有点儿肉的鲜味。

(6)啤酒鸭:鸭子剁块,洗净血水(冷冻鸭要先用冷水泡至化冻)。上锅加满冷水,加拍碎的老姜,大火煮开将鸭块倒出沥水,挑出老姜,洗净锅,擦干。锅内放油烧热,放入蒜瓣、葱白段、八角、姜片炝锅,倒入鸭块加少许酱油翻炒。倒入整瓶啤酒,一点点醋(放醋肉比较容易烂)盖好盖子,大火煮开(把土豆、香菇、青椒切块,土豆块可以大一些,备用),多煮一会,这样汤汁看起来比较浓。换小火慢炖,汤剩一半的时候加土豆块、香菇,换大火沸一下再调回小火。土豆半熟时放盐,三分钟后换大火,放青椒,加一点色拉油(增加菜的色泽用),放适当酱油,翻炒至收汤。放鸡精起锅,装盘后撒葱末。

24. 喝点啤酒脑子快

俗话说"酒令智昏",然而,《意识与认知》期刊登载了美国一项新研究发现,喝点啤酒可使脑子动得更快。在做大脑益智训练题之前喝点啤酒,有助于提高成绩。

伊利诺伊大学心理学家对 40 名健康男青年进行了一系列脑力测试。其中 50% 参试者在接受测试之前饮用了 2 品脱(约合 1.14 升)啤酒,其余 50% 参试者不喝酒。测试结果显示,饮用啤酒的参试者回答问题比对照组多 40%,平均每道题耗时 12 秒,而对照组参试者则为 15.5 秒。

新研究负责人表示,这项新研究首次发现,适量饮用啤酒可使脑子更灵活,有助于更顺利地解决创造性问题。

25. 喝点啤酒血管弹性好

只要喝酒方法得当,也能喝出健康。据英国《每日邮报》报道,希腊一项新研究发现,每天 1 杯啤酒(约 400 毫升)可改善心脏健康,保护血管。

希腊哈睿寇蓓大学的研究人员,对一些 30 岁左右的不吸烟男性进行了研究。研究人员让参试者每人喝 400 毫升啤酒,并检测喝完 1 小时或 2 小时后的心血管健康情况。随后,研究者用无酒精啤酒或伏特加代替,让参试者重复上述试验,并接受同样的检查。结果发现,在预防血管硬化方面,啤酒的效果最好。喝下 400 毫升啤酒 2 小时内,心脏供血情况即可得到明显改善。

研究人员表示,多项早期研究发现,每天喝 568 毫升左右的啤酒,可使心脏病和脑卒中的风险降低 30％。其中适当的酒精和多种抗氧化剂,可能是起效的关键。但是,啤酒与心脏健康的具体关系还需要进一步阐明。特别是对心血管病患者来说,不可盲目过量地饮用啤酒,最好听从医生建议,更不能因此自行停药等。

(四)白　酒

白酒是以曲类、酒母为糖化发酵剂,利用淀粉质(糖质)原料,经蒸煮、糖化、发酵、蒸馏、陈酿和勾兑而酿制而成的各类白酒。

1. 白酒的分类

按国家最新标准,将蒸馏酒分为中国白酒和其他蒸馏酒。中国白酒分为固态法白酒、固液结合法白酒和液态发酵法白酒三类。

(1)按所用酒曲和主要工艺分类

①固态法白酒:a. 大曲酒,以大曲为糖化发酵剂,大曲的原料主要是小麦、大麦,加上一定数量的豌豆。大曲又分为中温曲、高温曲和超高温曲。一般是固态发酵,大曲酒所酿的酒质量较好,多数名优酒均以大曲酿成。b. 小曲,以稻米为原料制成的,多采用半固态发酵,南方的白酒多是小曲酒。c. 麸曲酒,以纯培养的曲霉菌及纯培养的酒母作为糖化、发酵剂,发酵时间较短,由于生产成本较低,为多数酒厂所采用。此种类型的酒产量最大,以大众为消费对象。d. 混曲法白酒:主要是大曲和小曲混用所酿成的酒。

②固液结合法白酒:a. 半固、半液发酵法白酒。这种酒是以大米为原料,小曲为糖化发酵剂,先在固态条件下糖化,再于半固态、半液态下发酵,而后蒸馏制成的白酒,其典型代表是桂林三花酒。b. 串香白酒。这种白酒采用串香工艺制成,其代表有四川沱

牌酒等。还有一种香精串蒸法白酒,此酒在香醅中加入香精后串蒸而得。c. 勾兑白酒。这种酒是将固态法白酒(不少于10%)与液态法白酒或食用酒精按适当比例进行勾兑而成的白酒。

③液态发酵法白酒:又称"一步法"白酒,生产工艺类似于酒精生产,但在工艺上吸取了白酒的一些传统工艺,酒质一般较为淡薄;有的工艺采用生香酵母加以弥补。此外还有调香白酒,这是以食用酒精为酒基,用食用香精及特制的调香白酒经调配而成。

(2)按酒的香型分类:即按酒的主体香气特征分类,在国家级评酒中,往往按这种方法对酒进行归类。

①酱香型白酒:以茅台酒为代表,其主要特点是发酵工艺最为复杂,所用的大曲多为超高温酒曲。

②浓香型白酒:以泸州老窖特曲、五粮液、洋河大曲等酒为代表,以浓香甘爽为特点,发酵原料是多种原料,以高粱为主,发酵采用混蒸续渣工艺。发酵采用陈年老窖,也有人工培养的老窖。在名优酒中,浓香型白酒的产量最大。四川、江苏等地酒厂所产酒均为这种类型。

③清香型白酒:以汾酒为代表,其特点是清香纯正,采用清蒸清渣发酵工艺,发酵采用地缸。

④米香型白酒:以桂林三花酒为代表,特点是米香纯正,以大米为原料,小曲为糖化剂。

(3)按酒的品质分类

①国家名酒:国家评定的质量最高的酒,白酒国家级评比共进行过5次。茅台酒、汾酒、泸州老窖、五粮液等酒在历次国家评酒会上都被评为名酒。

②国家级优质酒:国家级优质酒的评比与名酒的评比同时进行。

③一般白酒:一般白酒占酒产量的大多数,价格低廉,为百姓所接受,有的质量也不错。这种白酒大多是用液态法生产的。

(4)按酒的纯(醇)度分类

①高度白酒:是我国传统生产方法所形成的白酒,酒度在 41 度以上,多在 55 度以上,一般不超过 65 度。

②低度白酒:采用降度工艺,酒度一般在 38 度,也有 20 多度的。

2. 白酒纯(醇)度及其测定方法

白酒度数,是指白酒中酒精含量百分比,也就是酒精含量,如 60％的白酒,就是指含有 60％的酒精,剩余的 40％基本上就是水。早年测定酒的度数主要是看酒花,或用火能不能点着等办法确定。

(1)看酒花:将酒对上一定数量的水,取一勺一盆,用勺舀慢慢由高处向低处倒入盆内,观察落在接酒盆内的酒"花"大小、均匀程度、保持时间的长短,来确定酒精的含量,准确率可达 90％。

(2)看能不能用火点着:将白酒斟在盅内,点火燃烧,火熄后,看盅内水分有多少确定酒精含量。因常受外界条件影响,不够准确。

新中国成立后全国统一使用"酒表"测定酒的酒精含量。方法是取一只玻璃量杯,杯里装满拟测度的白酒,把酒精计、温度计放进量杯内,待 3～5 分钟后,温度计升降稳定后即可观看其度数。

3. 白酒选购常识

市场上有时会有瓶装的假酒出售,选购时要注意看清商标、包装等。名酒的包装一般比较精致,只要仔细观察,就会发现假酒的破绽。鉴别白酒品质主要通过看、嗅、尝等方法,对白酒的色、香、味进行分析判断。

(1)色:白酒以无色透明,无悬浮物、浑浊物和沉淀现象为好。

(2)香:不同香型的白酒,应有其特有的酒香,如茅台酒有独特的酱香味,泸州老窖特曲有诸味调和的浓郁香气。

(3)味:醇厚无异味、无强烈刺激性的白酒质量较好。

4. 白酒妙用小常识

(1)如果烧稀饭时不小心煳锅了,锅底有锅巴,在洗刷时不易刷掉,可倒入少许白酒或啤酒与少量水混合,盖盖5分钟后再洗就会容易刷洗干净。

(2)陈米做饭时,淘过米后可加少量水,同时加入1/4或1/5的啤酒,这样做出来的米饭香甜,有光泽,如同新米。

(3)夏天炎热,火腿不易存放,可在火腿包装开口处涂些葡萄酒,包好后放入冰箱,便可保持原有口味。煮火腿前,在火腿皮上涂些白酒,会很快煮熟,且味道更鲜美。

(4)炒鸡蛋时,如果在下锅之前往鸡蛋中滴几滴白酒,然后再搅拌,炒出的鸡蛋松软光亮,鲜嫩爽口。

(5)如果做菜时不小心放多了醋,可加几滴酒(根据醋放入量多少加酒),可降低醋的酸味。

(6)酱油瓶内加点白酒,可防酱油发霉变质。

(7)醋瓶内加点白酒,可增加美味,久存不坏。

(8)将鲜姜浸于白酒内,可久存不坏。

(9)姜汁鸡蛋汤里加点白酒,味道鲜美。

(10)烹调脂肪较多的肉类、鱼类时,加点白酒,可使菜味美而不腻。

(11)将河鱼在白酒中浸一下,再挂糊油炸,可去泥腥味。

(12)咸鱼洗净后在白酒中浸泡2~3小时,可降低咸味。

(13)在活鲜鱼嘴里滴几滴白酒再放回水里,在阴暗透气的地方,即使在夏天也能活3~5天。

(14)在冻结的鱼体上撒些低度白酒再放回冰箱,很快即可解冻,且不会出水滴和异味。

(15)红烧牛、羊肉时加点白酒,不仅可消除膻味,还可使肉味鲜美,且更容易熟嫩。

(16)冷冻过的面包喷些低度白酒,再烤一下可使面包回软如新。

5. 怎样欣赏和品尝白酒

酒的评判标准是"色、香、味、格"。格是指风格,即典型性,是色、香、味总的体现。

(1)观察酒液的色泽:将白酒倒入透明的高脚玻璃酒杯中,举杯对光观察酒液,质量正常的白酒应无色、透明,没有悬浮物和沉淀,没有杂质。

中国白酒除酱香型、兼香型和少数浓香型的名牌优质白酒因发酵期和储藏期较长,往往带有轻微的浅黄色外,其他均以无色透明,观之给人以晶莹剔透的感觉为最佳。

(2)嗅闻白酒的香气:白酒的香气可分为溢香、喷香和留香。当鼻腔靠近酒杯口时,白酒中的芳香物质就逸散于杯口附近,使人闻到漂浮的香气,此为溢香,也称为闻香。接着口尝,当酒液进入口腔后,香气即充满口腔,这叫喷香。留香是指在咽下酒液之后,口腔中还仍然余留香气,这是留香较好的特征。一般白酒都应具备一定的溢香,而优质酒和名酒则不但要求具有明显的溢香,而且还要求有较好的喷香和留香。

具体方法:酒注入杯内,即能闻到协调的酒香味。把酒杯端起,贴近鼻部3厘米,把酒气慢慢吸入鼻中,但要注意,只对酒吸气,不得对酒呼气,而且不能吸气过久。如分辨不清,可将酒杯晃一晃再吸。由于人的嗅觉最容易疲劳和麻痹,所以要毫不迟疑地抓住一刹那间嗅到的香气特征,做出正确判断。

(3)品尝白酒的滋味:白酒的主要成分是酒精,其味主要是辣,但酒取五谷之精华,辅以水中多种矿物质,在酿造过程中形成多种醇、醛、酸、酯等物质,这些物质协调成醇厚、绵长、甘洌、清爽、回甜及清香、滋润、浓郁的味道,并将酒精的辛辣度降到了最低点,减少了酒精的刺激性味道,使酒酸、甜、辛辣适度,给人以适口的感觉,饮之其乐无穷。

有强烈刺激性、爆辣、苦味明显及有其他异味的白酒都不是好酒，而且酒中辛辣味强，或有苦、涩、怪等味道，也会使其色泽、香气均大为减退。

品味是品酒最主要的一步。品味时，要饮一小口酒，铺满舌面，舌头对各味的敏感度是不同的，比如，甜味感在舌前头，酸味感在舌边，苦味感在舌后根，涩味感则因酒的收敛作用，而影响唾液分泌，而辣味感则因酒精所引起的味觉细胞兴奋作用，首先反映在舌面上。所以要在很小的舌面范围内，运用不同部位及各种细胞的感觉，对酒味做出正确的鉴别与判断。

（4）领略酒的风格：酒的色、香、味综合成酒的风格。酒的风格是只可意会，难以言传的。它是饮酒者在饮酒过程中，通过色、香、味获得的综合感觉，给人一个整体印象，使人一饮而再饮，而且爱不释杯。中国的各种传统酒都是各具风格并得到消费者认可的。

6. 饮用白酒的基本方法

（1）酒要慢慢地饮：酒有五大类，但简单地说，它有甜辣之分，其风味各异。饮酒时只有慢慢地品尝，细细地体会，才能领略各种酒的独特之美。若举杯一饮而尽，或接连数杯，那会很快使人大醉，也就根本领略不到它的美味了，就像猪八戒吃人参果一样。

饮酒必须小酌慢饮，才能深得其妙。把酒缓慢地斟进杯中，闻其香味。再饮上一小口，品其滋味。用舌尖沾酒，品尝它的甘美，再用舌的两侧和后根领略它的酸甜苦辣。最后咽进肚里，再从口腔鼻腔返回，体会其悠悠余长的醇厚、浓郁味道，感受到一种美妙的享受和乐趣。

（2）美酒要配佳肴：饮酒要吃好菜，但下酒菜总是大鱼大肉等浓滋厚味的菜肴，也不一定好，因为那会掩盖酒的风格。所以配菜要清淡、芳香，食之不腻，既有风味，又可解酒。酒与饭菜之间还要注意营养平衡，要防止体内热量过剩，使之发胖。

（3）饮酒要自觉地节制：个人对自己的酒量应心中有数，喝到六七分就可以了,不能无节制地嗜酒贪杯。有人劝酒也好,自斟自饮也好,都不可忘乎所以,免得失态伤身。

(4)白酒烫热了喝好:有经验的饮酒人从不喝冷酒,而是将酒壶放在盛开水的容器中烫热,这样好处何在?回答是能除去酒中的有害物质。

白酒中的成分比较复杂,除乙醇(酒精)外,还有一些危害健康的物质,例如甲醇、乙醛、铅、杂醇油等。甲醇对人的眼睛有害,10毫升甲醇就会导致失明,摄入量再多还有生命危险。但甲醇的沸点是64℃,当用沸水加热后,它就会变成气体蒸发掉。乙醛会增加酒的辛辣气味,摄取一定量后会引起饮酒者头晕,而乙醛的沸点只有21℃,用热水加温即会使它蒸发掉。此外,在酒加热过程中,酒精也可挥发一些,这一切都可以减少酒对人体的毒害。

(5)锡壶盛酒会引起铅中毒:锡酒壶,顾名思义就是用锡做的酒壶。但是,用纯锡者很少,为了使酒壶保持一定的形状并维持一定的硬度,制作过程中往往加入一定比例的铅。锡壶成分的化验分析也证实了这一点。所以,锡壶实际上是一种锡铅合金壶。用这样的壶盛酒,酒中会溶进一定数量的铅。

国内曾有50例有关铅中毒的报道,调查其原因,均为长期使用锡壶所致。有人对锡壶内的酒进行检测,他们将酒倒入锡壶内24~48小时以后,将壶置入热水中加热(即烫酒),然后测定酒中铅的含量。检测发现,酒中含铅量达到33毫克/升以上,最高的达778毫克/升,而未经锡壶装过的酒中却未检测出铅。这就说明,用锡壶盛酒,特别是饮前再经过"烫酒"过程的酒,酒中铅的含量会剧增。因为酒在加热过程中,铅与酒的化学反应会加剧,使酒中含铅物质增多。一般来讲,人体内正常的铅含量是100~200毫克,而尿铅正常值在0.08毫克/升以下,所以,长期用锡壶盛酒很容易发生铅中毒。

(6)酒后少饮茶:饮酒人酒后多爱喝茶,为取其润燥解酒、消积化食、通调水道之功,却往往忽略酒后饮茶的弊害,于是肾寒、阳痿、小便频浊、睾丸坠痛之疾接踵而至。李时珍在《本草纲目》对此论道："酒性纯阳，其味辛甘，升阳发散，其气燥热，胜湿祛寒。酒后饮茶伤肾脏，腰脚坠重，膀胱冷痛，兼患痰饮水肿，消渴挛痛之疾。"

从中医阴阳学说来看，酒味辛，先入肺，肺主皮毛，肺与大肠相表里。饮酒应取其升阳发散之性，使阳气上升，肺气增强，促进血液循环。茶素味苦，属阴、主降。若酒后饮茶必将酒性驱于肾，肾主水，水生湿，湿被燥，于是形成寒滞，寒滞则导致小便频浊、阳痿、睾丸坠痛、大便燥结等。

7. 适量饮用白酒的益处

（1）适量饮酒可开胃，助消化：适量饮酒可开胃，助消化，促进食欲，可多吃菜肴，增加营养。有些人一定不会相信这种论断，都说喝酒有把胃喝坏的，没听说酒可以开胃的。事实是：酒精、维生素 B_2、酸类物质等都具有明显的开胃功能，它们能刺激和促进人体胰液的分泌，并增加口腔中的唾液、胃中的胃液及鼻腔的湿润程度。内分泌实验表明，适量饮酒后，体内胰岛素含量明显增多。胰岛素是胰脏分泌的消化性激素，对人体健康十分有利，糖尿病患者有的就是因为体内缺少胰岛素。当然也不可利用饮酒来增加胰岛素的分泌，因为有些人体内胰岛素分泌功能已经减弱或丧失。

对于消化功能减退的中老年人，饭前适量饮酒可促使其胰岛素分泌。同时，又可刺激人体消化系统的其他酶系的分泌，使体内的各种消化液的数量增多，从而增强胃肠道对食物的消化和吸收能力。

正确适量地饮用酒品佐食，可以增进食欲，并保持一个相当长时间。人们在生活中常有这样的体会：一边饮酒，一边吃菜，食欲数小时不减；相反吃菜不喝任何饮料，即使菜吃得很多，也保持不了多长时间，进餐没多久便会感到口干舌燥，食欲消失了。

（2）酒可以助减肥：酒是节制饮食的理想饮品之一。1 克酒精可以释放出约 7 千卡热量（1 克糖类为 4 千卡，1 克蛋白质为 4 千卡,1克脂肪为9.3千卡)。一个身体健康的人,每天如果饮用72克酒精,从中可获得约500千卡的热能,大约相当于体力劳动者日需热能的1/6(以每日3000千卡计算)。一位著名的医学家,根据这个数据进行了一次科学实验,他从被实验者的饮食内取消了相当于500千卡热量的食物,并代之以含有72克酒精的饮料。实验结果表明,被实验者的体质没有因节食和饮酒而下降,可是体重却减轻了许多。

当然,采取饮酒节食法,必须遵循一定的规律,按科学的方法实施,方可收到效果。

(3)血清脂蛋白与酒精:近年来,人们通过对血清脂蛋白的深入研究发现,胆固醇既有好的方面,也有坏的方面,其好的一面就是高密度的血清脂蛋白(HDL),坏的一面就是低密度的血清脂蛋白(LDL)。在人体中HDL的数量一般比较多,所以中年以上的人增加些胆固醇,还会对身体健康有益。增加HDL的结果是增进了机体健康。HDL可以靠运动、女性激素及酒精来促进其产生。而如果减少HDL,则对机体健康有害,这主要由于运动不足、肥胖症、糖尿病及吸烟所造成。因此,适量饮酒可增加HDL,对防止动脉硬化、维持血管系统正常运转机制有一定的积极作用,一般一日饮40毫升以下乙醇为宜。

(4)可减轻心脏负担,预防各种心血管病:近年来许多国家研究表明,酗酒者血压最高,其次为不饮酒者,少量饮酒者血压最低。为什么适量饮酒会比滴酒不沾者要健康长寿?因为发生冠状动脉硬化性心脏病(简称冠心病)的祸首是胆固醇,而人体内含有的高密度的血清脂蛋白(HDL)能将血管和冠状动脉里的胆固醇运走,送到肝脏里去,再转变成对人体有用的激素,所以适量饮酒,既可增加高密度的血清脂蛋白(HDL)含量,也可减少动脉内胆固醇的积累,进而减少冠心病的发生。

(5)可加速血液循环,调节、改善体内新陈代谢:现代医学已证明,酒精有通经活络的作用,对人体全身皮肤是一种良性刺激,它不但能促使血液加速循环,调节、改善体内新陈代谢,而且还对神经传导产生良好的刺激作用,如中医用药酒来治疗跌打损伤。

(6)适量饮酒有益于人体身心健康:现代医学研究发现,许多疾病的产生与环境和人的心理状况有着密切的关系。长期身处孤独和紧张状态易生病,而适量饮酒能使人精神愉快,减少疲劳和忧虑及紧张心理,少生病。

人的大脑组织有新旧皮质之分。新皮质位于大脑的表层,赋予它活力的是脑干网状体。新皮质在人体中是最发达的部位之一,是担负着思维、知识运用等的理性部位。旧皮质在大脑的深层,赋予它活力的是视床下部,它在动物体较发达,担负着本能和习惯等功能,也可以说是在健康的活力中枢的野性部位。

人的行为受两大体系所控制,即新皮质和脑干网状体与旧皮质和视床下部两大部分。为了适应社会文化生活,理性部位必须常常对野性部位加以抑制,使健康活力中枢变小,这种不调和性可说是所谓的"文明病",常引起消化器官炎症、高血压、神经病等病症的发病。治疗两体系不协调的最简单而且直接的方法就是饮酒。酒精的作用是抑制新皮质和脑干网状体,而且旧皮质体系不被干扰,因此,受新皮质体系抑制的旧皮质得以解脱,而逐渐被活化,旧皮质的健康活力得以恢复,起到了防止"文明病"的作用。

适量饮酒具有的防止"文明病"、延年益寿的作用,能间接地增进身体健康。

(7)白酒具有驱寒作用:在日常生活中,人们早就了解酒具有驱寒作用。当酒精进入人的体内之后,产生的热量被人体吸收。通常情况下,每1克酒精产生的热量约为7千卡。人体每千克体重每小时可气化酒精0.1克左右,所以,饮酒实际上是对人体进行热能的补充,人有了足够的热量,自然增强了御寒的能力。

但是,单纯依靠饮酒御寒也是极为不恰当的,因为寒冷时皮肤血管收缩,是人体的一种保护性条件反射,而饮酒后,酒精抑制了血管运动神经,使皮肤末梢血管扩张,增加血管的扩张,会使热量大量散失,体内温度下降。而且在饮酒时人往往处于兴奋状态,这就容易疏于防护,更容易引起受凉,甚至出现冻伤或冻死的情况。

(8)酒的舒筋活血作用:这是由于酒中的主要成分酒精不仅热值高,而且具有较强的刺激作用,因此它可以代替某些药品,对人的外伤有消肿、去痛的功效。我国民间早已普遍使用酒来为发生扭伤或因寒湿引起疼痛的患者的关节进行按摩,就是利用酒可以舒筋活血的作用,尤其是将酒点燃后,蘸着按摩,效果更为理想。患手臂麻木的病者,常用酒揉搓麻木的患肢,能加速血液循环,疏通神经,效果甚佳。

(9)酒的杀菌、解毒作用:酒中的酒精是一种原生质毒物,因此,它具有一定的杀菌作用。人在饮酒时,酒进入消化器官,便可以将随食物带入体内的细菌杀死。自古以来,医药界就用酒来消毒、消炎,至今人们仍大量使用酒精作为消毒剂,浓度为 75％的酒精可以使细菌的蛋白质迅速凝固,从而达到灭菌的目的;酒精含量为 75％的水溶液,有很强的杀菌作用,这就是医疗中常用的杀菌消毒酒精,但酒精含量低于 60％或高于 80％时功效都较低。

酒的解毒作用,在我国古代医药典籍中多有记载,民间以酒解毒的方法也很多。由于酒有杀菌之功效,因此,人们也常常把酒作为消毒剂来使用,当遇到意外情况,临时没有医疗上专用的消毒酒时,也可用 50 度以上的白酒进行应急处理。

酒精可杀死许多对人体有害的细菌,其中包括令人胆战的伤寒菌。有一位科学家从红葡萄酒中分离出一种不知名的成分,这种成分具有很强的杀灭葡萄球菌的作用,普通的葡萄酒还可以杀死痢疾杆菌。

(10)酒的防疫作用:酒还具有防疫作用,酒中的某些成分,特别是一些药酒中的特殊成分,使酒具有防治瘟疫的作用。据一些资料介绍,屠苏酒其实是一种药酒。酒中的七味药,具有排出滞浊之气、健胃、利水、解热、解毒、杀虫、化瘀、活血、散寒、止痛之功效。由此可见,古人守岁饮屠苏酒,不单单是除夕之夜助兴的需要,也是为了防治疫病。

(11)酒的安眠作用:睡眠前饮酒可起到安眠作用。独自饮酒既会使人兴奋,也可起到催眠作用,使人安然入睡,这是其他药物(安眠药)所不能比拟的。现今有许多人工作到深夜后,无法入睡而靠服用安眠药入睡,长期不合理服用安眠药,有可能引起一系列疾病,如急性肝炎等。而且受失眠干扰,即使几天内的静养,也难以恢复,会严重影响人体健康。

8. 不同人酒量大小的奥秘

喜庆佳节、朋友相聚,推杯换盏,不同的人酒量有大有小,有的人滴酒不能沾,有的人饮几斤不醉,这是什么原因呢?

人类遗传学家经过多年研究,揭示了其中的奥秘:人的酒量大小,关键在于体内酶的不同。促进人体化学反应的催化剂——酶,同我们所熟悉的血液 A、B、O、AB 等各种血型相似,也可以分成不同的型别。参加酒精代谢的酶叫乙醛脱氢酶。人们饮酒后,酒精在体内降解为乙醛,由乙醛脱氢酶进行酸化,分解为二氧化碳和水。正常人应有两个乙醛脱氢酶同工酶,有些人只有一个同工酶,医学上称这些人为乙醛脱氢酶缺陷型。比起有两个同工酶的人来,只有一个同工酶的人酒精的代谢速率大大降低,对酒精很敏感,少量饮酒也可出现酒精中毒症状。据研究,这种情况是染色体隐性遗传所致,人群中有 36% 的人是乙醛脱氢酶缺陷型,也就是说,36% 的人不宜饮用白酒。

男性与女性饮酒量也存在差距。一般而言,男性每周不超过170 克酒精(酒浓度×毫升数),女性不超过 110 克酒精。为什么女性比男性酒量小呢?原因是女性体重一般比男性轻,体内脂肪女性高于男性,酒精在脂肪中无法分解。因此,等量的酒精,在女性血液中浓度高于男性,更容易发生酒精中毒。

(五)白兰地与香槟酒

1. 白兰地酒的治病效果

白兰地酒在橡木或柞木桶中进行老化时,木质中的单宁及其他成分得到溶解。而单宁等成分对人体器官可起到与维生素 P 的相同作用,即提高毛细血管壁强度和降低微血管的渗透性能。

白兰地中只含微量甲醇,如饭后饮用少许,可增加胃肠分泌,帮助消化。

白兰地是一种心脏"兴奋剂"和"调节剂",也是冠状动脉疾病的有效"血管扩张剂",对某些传染性疾病如流感等,其利尿解毒和滋补作用也很显著。人体对酒精吸收量稍高于常量时,白兰地中非酒精物质可使酒精的排解变得容易加快。这种排解作用是通过肺、消化道和肾脏进行的,由肺发挥杀菌作用。因此,酒厂工人生活在白兰地挥发物质的环境中,他们当中极少有得结核病的,而且长寿。

医学试验表明,经橡木或柞木桶陈酿 5～7 年的 40～60 度的白兰地,对心血管能起到良好的扩张作用。因此,一些法国心脏病学家常给心绞痛患者开一点白兰地处方。另外,白兰地还能改善焦躁不安的心理症状,并对关节炎有镇痛作用。

2. 香槟酒的药用价值

美国一本名为《香槟酒的药物疗效》的书指出,香槟酒中含有铁、铜、钙、镁等微量元素及维生素等多种物质,因而对人体有神奇的药物治疗功效。早在 18 世纪,医生们就发现香槟酒可恢复产妇的健康,因为酒内含有丰富的可溶性铁质,具有补血作用。镁离子和碳元素则可促进胆汁流动,从而增进消化系统的功能。香槟酒还可兴奋神经,舒展经络,益气补中,耐饥强志。由于香槟酒中还含有甲醇和锌,因而具有安神催眠的奇效。若临睡前喝上一小杯香槟酒,比任何安眠药都有效,且无其他不良反应。但饮香槟酒亦应适量,因为过量会引起酒精中毒,有损健康。

(六)蜂蜜酒、果酒及其他

1. 蜂蜜酒酿制

蜂蜜酒,就是蜂蜜加水稀释,经过发酵生成酒精而制成的酒。蜂蜜糖分极高,其极高的渗透压可使微生物难以繁殖。将蜂蜜以水稀释后,糖分浓度下降,酵母菌能够在适宜的渗透压下繁殖、发酵。即使只以水稀释蜂蜜,蜂蜜中也可以落入空气中的天然酵母而繁殖、发酵。但是人工加入酵母菌可以减少失败的机会。

2. 蜂蜜酒分类

(1)蜂蜜配制的酒:目前市场上主要有三种制作方法:一是选用蜂蜜酒作为酒基,添加部分可食用物质、香料或中草药制得的饮料酒;二是以蜂蜜为原料,添加可食用物质(多以蔬果)、香料或中草药进行混合发酵后制得的混合酒精饮料;三是以蜂蜜为原料,不经发酵与可食用酒精调配而成。

(2)蜂蜜发酵蒸馏酒:以蜂蜜为原料,经稀释发酵后进行液态蒸馏制得的中高酒精度饮料。通过蒸馏,虽极大地提高了酒精浓度,但蜜香和氨基酸、矿物质微量元素及 B 族维生素在蒸馏的过程中损失很大,且口味比较单一。

(3)纯蜂蜜发酵酒:以蜂蜜为原料,经发酵、陈酿后制得的低酒精饮料,其特点是微生物发酵制得的蜂蜜酒蜜香纯正,甜酸适中,既保留了原料蜂蜜的营养成分,又提高了氨基酸、维生素的含量,大大提高了营养和保健价值。

3. 果酒抗衰老,养容颜

适当饮用果酒对健康有好处。果酒酸甜适口,醇厚纯净而无异味,具有原果实特有的芳香。适量饮用各类果酒,不仅抗衰老,还能活血化瘀。

果酒是汲取了水果中全部营养而酿制的酒,有时候即使生吃水果也不能完全吸收其营养,通过果酒却可以完全吸收,因为营养成分已经完全溶解在果酒里了。果酒含有大量的多酚,它可抑制脂肪在体内堆积。果酒含有人体所需的多种氨基酸和维生素 B_1、维生素 B_2、维生素 C,以及铁、钾、镁、锌等微量元素。果酒虽含酒精,但含量与白酒比起来非常低,一般为 5~10 度,最高也只有 14度。此外,与其他酒类相比,果酒对保护心脏,调节女性情绪的作用更加明显。

4. 饮用果酒最好搭配吃苏打饼干

不宜空腹饮用果酒,更不要与其他酒类同饮,最好吃一些苏打饼干或蔬菜沙拉,可改善果酒的口感,蔬菜纤维还可以保护胃黏膜免受刺激,减缓酒精吸收速度,起到缓解压力、稳定情绪的作用。

果酒酸甜美味,很受女性青睐。但是,在经期前几天最好不要饮用太多的果酒,否则容易导致经血过多。果酒虽然度数低,但毕竟含有一定的酒精,因此不宜喝过量,更不能无节制地饮用,否则会导致食欲下降,降低机体抵抗力及胃肠消化功能。

5. 玫瑰花泡酒饮用可缓解乳腺增生

乳腺增生是女性常见疾病之一。中医推荐用玫瑰花泡酒可缓解乳腺增生。

清朝《随息居饮食谱》记载:"调中活血,舒郁结,辟秽,和肝,酿酒可消乳癖。"因此,乳腺增生等疾病,均可以饮用玫瑰花泡酒进行防治。其中的玫瑰花具有调中活血、舒郁结、辟秽、和肝之功效。

(1)方法:取鲜玫瑰花 350 克(干品减半),白酒 1500 毫升,将玫瑰花泡在酒中(注意用瓷坛或玻璃瓶储藏),浸泡月余即可饮用。每日 1 次,每次 1~2 盅(15~20 毫升)。

(2)注意:不可多饮;喝酒期间要保持心情愉快,忌恼怒。

6. 饮用黄精酒让男性精力更旺盛

寒冬晚餐时喝上一小盅自己泡的黄精酒,不但能活血暖身,更能为一些"心有余而力不足"的男士补充精力。长期饮用,有助于提高性生活质量。

中医学认为,黄精味甘,性平,入脾、肺、肾经。黄精主要以根茎入药,由于它的样子很像鸡头,因此又称为"鸡头参",主要功效是健脾益肾、补气养阴、润心肺、强筋骨,可用于治疗肾精亏损、精血不足、脾胃虚弱、体倦乏力、口干食少、肺虚燥咳等。

平时体寒、精力减退或不足的男士,可以每天喝一点黄精酒。此外,黄精中富含多种营养物质,还能减少细胞突变的发生,从而起到抗衰老、延长寿命的作用。

黄精酒制作方法:准备黄精根数条和适量 35 度白酒,白酒量为黄精根的 3~4 倍。先将黄精根洗净,用洁净的布擦干,放入大口径的玻璃瓶中,然后倒入白酒泡上 2~3 个月后,酒质变成透明的淡琥珀色,再放置半年后即可饮用。

7. 自酿苦瓜酒

苦瓜酒是近年来我国南方市场上出现的一种保健药酒,具有清热解毒、怡心明目、养血滋肝、润脾补肾等多种功效。常饮苦瓜酒,可促进食欲、清热解毒、泄热通便,且具有预防和治疗感冒、扁桃体炎、咳嗽等作用。

(1)选料:选择瓜形较长、瓜条较长且粗,果皮青绿苦瓜。

(2)清洗:用流动的清水充分洗净,沥干水备用。

(3)选瓶:可根据条件选择任意大小的瓶子,一般以密封性好的旋口罐头瓶较好。空瓶先用碱水洗净,再用沸水杀菌15～20分钟,备用。若加工量大,也可选择密封性好的大型容器。

(4)装瓶:最好整瓜装瓶,如瓶小瓜长可用手掰开,或用不锈钢刀具切割。禁止用铁制刀具,以免污染酒质。

(5)注酒:最好注入高浓度白酒或高浓度大曲酒,以利苦瓜苷快速、充分溶解析出,提高功效。酒与瓜的体积以1比1为佳。

(6)储存:将密封的盛酒容器置于阴凉干燥处存放,最好放在地下室。一般经过40～60天瓜条变成土黄色浸渍状,酒有浑浊感,摇动酒瓶,瓜条表皮上有粉状物脱落,打开酒瓶,气味浓烈,苦味爽口,即可饮用。

(7)成品特点:酒中含有丰富的氨基酸和苦瓜苷,酒味甘苦适宜,醇香可口,风味独特,回味悠长。

8. 常饮水果味鸡尾酒有益健康

美国最新一项研究发现,水果味鸡尾酒不仅感官性状好,经常饮用还可增进健康。研究人员原本尝试找出可以使草莓保鲜的方法,他们将草莓放在乙醇中,结果发现乙醇使草莓中的抗氧化剂含量增加,而抗氧化剂能够清除有损人体细胞的自由基。实验证明,朗姆、伏特加、龙舌兰等烈性酒能增加草莓和黑莓中抗氧化剂的含量。

通常,颜色鲜艳的水果和蔬菜中抗氧化剂含量都较为丰富,人们摄入这些食物能减少患癌症、心脏病和一些神经学疾病的风险。

9. 雅赏菊花,趣品菊花酒

菊花是河南省一大名花,全国赏菊尤以开封出名,每年10月中旬是开封的菊花节,在赏菊的同时,也可以品尝菊花酒。在古代,菊花酒被作为重阳必饮、祛灾祈福的"吉祥酒"。溥杰先生曾为菊花白酒赋诗:"香媲莲花白,澄邻竹叶青。菊英夸寿世,药佐庆延龄。酿肇新风味,方传旧禁廷。长征携作伴,跃进莫须停。"

菊花用于酿酒,早在汉魏时期就已经盛行。民俗有在菊花盛开时,将其茎叶并采,和谷物一起酿酒,藏至第二年重阳饮用。菊花酒清凉甘美,是强身益寿佳品。从医学角度看,菊花酒可以明目、治头昏、降血压,有减肥、轻身、补肝气、安肠胃、利血之妙。陶渊明诗云"往燕无遗影,来雁有余声,酒能祛百病,菊解制颓龄",便是称赞菊花酒的祛病延年作用。传说中重阳节饮菊花酒还能辟邪祛灾。其制作方法如下。

(1)配方1:菊花、杜仲各500克;防风、附子、黄芪、干姜、桂心、当归、石斛各200克;紫英石、肉苁蓉各250克;萆薢、独活、钟乳粉各400克;茯苓150克。以酒七斗,浸5日即可饮用。每日1～2次,每次10毫升。

(2)配方2:菊花、生地黄、枸杞根各2500克,糯米35千克,酒曲适量,前3味加水50升煮至减半,备用;糯米浸泡,沥干,蒸饭,待温,同酒曲(先压细)、药汁同拌令匀,入菊花酒瓮密封,候熟澄清备用。每日1～2次,每次10毫升。

(3)配方3:甘菊花500克,生地黄300克,枸杞子、当归各100克,糯米3000克,酒曲适量。将前4味,水煎2次,取浓汁2500毫升,备用;再将糯米,取药汁500毫升,浸湿,沥干,蒸饭,待凉后,与酒曲(压细)、药汁,拌匀,装入瓦坛中发酵,如常法酿酒,味甜后;去渣即成。每日1～2次,每次10毫升。

(七)药 酒

1. 何谓药酒

药酒又称酒剂,广义说来,是指以中医学为基础,以疗疾强身健体为目的,为中药与酒的结合产物,它是用酒(白酒或黄酒)为溶媒与药料以不同形式结合后取得的含有药物成分的澄明液体制剂;另有以药物和谷类共同作为酿酒原料,以不同形式加曲酿制而成的药酒。具体说来,广义药酒还可以分为"药酒"和"补酒"两大类,两者有明显区别的。

药酒是以防治各种疾病为目的,以酒类浸渍药物取得的特制酒。这种酒在配方上有严格的要求,必须得到医药部门的批准方能生产;在饮用时,需在医生指导下进行。这种酒都具有不同的治疗疾病的功能,如通经活络,祛风散寒,退热安神,杀菌消毒,增强药性,改善体质和精神,如麝香虎骨酒、五加皮酒等。

补酒,又称为"滋补酒""健身酒""养生酒"等。其特点是供一般身体虚弱者强身健体之用,有延年益寿的功效,饮用上不似药酒那么严格。因此,这类酒仍属一般饮料酒,如人参酒、鹿茸酒、天麻酒、黄芪酒、雪蛤酒、蜂王精酒等。不过,饮用这种酒也最好请教一下医师,根据个人身体需要选用,乱饮乱用也有弊病。如有的人体质不适于以人参滋补,用了就起不好的作用。所以有"虚不受补"之说。

2. 药酒的分类

据不完全统计,我国历史上的药酒有 1400 多种方剂,其中大部分是属养生保健型的。客观地说,中国药酒与其他事物一样,既有其精华,也有其糟粕,随着时代的前进、科学技术的发展,必然会有新的突破。根据目前情况来看,按原料划分,我国的保健药酒,可分为三类:一是以植物性药物配制的,如竹叶青、味美思、五加皮、天麻酒、人参酒、长春酒等;二是用果类配制的,如枸杞酒、青梅酒、五味子酒、佛手酒、木瓜酒、猕猴桃酒、桂酒、莲桂酒、山楂酒等;三是以动物性药物配制的,如三蛇酒、虎骨酒、鹿茸酒、三鞭酒等。此外,近些年来也出现了一些矿物性保健药酒,如中华麦饭石酒等。按功能划分,我国药酒也可以分为三大类:一类是以治病为主的药酒,如虎骨木瓜酒、三蛇酒、豹骨酒、风湿痛药酒等;二类是补虚强体的滋补药酒,如虫草人参酒、健脑酒、十全大补酒、参花三鞭酒、神虫葆真酒、龟龄集酒等;三类是外用药酒,如敷贴、按摩、消毒类酒等。值得一提的还有,在日本兴起了一股"酒浴热",也就是用一种配以药物的酒浴身。据说,利用酒和药物的特性,可使毛细血管保持畅通,提高皮肤的代谢能力和抗病能力,促进血液循环,改善全身营养状况,降低肌肉张力,有利于消除疲劳和促进睡眠,并使皮肤光泽,增进美容。

3. 药酒制作材料的选用

(1)专家指出,不同的酒对疗效影响不大,一般可根据个人喜好选取酒的度数和气味。酒量小者,可选 38 度左右的低度酒;酒量大者,可选 52 度左右的高度酒。通常不选曲酒,因为曲酒是由酒曲发酵而成,其内含有的酒曲香会与药物的气味混合,产生怪味。通常多选用老白干或黄酒,与药材混合后气味清淡、芳香诱人。

白酒的好处是不容易变质,存放时间长,但在南方偶尔也用果酒来制药酒,其酒精含量低,对人体刺激较小。使用果酒制作时,一般采用煮提法,即将药材煮好后,把药渣去掉,取适量药液兑入果酒中饮用。

(2)药材可以整根放,也可以切成 3～5 毫米的片或段,但很少研磨成颗粒。因为颗粒可以使药液浑浊,透光度不好,而且颗粒状药物溶解快,浓度大。只有需要快速溶解时,才会使用大块的颗粒。将药材放入竹篮后,快速过凉水,又称"抢水洗",既可以洗掉药材表面的浮土、粉尘,又可以把药材湿润,利于其中的有效成分在酒中缓慢的溶解释放。装药酒的容器多选磨口的玻璃瓶子,便于密封,防止药物氧化。深色的瓶子最好,如果用透明的瓶子,要注意避光储存。药和酒的比例搭配也有讲究。一般来说浸泡后的药材约占全部药酒体积的 1/3。饮用者还可根据自己口味的喜好,加入一些调味剂。如枸杞子可减淡酒味,乌梅可使味道变得甜酸,喜欢甜味又没有糖尿病者还可加入冰糖等。

4. 泡药酒不要选曲酒

除啤酒、红酒外，所有的饮用酒（如白酒、黄酒）都可用来泡药。酒的度数越高，药物的溶出速度越快。如果药物中没有特殊矿石类药物，或者不是用黄酒泡的治疗妇科病的药酒，一般情况下自泡酒之日起，向后推算 7～10 天即可饮用。

不同的酒对疗效影响不大，一般根据个人喜好选取酒的度数和气味。酒量小者，可选 38 度左右的低度酒；酒量大者可选 52 度左右的高度酒。

通常不选曲酒，因为曲酒是由酒曲发酵而成，其含有的酒曲香会与药物的气味混合，产生怪味，而老白干和黄酒与药材混合后气味清淡。

如果饮用药酒较急切，酒量较小者，可先选用度数高的白酒进行浸泡，泡好后再倒入适量纯净水以稀释药酒度数。此时药酒里有可能会有沉淀物，但只要不是絮状物，都属正常现象，只管饮用不必担心。

如果感觉药酒口味古怪难以接受，可在药酒里放入适量的蜂蜜，也可放入红糖、姜汁等，这些做法都可使药酒更好喝、更爽口。

5. 家庭配制药酒的注意事项

制作药酒时通常是将中药材浸泡在酒中，经过一段时间后，中药材中的有效成分溶解在酒中，此时即可滤渣饮用。这就是通常所说的最适合家庭制作的冷浸法。具体做法就是先将材料弄干净（有的需打碎剪短），再用冷开水浸湿，这样做既可以洗去脏污，又能防止药材吸酒太多，然后捞出浸湿的药材，盛到玻璃瓶或缸内，加入白酒。加白酒多少一定要遵照医嘱，干药与酒之比可为 1∶7～1∶10，白酒至少要浸没药材。最后，将瓶或罐口封严。每日摇动几次，使药性充分析出。一般浸泡半个月就可饮用了。有些贵重药材可待酒饮完后再浸泡 2～3 次。

家庭自制药酒要注意如下问题。

(1)需要选择适合家庭制作的药酒配方,并不是所有药酒方都适宜家庭制作,如一些有不良反应的中药需经炮制后才能使用,如果对药性、剂量不清楚,又不懂得药酒配制常识,则需要请教中医师,切忌盲目配制饮用药酒。

(2)制备药酒的中药材一般都要切成薄片或捣碎成粗颗粒。凡坚硬的皮、根、茎等植物药材可切成 3 毫米厚的药片,草质茎根可切成 3 厘米长的碎段,种子类可用棒击碎。按照处方购于中药店的中药材多已加工炮制,使用时只需洗净晾干即可。而自行采集的鲜药、生药往往还需先行加工炮制。

(3)对于来源于民间验方的中药首先要弄清其品名、规格,防止同名异物造成用药错误。

(4)现代药酒的制作多选用 50～60 度的白酒,因为酒精浓度太低不利于中药材中的有效成分溶解,而酒精浓度过高有时反而使药材中的少量水分被吸收,使得药材质地坚硬,有效成分更加难以溶出。对于不善饮酒的人来说,也可采用低度白酒、黄酒、米酒或果酒等为基质酒,但要适当延长浸出时间或适当增加浸出次数。

6. 药酒的储存

从药房购回的药酒及自己配制的药酒如果储存保管不善,不但影响疗效,而且会造成药酒的变质或污染,因而不能再饮用。因此,对于服用药酒的人来说,掌握一定的储存和保管药酒的知识是十分必要的。

(1)凡是用来配制药酒的容器均应清洗干净,再用开水煮沸消毒。

(2)家庭配制好的药酒应及时装进细口长颈的玻璃瓶中,或者其他有盖的容器中,并将口密封。

(3)家庭自制的药酒要贴上标签,并写明药酒的名称、作用和配制时间、用量等内容,以免时间久了发生混乱,造成不必要的麻烦。

(4)药酒储存宜选择在温度变化不大的阴凉处,室温以10～25℃为好,不能与汽油、煤油及有刺激性气味的物品混放。

(5)夏季储存药酒时要避免阳光的直接照射,以免药酒中的有效成分被破坏,使药酒的功效减低。

7. 选择适合自己的药酒

一般把药酒分为四类。

(1)滋补类药酒:用于气血双亏、脾气虚弱、肝肾阴虚、神经衰弱者,主要由黄芪、人参、鹿茸等制成。著名的药方有五味子酒、八珍酒、十全大补酒、人参酒、枸杞酒等。而且,长期服用某些药酒还能预防疾病,如重阳节饮用菊花酒,可抗衰老;夏季饮用杨梅酒,可预防中暑;常饮山楂酒,可预防高血脂、减少动脉硬化;长期服五加皮酒、人参酒则可以健骨强筋、补益气血、扶正防病等。

选用滋补药酒时还要考虑到体质问题,形体消瘦的人,多偏于阳衰气虚,容易生痰、怕冷,宜选用补心安神的药酒。

(2)活血化瘀类药酒:用于风寒、脑卒中后遗症者,药方有国公酒、冯了性酒等;用于骨肌损伤者,方剂有跌打损伤酒等;有月经病的患者,可用调经酒、当归酒等。

(3)抗风湿类药酒:用于风湿病患者,著名的药方有风湿药酒、追风药酒、风湿性骨病酒、五加皮酒等。其中症状较轻者可选用药性温和的木瓜酒、养血愈风酒等;如果已经风湿多年,可选用药性较猛的蟒蛇酒、三蛇酒、五蛇酒等。

(4)壮阳类药酒:用于肾阳虚、勃起功能障碍者,主要由枸杞子、三鞭等制成。著名的方剂有多鞭壮阳酒、淫羊藿酒、青松龄酒、羊羔补酒、龟龄集酒、参茸酒、海狗肾酒等。

药酒虽好,但不适合所有人,服用期间应注意以下几个方面。首先,对酒有禁忌者不能服用,如酒精过敏者,患各种皮肤病、肝肾疾病、手术后、消化道溃疡患者等。其次,妊娠和哺乳期女性不适合饮用。再者,发热患者也应避免。此外,有出血性疾病、呼吸系统疾病、高血压及各种癌症患者都不宜饮用。

8. 哪些人群不宜饮药酒

(1)药酒不是任何人都适用的,如孕妇、乳母和儿童等就不宜饮用药酒。年老体弱者因新陈代谢相对较缓慢,饮用药酒应适当减量。凡遇有感冒、发热、呕吐、腹泻等病症时不宜饮用滋补类药酒。对于肝炎、肝硬化、消化系统溃疡、浸润性肺结核、癫痫、心脏功能不全、慢性肾功能不全、高血压等患者来说,饮用药酒也是不适宜的,否则会加重病情。此外,对酒过敏的人和皮肤病患者也要禁用和慎用药酒。

(2)育龄夫妇忌饮酒过多。过量饮酒进入麻醉期后则破坏性行为,抑制性功能。慢性酒精中毒也可影响性欲,并伴有内分泌紊乱,在男性方面表现为血中睾酮水平降低,引起性欲减退、精子畸形和阳痿。孕妇饮酒对胎儿影响更大,即使微量的酒精也可直接透过胎盘屏障进入胎儿体内,影响胎儿发育。所以,育龄夫妇不宜多饮酒,只有患了不孕症和不育症的育龄夫妇可以考虑服用对症的药酒进行治疗。

9. 通常饮药酒的方法

(1)药酒一般不宜佐膳饮用,应在饭前服用,以便药物迅速吸收,较快地发挥治疗作用。药酒以温饮为佳,能更好地发挥药酒的温通补益作用。如果饮用药酒不当,也会适得其反,因而需要注意饮用禁忌。

(2)服用药酒不宜过多。服用药酒要根据人对酒的耐受力,每次可饮 10~30 毫升,每日早、晚饮用,或根据病情及所用药物的性质及浓度而调整。药酒不可多饮滥服,否则会引起不良反应。多服含人参的补酒可造成胸腹胀闷、不思饮食。多服含鹿茸的补酒可造成发热、烦躁,甚至鼻出血等。此外,饮用药酒时,应避免不同治疗作用的药酒交叉饮用。用于治疗的药酒在饮用过程中应病愈即止,不宜长久服用。

10. 服用药酒的好处

(1)饮用药酒可以缩小剂量,便于服用,有些药酒方虽然药味庞杂众多,但制成药酒后其有效成分溶于酒中,剂量较之汤剂明显缩小了,服用起来也很方便。

(2)服用药酒吸收迅速,人体对酒的吸收较快,药物通过酒进入血液循环,周流全身,可以很快地发挥治疗作用。

(3)药酒的剂量容易掌握,因为药酒是均匀的溶液,单位体积中的有效成分固定不变。

(4)服用药酒较为适口,因为大多数药酒中掺有糖和蜜,作为方剂的一个组成部分,糖和蜜具有一定的矫味和矫臭作用,因而服用起来甘甜悦口。

(5)药酒较其他剂型的药物容易保存,因为酒本身就具有一定的杀菌防腐作用,药酒只要配制适当,遮光密封保存,不会发生腐败变质现象。

11. 饮药酒的十大注意事项

(1)药茶和药酒的应用,当根据病情及体质情况合理选用,禁止盲目滥用。

(2)根据自身耐受情况适当掌握用量,不宜过少,亦不可超量饮用。

(3)应慎用或不用有毒药物,必要时应在医师指导下使用。

(4)饮药茶、药酒的时间也应根据处方要求而定,如系补益剂,则应在饭前服,对胃有刺激的药茶、药酒宜饭后服,有泻下作用的茶酒宜空腹,安神茶酒宜睡前服。

(5)饮用有解表作用的药茶、药酒,宜忌生冷、酸食。调理脾胃的茶酒宜忌油腻、腥臭、生冷等不易消化之食物等。

(6)饮药茶、药酒不宜与某些西药同服,以免因药茶、药酒的作用增强某些药物的毒性,影响疗效或引起其他不良反应,甚至造成生命危险。如服用苯巴比妥类镇静药,不宜与药茶、药酒同用。服可乐定、苯乙肼等抑制药后,若再饮酒会增加药物毒性引起呼吸抑制而致昏迷,甚至死亡。

(7)饮药酒后一般不宜顶风冒寒、不宜立即针灸、不宜进行房事。

(8)凡阴虚血热、阴虚阳盛、阳事易举者,忌饮药酒,特别是壮阳之类的药酒更应慎用。孕妇、小孩亦不宜饮药酒。

(9)饮药酒时,不会饮者,初期可适当减量或加冷开水冲淡饮用。

(10)若饮药酒时间过长,可能对体内的新陈代谢有影响,可能会造成蛋白质的损失较多,故应注意补充蛋白质,可常食蛋类、瘦肉、鸡血等食物。

12. 秋季进补慎饮药酒

每年立秋后,一些病弱体虚者都有饮用药酒的习惯,也有不少商家打出秋季药酒进补的招牌,药酒市场越来越火爆。

不过,在我们身边,因食用药酒不当而致病者大有人在,甚至有饮用不当丢掉性命的,说明许多人对药酒的认识还存在误区。这些误区主要有以下 3 点。

(1)饮药酒有助于睡眠:所谓药酒是在酒中混合药材浸制而成,因此药酒包含酒精和药物的双重功效,主要作为药用。中医学一般将药酒分为滋补类保健药酒和治疗性药酒两种。治疗性药酒主要用于治疗风湿疼痛、跌打损伤或体虚补养等。

许多人习惯于睡前喝药酒,并认为睡前饮酒有助于睡眠。但专家指出,这种饮用药酒的习惯并不正确。

专家解释,饮酒的确可使人加快入睡,但酒后的睡眠状态与正常生理性入睡并不相同。饮酒后入睡,大脑活动并没有真正休息,因此并非真的达到休息的状态,尤其是饮药酒后入睡,醒来后有时还会有头重等不适症状出现。据研究,药酒在饭后饮用,对药效的发挥起着较好的作用。

(2)过量饮药酒有损健康:有一些人过于相信药酒的疗效或是保健效果,以为药酒有养生滋补的作用,喝多了对身体健康好,其实这种想法是十分错误的。

专家说,药酒含有药材,大量饮用药酒还是不对的,其后果相当于过量服用药物,同样会影响到身体健康。同时认为,药酒的最佳服用量为1汤匙左右,约10毫升,过犹不及,最好不要过量饮用。

同时,饮用药酒也不应长时期持续下去。专家认为,通常1个疗程为3个月,喝了一个疗程之后可暂停一段时期,之后,再视情况决定是否饮用。

(3)不看体质饮药酒:滋补类保健药酒一般用于气血亏、肝肾阴虚、脾气虚弱、神经衰弱等,但是一些人在不了解自己的体质下盲目饮药酒,不管什么药酒都拿来饮用。

中医学着重辨证论治,不是每一种药酒人人皆宜,也不是人人都适合饮药酒。专家提醒,选用药酒应根据自己的体质决定,最好事先经过医师的辨证,先了解自己的体质。看看自己是偏于阴亏血虚,还是偏于阳衰气虚等,然后谨慎选择药酒,"对症"饮用药酒,才能达到调整阴阳气血的作用。

另外,也有一些男性相信,喝药酒有壮阳作用,但盲目服用的后果却不见其利,反倒使病情加重。因此,以壮阳为目的的男性,在服用药酒之前,同样应征求医师的看法和辨证论治。

别将药酒当成万能药,"是药三分毒",药酒也不例外。药酒毕竟是以酒浸泡而成的,因此对酒有禁忌者同样不宜饮用药酒。

专家提醒,高血压患者、各种癌症患者不宜饮药酒。高血压患者饮用后,恐怕会有脑卒中的危险。癌症患者饮用药酒会促使癌细胞扩散,加重病情。想正确饮药酒养生保健,要牢记,药酒少饮为益,多饮则损。

13. 冬天如何选择药酒

药酒是我国自古以来用来治疗疾病的一种方法。由于酒有通血脉、舒筋络、温肠胃、御风寒等作用,所以用酒浸中药可加强药力。药酒便于服用,某些药物易溶于酒中,效果较水溶液好。酒中的药物进入人体后吸收较快,可较好地发挥治疗作用。此外,药酒容易保存,不易发生腐败变质。

自古以来药酒就是冬令进补、治疗疾病的佳品。用白酒、黄酒浸泡或煎煮具有治疗和滋补性质的中药或食物所得的口服制剂,就是药酒。中药入酒后,药借酒势,酒助药威,能充分发挥疗效。

冬季是饮用药酒的最佳时节,从冬至前后到次年开春,正是人体补阳气的好时机。饮用药酒期间,应当避免进食生冷、油腻等不易消化及有特殊刺激性的食物。如果遇到感冒、发热等疾病。疗效不同的药酒不宜同时或交叉服用,以免降低疗效或引起不良反应。

冬季饮药酒的作用之一是祛风湿、舒筋活络,用于骨、肌肉损伤及风湿疾病,如治腰肌劳损常用川芎、当归、牛膝、乳香、没药、防风浸酒;治增生性脊柱炎常用白芍、威灵仙、牛膝、木瓜浸酒;治关节炎常用羌活、独活、桑寄生、牛膝、当归、延胡索浸酒。药酒的另一作用是补虚强壮,如人参酒、十全大补酒、参桂养荣酒、当归黄芪酒等。

冬季是服用药酒的好季节,除治疗外还可暖身。患肝炎、心衰、癫痫、肾功能不全、高血压、消化道溃疡、肝硬化及对酒过敏的人不宜服用药酒。

14. 老年人应慎饮药酒

药酒是一种配制酒,是用白酒、黄酒、葡萄酒加入一定量的中药,按比例配制而成的。用酒泡制中药,可"引药上行",发挥"引经"作用,即更好地发挥药效,对有适应证的老年人,服用对症的药酒是有好处的。但药酒也是酒,其主要成分是酒精,现代科学研究证明,酒对人体健康有两重性,有益也有害,主要与饮酒的量有关,少饮有益,多饮有害。少饮可刺激食欲,兴奋中枢神经系统,增加高密度脂蛋白,有利于胆固醇的分解代谢;多饮则可损害肝脏功能,引起肝内脂肪堆积。所以,凡有消化性溃疡、食管炎、胃炎、胰腺炎、脂肪肝、肝硬化、肝炎、高血压、心脏病等病史的老年人,以不饮或少饮为佳。如遇感冒、发热、咽痛及气管炎等,均应停服。其他老年人服用药酒时,也应注意选用药酒要对症,用量遵医嘱或按用量说明,不可超过剂量,更不能拿药酒当一般酒饮用。有人以为补酒无碍,多喝一点也没关系,这种认识是不对的,因为过量会引起不良反应,所以应当慎用。

饮药酒如为了治病,可以四季随时配制饮用;而滋补类药酒,冬令浸服尤宜。根据民间习惯,可从冬至日起,连服2~3个月,但也不必过于拘泥时日。服药酒次数一般每日早、晚各1次,每次半两左右,不善饮酒者可在睡前服少许。

15. 哪些中药不宜泡酒

有些人喜欢在家中自制药酒以滋补保健或预防疾病,但如果调配不当,可能适得其反。"是药三分毒",不经中医开方配伍随便服用自泡药酒、药茶很危险。为此,提醒人们谨防家庭自制药酒损伤身体乃至危及生命。秋冬季节自制药酒,有四类中药最易引起中毒。

(1)马钱子:马钱子毒性较大,必须炮制后才可药用。超量或长期服用可引起毒性反应,如强直性痉挛、肢体颤动、惊厥、呼吸困难等,严重者可导致昏迷。

(2)川乌、草乌:此药炮制和煎煮后,能兴奋迷走神经中枢,对人体感觉神经和运动神经有麻痹作用,生的川乌、草乌毒性极大,严禁作为中药饮片直接泡酒。

（3）水蛭：水蛭用于破血逐瘀、通经，水蛭超量或长期服用可引起内脏出血和肾损害，故有出血倾向的病人禁用。

（4）苍耳子：苍耳子对心脏有抑制作用，能使心率减慢、收缩力减弱。苍耳子超量或长期服用可导致中毒，表现为腹胀、恶心呕吐、腹痛、腹泻、头痛、烦躁等。

人们常说西药毒性反应大，中草药是安全药，这是一种误解。不管是用中草药治病，还是用中草药浸酒泡茶强身防病，都应该请经验丰富的中医师把脉后对症下药，尤其是治疗跌打损伤的中草药，作用一般都比较强烈，必须在医生指导下严格掌握剂量，不可长期服用，以免中毒。

另外，一些所谓的滋补药，也不能多少种随便一起泡在酒里制成药酒饮用，因为中草药是有配伍禁忌的，有些中草药一起浸泡会发生冲突反应，进而产生毒性。

16. 选饮药酒有讲究

药酒并不是任何人都适合饮用的，也不可以无限量、无期限服用。人们在服用药酒时，必须注意一些禁忌。

质量合格、疗效可靠的药酒，首先必须有一个"酒度"要求：药酒必须具有保健作用，酒度应在 35 度以下，最好在 20 度左右；虽为药酒但不应有明显的药味，如加糖或蜂蜜，不应影响疗效。目前市场上流行的药酒，有许多酒度偏高，这明显违背了保健的根本目的，对世人产生误导作用。

其次，选购药酒前必须了解药酒的分类和功效。药酒按其所浸药物作用不同，可分为两大类。一类以治病为主，主要作用为祛风散寒、舒筋通络，如各种治疗风湿痛的药酒等。另一类是补虚强身的补酒，主要作用为补气养血、滋阴壮阳、温肾补脾，其品种多，但各有偏重，如有补益气血的、滋阴补血的、温肾助阳的、健脾补胃的、补心安神的等。

再次，选购药酒时必须明确是治疗还是滋补，无论什么目的，都要请教中医师,按中医辨证用药。用于治疗的,辨清寒、热、虚、实的不同体质,选购时寒者宜温、热者宜清、虚者宜补、实者宜泻,有时还需要与脏腑辨证结合起来。用于滋补的,需要辨清是气虚、血虚、阴虚、阳虚,相应的药酒就有补气、补血、补阴、补阳的。同样应把补益不同脏腑结合起来。

最后,选购药酒必须根据各人的体征。阳虚体质者,应选饮温肾助阳的药酒;阴虚体质者,可选饮滋补阴血的药酒;消化不良、胃脾虚弱者,应选饮补脾胃的药酒,常腰酸背痛、筋骨劳累者,应选强筋壮骨、舒筋活血的药酒。

药酒因含有一定量的酒精,故患有慢性肝炎、心脑血管病、高血压和对酒精过敏者,以及孕妇、产妇,都属禁忌。此外还要分清是外用的还是内服的,不得误服外用药酒。

药酒的服用方法也颇有讲究。古代医训曰:"药酒补虚损,宜少服取缓效;攻寒湿,宜多服取速效。"不习惯饮酒者,服用应从小剂量开始;即使酒量大的人,也不可过量,因超量饮用不但会醉酒,而且药酒中所含药量严重超标,还会引起毒性反应。

17. 药酒虽好,可不能乱饮

(1)药酒是中医药特色但有禁忌:据李中心介绍,药酒是中医药的重要组成部分,也是中医药的特色和亮点。早在《黄帝内经》中便有关于药酒制法和作用的详细注解。药酒对治疗一些疾病确实可以起到一定作用。药酒的作用主要表现在药的作用和酒的作用两方面。

酒中含有微量的酯、酸、醛,是一种良好的提取溶剂,中草药在白酒中易于溶解,两者结合,便制作成为药酒。中医药讲究药性,药酒的药性主要是甘辛大热,通血脉,行药势,有散寒作用,主要治疗风寒湿痹、祛风活血、散淤止痛。

既然是药,就有一定的禁忌,一般来讲,儿童、孕妇及心脏病或高血压患者最好不要饮药酒。

(2)所用酒须是 50 度以上的白酒：不是所有中草药都可以配制药酒，一般来讲，寒性药物比较适宜，热性药物就不适宜。配制药酒的酒必须是白酒，度数在 50 度以上，以粮食酒为主，最好为谷类酒，工艺上主要分为冷浸法、热浸法、渗漉法和回流热浸法四大类，前两种在民间广为流行，后两种因需要一定的设备和技术，一般应用于医院的制剂室。

(3)配制、服用药酒须遵医嘱：配制药酒，需要根据病人的症状，选择适用的中草药，千万不可以乱用。专家建议，如果想在家中配制药酒，一定要先找有经验的中医，把脉问诊后，开出药方，再制作药酒，一般来讲，浸泡 6～7 天就可以饮用了。

在饮药酒时，也要遵照医嘱，医师会根据病人的体征，规定饮用的大致量，主要是达到中医所讲究的阴阳平衡，从而发挥其作用。以人参天麻药酒为例，一般每次饮 10 毫升，每天 3 次为宜，多饮的话每天也不要超过 50 毫升。

18. 泡药酒的六大误区

(1)误区 1：泡的越久越好。

很多人认为酒是陈年的好，所以从前一年就开始泡今年用的药酒。其实，如果室温在 20℃ 左右较为干燥的条件下，药材浸泡的时间为 15～30 天即可。浸泡时间主要与药材的质地有关。红花、枸杞子等浸泡后如果酒颜色变红，说明药物有效成分已经溶出来了；如果是动物类的药材（如海马、蛤蚧、乌梢蛇等），泡制的时间会更长。

此外，温度对药酒的浸泡有直接影响，温度高则浸泡时间短，反之则时间长些。但是需要注意的是，刚开始浸泡药酒时，不要放入冰箱，这样会影响药物的析出；高温、潮湿的情况下可酌情缩短时间。

一般来说，药酒泡制超过 1 个月后如果药材没有取出，不但不能增加药物的溶出度，还会造成药物有效成分被水解，损失药效。

但人参、黄芪、当归等受影响不大,可以多泡几天。如果泡制时间太长,解酒挥发后抑菌作用会降低,泡太久的药材可能会发生霉变。应当指出的是有些药物霉变是目测不到的,若喝下霉变的药酒,会对人体肝脏及胃肠造成损伤。

(2)误区 2:所有药材都适合泡酒。

应该明确指出,不是所有药材都适合泡酒的。如矿物质的中药其有效成分不易析出,很难用酒泡出来。如果以毒蛇为原料浸泡药酒,一定要在医生的指导下选用,浸泡前应先去掉蛇头,否则极易造成中毒。

(3)误区 3:药材放得越多越好。

一般而言,酒与药材的比例为 10:1～20:1。质地疏松的药物吸水性强宜多加些酒,如枸杞子、茯苓等可加 20 倍酒浸泡;质地坚硬的药物吸水性差应少加些酒,如人参、鹿茸等可加 10～15 倍酒浸泡即可。通常要达到每 10 毫升酒中含有 0.5～1 克原生药材。饮酒每次 20～30 毫升,每日 2～3 次。因此,在有合适容器的情况下第一次以泡制 2 升左右为宜。取出药材后应在 1 个月左右喝完。

(4)误区 4:选用过低度数的白酒。

通常建议选用 50～60 度白酒进行药酒的泡制。这一浓度的白酒既能杀死药材中的微生物,又能使药材中的有效成分更容易析出。随着酒精的挥发和药材中水分的溶出,药酒中酒精的浓度会降低。待泡至可饮用时,药酒大多在 38 度左右,口感温和。另外,黄酒和米酒除了本身有药用价值外,可同时作为泡酒的原料应用。需要指出的是,由于黄酒、米酒的酒精浓度降低,一般需要将药材一起煮沸后再装瓶,这样能起到一定的杀菌效果。

(5)误区 5:泡酒期间不搅拌。

浸泡药酒的器具最好选用深色的玻璃器具为容器,不宜用塑料器具。泡制期间,需要每日搅拌或摇晃 1 次,1 周后改为每周搅拌 1 次。若急于饮用,可将药材切碎浸泡。药酒饮用 90% 后,可加酒二次浸泡。

(6)误区 6:药材反复使用。

药物经两次浸泡后,绝大部分有效成分已经溶出,此时普通药材即可丢弃,但较为名贵的药材,如冬虫夏草、蛤蚧等可再用普通煎煮中药的方法获取一定的有效成分。

饮酒杂谈

1. 酒后忌饮浓茶

　　中医学认为,茶有利尿作用,酒后适量饮些茶水,可以加速酒精排泄,较快地解除醉酒状态。因此,以茶解酒的做法是有一定道理的。但是,酒后不宜大量饮浓茶。因为酒中的酒精成分对心血管的刺激本来就很大,而浓茶同样具有刺激心脏的作用,酒精和茶双管齐下,更增加了对心脏的刺激,这对于心脏功能欠佳的人来说,其后果是可想而知的。醉酒后饮浓茶,对肾脏也是不利的。因为酒精在被消化道吸收后,90％在肝脏进行降解:酒精先被肝脏的醇脱氢酶转化为乙醛,然后再被醛脱氢酶转化为乙酸,最后分解成水和二氧化碳排出体外。一般来说,这一过程需要 2～4 小时。而酒后大量喝浓茶,茶叶中的茶碱可较快地作用于肾脏而产生利尿作用,这样,酒精转化为乙醛后尚未来得及再分解,便从肾脏排出,而使肾脏受到大量乙醛的刺激,影响了肾脏的功能。此外,饮茶过多会增加心脏负担,这对患高血压、心脏病的人尤为不利。因此,酒后不宜多饮浓茶。可吃些柑橘、苹果之类的水果,如没有水果,冲杯果汁或糖水喝也有助于解酒。

2. 烟酒不宜同用

现代医学研究发现,吸烟加饮酒引起的危害,比单独吸烟或单独过量饮酒对人体健康造成的危害要大得多。美国医学专家告诫说,吸烟者的喉癌发病率比不吸烟者高出 10 倍,而吸烟同时又饮酒的人,喉癌发病率比单纯吸烟者又高出 8 倍多。我国有人统计,喉癌患者中男性 3/4、女性 1/3 是每天晚上喝酒的人。吸烟同时饮酒对人体的危害加剧,是烟草和酒精协同作用的结果。酒精是烟草中致癌毒物很好的溶剂,烟草中的毒物可以很快溶解于酒精中,随酒精进入人体。由于酒精具有扩张血管和加速血液循环的作用,因此烟草毒素可以迅速随血液抵达人体各部位。边吸烟边饮酒还使得人体血液对烟草毒物的溶解量增大,这时进入人体内的尼古丁等烟草毒素,需要靠肝脏来解毒,可是酒精却直接破坏了肝脏的解毒功能,于是人体受烟草中有毒物质的危害就更大更深了。为什么有人觉得吸烟同时又饮酒更有味道?因为烟草中的有毒物质能溶于酒精,并迅速地吸收到血液中而使人兴奋。这种"二进宫"的方法,使人极易致病,尤其容易导致血管阻塞、卒中、冠心病等致命疾病的发生。因此,应当革除在饮酒的同时又吸烟的习惯。

3. 酒、烟、茶混合的恶果有哪些

(1)致命的混合物:"汽油和酒精不能混在一起",这是对酒后开车发出的警告。现代医学研究工作者又发现一条不言而喻的道理:酒精和烟草不能混在一起。因这两种都能危及健康的物质混合在一起能产生协同作用,每种都能使另一种变得更为有害,比它们单独起作用对人体造成的伤害会更为严重。由于这种相互作用,大量吸烟及饮酒的人可能比一个只大量饮酒但从不吸烟的人或像烟囱似地吸烟但从不饮酒的人患病的危险性更大。

(2)烟与酒的协同作用:为了了解这种协同作用是如何形成

的,可想到吸烟者点燃一支香烟时会发生什么情况。当吸烟者每吸一口烟时,他要吸入至少 4000 种不同的化学物质。其中包括有毒的氰氢酸、一氧化碳、丙烯醛、氧化亚氮等气体和 40 多种化合物,包括苯并芘及有放射性的 ^{210} 钋、^{40} 钾、^{14} 碳、镭等,这些都是已知的致癌物质。烟中大多数的化学性气体积存于口腔、鼻腔、咽喉和肺里,它们进入这些部位后,在那里形成了植物树脂燃烧后所留下的焦油薄层,这种焦油薄层可引起癌症。

吸烟者继续饮酒,一会儿他点燃另一支香烟并深深地吸入。在他那严阵以待的肺脏后面,他的肝脏此刻已进入了高度警戒状态以急救他的生命。这个三磅重的"化工厂"能从血液循环中清除大多数毒素,对酒精作为异物做出反应并将其 95% 代谢为其他化学物质。但是因为它的能力只能从饮酒的吸烟者的血液中,每小时清除半英两的酒精(普通的饮酒量),而肝脏的其他代谢功能则被剧减。烟草的烟中所含之毒物,本来在几分钟之内便会从血液中被清除,而现在只得让它在体内泛滥若干小时或数日(这要根据肝脏能处理多少酒精而定)。

如果大量吸烟者饮用酒精已经导致了酒精中毒,且往往伴有营养不足,因而使得他固有的氧气不足变得更加严重。尤其一边喝酒一边吸烟,尼古丁能溶解在酒精中,容易被吸收,故中毒的危险性就更大。

(3)烟酒与疾病

①烟酒与高血压:酒精和烟草的协同作用,可对心血管系统及上呼吸道造成很大的损害。如对于患有高血压而每天饮酒 2 两以上的人,血压高就成了常事,随之而来的则是卒中和心脏病发作的更大危险性。对于既吸烟又饮酒的高血压患者,其危险性就更大。

②吸烟和饮酒是脑卒中的危险因素:饮酒和吸烟的问题在社会上不同人有不同看法,但从医学观点看,烟酒危害人体健康和导致疾病,尤其对脑血管疾病的发生有着严重的影响,缺血性或出血性脑卒中往往造成终身残疾或死亡。饮酒与吸烟作为脑卒中的危

险因素,关键是对脑血管的影响。已证实酒精能够导致血管不完全麻痹、张力降低、通透性增加,血液凝固障碍,有利于出血性卒中的发生。尼古丁促使嗜铬组织释放去甲肾上腺素,使血管收缩,同时影响血小板功能,易导致缺血性脑卒中。饮酒和吸烟是导致脑卒中的危险因素,因此,在社会上开展戒酒和反酗酒运动,具有极其重要的意义。

③烟酒是股骨头坏死的危险因素:在有烟酒嗜好的人群中,特发性股骨头坏死的发病率很高。日本九州大学骨科的松尾圭介等对四所医院从 1980-1985 年在骨科接受诊治的 112 例 20-70 岁男女特发性股骨头坏死的患者做了分析,同时又与条件相匹配的其他骨科患者作了对照,两组中均选择未服用过类固醇的患者。结果发现,特发性股骨头坏死的相对危险度(RR),如以不饮酒者作为 1,则每周平均饮酒不到 400 毫升的 RR 为 3.3,400~1000 毫升的 RR 为 9.8,1000 毫升以上者 RR 为 17.9,表明饮酒量同发病率呈正相关,过量饮酒是重要的危险因素。

一般认为有肝病者易于发生特发性股骨头坏死,调查中对有无肝病的加以校正,结果饮酒量仍同发病率呈正相关。

至于吸烟状况,如按不吸烟者 RR 为 1,则每天超过 1 包(20支)者为 3.9,这表明特发性股骨头坏死同发病前吸烟量有明显关联。

饮酒和吸烟之所以容易发生股骨头坏死,一般认为同股骨头血流受阻有关。据调查,特发性股骨头坏死病例中 30% 与酗酒有关。

④烟酒与癌症:国外曾用个案对照研究法研究了只吸烟不喝酒,或既吸烟又喝酒的两种情况对口腔癌的作用。结果发现,喝酒及吸烟者(每天喝 50 毫升或多于 50 毫升的白酒和吸 40 多支烟)的癌症发生率比不喝酒的吸烟者(每天吸 1~2 支或 4 支,最多 40多支)的发病率高 15.5%。马什柏格(1981)的研究也表明:酗酒是口腔癌的危险诱因,而且喝啤酒的要比喝威士忌的患癌症的可

能性大(约为 20.4%∶7.3%),这种差异除了生理作用外,还应考虑到社会文化因素,因啤酒较便宜,一般工资低、卫生习惯差、生活紧张的人饮用较多,故易于引起口腔癌。

法国里昂国际癌症研究所的艾伯特丁·图因斯及其同事也发现:大量吸烟(每天 1 包以上)及中等度饮酒(每天不到半升)的人比只饮同等量的酒而吸中等量的烟(每天在 10 支以下)的人患食管癌的可能性大 5 倍,而那些只中等量吸烟而大量饮酒的人患食管癌的危险性要高 18 倍。图因斯也发现,一个人既大量吸烟又大量饮酒时,其危险性就增加到 44 倍。

在仔细地检查了不同类型的酒精饮料及其他癌症,包括口腔癌、咽癌和喉癌,得出了类似的研究结果之后,美国全国滥用酒精及酒精中毒研究所提出:酒精与烟草有协同作用,能增加患癌的危险性。

⑤烟酒与生长发育:男性常在青年期就开始饮酒和吸烟,他们认为吸烟和饮酒是男子汉气概的标志。科学证实甚至是中等量的烟酒也能推迟性的成熟。大量饮酒和吸烟的妇女易于发生口腔癌和舌癌,孕妇则易发生流产,即使中等量的饮酒,也可使胎儿体重减轻,发育异常。

4. 酒精导致饥饿的原因

嗜酒的人,即便是嗜酒时间较短的,酒后也常常会有一种饥饿的感觉。人若每天喝 200 毫升烈性酒,持续不到半个月,就会引起消化系统紊乱。此时,人的小肠不但不吸收食物中的维生素和无机物,反而会分泌出一种液体,促进食物不经消化吸收就被排出体外。而且由于嗜酒者的饮食往往不平衡,就更加深了上述不良影响。因此,酒精会导致饥饿直至营养不良。但是只要戒酒,这些异常现象就会很快消失而使身体恢复正常。

长期饮酒过量的主要危险是肝硬化,但嗜酒者发生营养不良或肠功能紊乱的比例要比肝硬化高得多。

5. 哪些患者不宜饮酒

(1)肝炎患者:酒含有酒精,酒进入人体,酒精能直接损害肝细胞的生理功能,使肝细胞坏死,病情迅速恶化。因此,患肝炎的患者,不仅肝病发作期不宜饮酒,而且肝炎治愈几年后也不宜饮酒。

(2)糖尿病患者:这种患者饮酒会加重本来解毒功能已经较差的肝脏的负担,使胰腺分泌的消化酶和胰液成分发生改变,导致胰液内蛋白质过分浓缩,堵塞胰腺导管,易患胰腺结石。饮酒还会降低机体抵抗能力,加重病情。

(3)高血压病患者:饮酒能使血浆及尿中儿茶酚胺含量增高,而儿茶酚胺是使血压升高的元凶。高血压患者饮酒不但会引发高血压,而且可能发生脑出血及猝死。

(4)高血脂患者:患这种病的人饮酒,会导致血中低密度脂蛋白浓度增高,促使血中胆固醇及三酰甘油浓度上升,并且容易沉积在动脉管壁上,致动脉粥样硬化及冠心病。

6. 适量饮酒有助防癌

每日适量饮酒,对防癌有一定的帮助。一般认为,食物中蛋白质的含量低,营养较差;新鲜蔬菜和水果缺乏,容易得胃癌。此外,情绪忧郁,常生"闷气",也是一种因素。假如适量或少量饮酒,并伴佳肴,营养水平必然提高,饮酒消忧畅意,解除情绪上的疙瘩。这是防胃癌的良好方法。

食管癌,一般也是营养不良所致。饮酒美食,也可预防。治疗食管癌的某些药物也需用酒制作,或在药中加酒,以利药效达到癌肿部位。食管癌常吞咽困难,如饮一些蛇胆酒,可以改善症状,也可用酒调玉枢丹咽下。

需要强调的是,饮酒防癌应适度饮酒,饮质量好的酒,要戒酸、戒浊、戒生,更忌暴食暴饮。

7. 服用哪些药的前后不能饮酒

有些药物服后不能饮酒。这主要是由于药中的成分能与酒精发生反应,使药效降低,或产生一些对人体有害的物质。服用以下几种药物的前后就不能饮酒。

(1)苯妥英钠:因酒精能使人体肝脏内苯妥英钠代谢的肝微粒酶系统兴奋,使苯妥英钠代谢加速,从而降低抗癫痫和抗惊厥的作用。

(2)胍乙啶:酒精有扩张血管、抑制交感神经及血管运动中枢、减弱心肌收缩力的作用,故服此药期间,若大量饮酒,可加重直立性高血压,甚至引起休克。

(3)苯乙胍(降糖灵)、格列本脲(优降糖):酒精可引起血压下降并可引起低血糖。服此药期间,饮酒可致低血糖昏迷。

(4)甲苯磺丁脲:据文献报道,乙醇为药酶诱导剂,能促进磺酰类药物的代谢。在服该药期间大量饮酒,可使其半衰期明显缩短,从而减弱其降血糖作用。

(5)甲丙氨酯(眠尔通)、氯氮䓬(利眠宁):该类药物和乙醇对中枢神经有协同抑制作用,若服此类药物后饮酒,可产生昏迷,甚至出现呼吸抑制。

(6)洋地黄制剂:因大量的乙醇可降低血钾浓度,增加机体对该制剂的敏感性而中毒。

(7)呋喃唑酮(痢特灵):该药进入人体内产生一种名为羟腈乙烷的代谢产物,它能抑制单胺氧化酶,从而使酒精中的升压物质不能被单胺氧化酶迅速氧化分解。因此,服药期间饮酒可发生反应,出现面部潮红、心动过速、腹痛、头痛、恶心、呕吐等症状。这些症状都是痢特灵同酒精相互作用所致,甚至部分有饮酒史的人不喝酒服此药也有反应。

(8)甲氨蝶呤:服此药期间若饮酒,可干扰胆碱合成,增加对肝脏的毒性,使谷丙转氨酶升高。

(9)催眠药:酒后不能服催眠药。由于酒精对人的大脑各部位抑制先后不同,因而初期可出现一些兴奋症状,如语言增多、不易入眠等,而镇静催眠药物如苯巴比妥、甲丙氨酯、氯氮䓬、格鲁米特、地西泮等,对大脑也有抑制作用。酒后服催眠药,会使人反应迟钝、昏昏沉沉、昏睡以至昏迷不醒。呼吸、循环中枢受抑制时,可出现呼吸变慢、血压下降、休克甚至呼吸停止而死亡。

(10)阿司匹林、对乙酰氨基酚(扑热息痛)、APC、水杨酸钠:在饮酒后千万不能服用此类药物,特别是阿司匹林和对乙酰氨基酚。该类药物有抑制胃黏膜功能,增加上皮细胞脱落及破坏黏膜对酸的屏障作用,又能阻断维生素 K 在肝中的作用,阻止凝血酶原在肝中的形成,使血液不易凝固,故服此药同时饮酒可引起胃肠道出血。

(11)胃蛋白酶合剂:此药若与酒同服,可引起胃蛋白酶的凝聚,使疗效降低。

(12)抗过敏药物:如氯苯那敏(扑尔敏)、苯海拉明、异丙嗪(非那根)等。由于具有镇静作用,服药后不宜饮酒,特别是大量饮酒之后,更应忌服此类药物。

(13)利福平、甲硝唑(灭滴灵)、异丙嗪、巴比妥类药、奋乃静、氯丙嗪、帕吉林(优降宁)、灰黄霉素、胰岛素、吲哚美辛(消炎痛)、吡罗昔康(炎痛喜康):服上述药物后均不宜饮酒,否则会增加酒精毒性和导致药物中毒。

总之,服西药时一般都不宜饮酒,有慢性病而长期服药者,以戒酒为好。

8. 滴酒不沾对身体不利

最近英国伦敦大学的研究人员通过一项社会健康调查,得出一个有趣而惊人的结论:不喝酒的人和酗酒的人有着一样高的病死率,而那些经常适量饮酒的人却能延年益寿。适量饮酒能降低心脏病的发病风险。

（1）男女情况有所不同：这项调查是英国政府的一个研究计划的组成部分，开始于 1985 年，研究对象涉及 10 308 名在伦敦工作的各行各业的人。通过连续 11 年的跟踪调查，研究人员发现：不饮酒的人在 11 年的时间里死亡的人数，是那些每周摄入 8～80 克酒精的人的两倍。

这项研究还分别对男性和女性的饮酒情况与健康状况的相关性进行了调查统计。

在对女性的调查中发现：喝酒的频率是衡量滥用酒精导致健康问题的一个敏感指标。如果一个女性在一天当中喝两次或两次以上的酒，那么她的死亡危险就要比那些每周只喝 1 次或两次酒的人高 7 倍。

在对男性的调查中，有一个发现令人难以置信：那些根本不饮酒的人和那些每周摄入酒精超过 248 克的人，不管喝的是白酒、啤酒还是葡萄酒，有着一样高的死亡风险。另外，每天饮酒超过两次的人，其死亡的风险比那些每周只喝一两次的人高 2.5 倍。

（2）饮酒习惯影响心脏健康：这项研究的主持人，伦敦大学的麦克尔·马莫特和他的同事布雷顿博士最近在《成瘾》杂志上发表了饮酒习惯和冠心病发病率及病死率的相关性的研究结果。

他们对饮酒的频率和饮酒量同时进行了分析，发现对于心脏病来说，完全不喝酒的人的发病风险比那些少量饮酒的人高出 80％。另外，女性如果每周摄入的酒精超过 160 克，心脏病的发病风险会增加 58％。而对于男性来说，即使每周摄入的酒精超过 240 克，也不会增加心脏病的发病风险。

（3）饮酒对女性健康的影响引起关注：研究还发现，工作职位较高的女性要比职位低的女性饮酒量多。在较高级别的白领女性中，13％的人每周摄入的酒精的量超过了 168 克的上限，而在职位较低的女性中，只有 2％的女性超过了此上限。45％的职位较高的女性几乎每天喝酒，而这个数字在职位较低的女性中只有 8％。

布雷顿博士说："目前的研究让我们注意到酒精对女性健康的

影响,而且还有一个越来越明显的事实,那就是喝酒的频率和喝酒的量对健康的影响一样重要。"

9. 科学的饮酒配菜有益健康

喝酒必须有下酒菜,这是符合人们营养卫生科学的。因为饮酒会影响身体的新陈代谢,损耗体内的蛋白质。因此,食用一些含蛋白质多的下酒菜,如松花蛋、花生米、鸡、鸭、鱼、排骨、瘦肉等菜肴,都很适宜。但它们都是酸性食物,为保持体内酸碱平衡,喝酒吃这些菜肴时,还需要再吃些碱性食物,如各种蔬菜、水果等。

酒里所含的酒精,对肝有一定的刺激作用。因此,饮酒选择下酒菜时,还要考虑到有利于保护肝脏。糖对肝脏有保护作用,最好制作一些带糖的菜肴,如拔丝山药、糖水水果罐头、糖醋鱼等,并且还可喝点甜饮料。醋和豆腐有解酒作用,可吃些醋拌菜类,汤菜里放点醋,再配个豆腐菜。豆制品中含有丰富的半胱氨酸,它能加速乙醇从人体中排出,以减轻酒精的毒害。

饮用不同类别的酒,佐餐肴馔亦应有所区别。啤酒含糖类较多,不宜辅之大鱼大肉,否则会因摄取过多的脂肪而造成体内热量过剩,使人发胖,还容易患高血压、心脏病。白酒和其他酒精浓度较高的酒,如白兰地、威士忌、伏特加等,宜多吃些含蛋白质较高的蛋类、禽类、水产类和肉类等食品,还需吃些能解酒的食物。饮黄酒、葡萄酒、果露酒,则应配水果、甜味菜为宜。

10. 饮酒御寒不可取

在电影或戏剧中,时常出现有人准备到冷水里作业时,就给下水的人喝一些烈性酒的场面,给人的印象是饮酒能御寒。那么,饮酒究竟能否御寒呢? 喝酒只能起短暂的暖身作用,实际上,借酒御寒会更添寒,而且还很容易引起一些不良后果。

人体的热量主要是靠食物中的蛋白质、脂肪和糖类供给的。酒进入人体后产生的那种"热烘烘"的感觉,是由于血管壁受到酒精刺激而发生血管扩张,新陈代谢加快,所以"暖和"只是暂时的。正是此时,酒精会很快把体内的大量热量带到体表来散掉。酒虽然也给人增添一定的热量,但是微乎其微。据测定,1克酒精在人体内氧化时仅能产热7.1千卡,这点热量对保持人的体温是微不足道的。人们过量饮酒后往往冷得身上起鸡皮疙瘩,就是酒精耗费了体内热能的结果。因此,饮酒不但不能御寒,反而使人感到更冷。这时,则意味着人体减弱或丧失了对外的防御能力,病毒和细菌极有可能乘虚而入,如不采取保护措施,就容易着凉感冒或造成其他疾病。

11. 饮酒解愁不可取

人在情绪异常时,机体各系统的功能都处于低下状态。如长期处于抑郁状态的人,其体内T淋巴细胞、巨噬细胞及自然杀伤细胞(即对抗肿瘤起重要作用的3种免疫细胞)的功能极度低下,就容易诱发癌症。有人曾对2020名中年人进行17年随访,结果表明,在研究之初的心理测验中抑郁分高的人,死于癌症的危险比其他人高2倍。因此警告说,不好的情绪可能是癌症的活化剂。医学家还认为,许多疾病如慢性腹泻、溃疡病、肝病、糖尿病、哮喘病、高血压、冠心病、月经不调、斑秃,甚至感冒等,都可能因情绪异常而发病或使病情加重。此时,若再以酒浇愁,对人体的危害犹如雪上加霜。因为此时人的机体对酒精的解毒功能减弱。俗话说"借酒浇愁愁更愁",忧虑苦闷不会因醉酒而消失,只是把愁闷暂时忘掉而已。我国古代一些名人因长期以酒泄愤,结果早衰而亡,甚至殃及子女。晋代诗人陶渊明嗜酒一生,临终时后悔莫及地说:"后代之鲁钝,盖缘于杯中物所贻害。"古人尚且如此,今人更应明其理,慎其行,决不能"借酒浇愁",戕害己身。

12. 酒后看电视有何利弊

饮酒可抗辐射。长时间看电视,电视荧光屏的辐射对人体有害。如果看电视前适量饮酒,就不必担心电视的微量辐射了。

因为酒类含有酒精成分,它能吸收并中和射线产生的有毒成分,从而保护生物体内细胞免受伤害,所以,看电视前适量饮酒对身体健康是有好处的。但从另一方面看,酒后看电视对眼睛不利。有人经过研究发现,人在正常情况下,连续收看 4~5 个小时的电视节目,视力会暂时减退 30%,尤其是观看彩电,会因大量消耗视网膜上圆柱细胞中的视紫红质,使视力衰退。

若长期饮酒,特别是酗酒,对眼睛会有较重损伤,尤其是甲醇,它能使视神经萎缩。酒后再看电视节目,自然会使眼睛受到更大的损伤。所以酒后看电视应注意掌握,眼睛不要正对屏幕,并且要坐离电视机 1.5 米以外的地方才好。

13. 酒后不宜立即洗澡

饮酒后如果立即洗澡,人体内储存的葡萄糖会因洗澡使血液循环加快而被大量消耗掉,从而导致体温降低。同时,由于酒精抑制了肝脏的正常生理活动,阻碍了体内葡萄糖储存的恢复,因而容易造成人的机体疲劳,出现低血糖休克,甚至危及生命。因此,人们在饮酒之后,不宜立即洗澡。

14. 酒类饮用的最佳温度

白酒烫热喝,可以将酒中的甲醇等不利于人体健康的物质挥发掉一部分。啤酒在夏季可略加冷藏后喝,此时饮用,效果最佳,口感良好,给人以爽快感。在冬季,可略为加热后饮用。黑啤酒最适合春秋季节饮用,冬季饮用稍微加热也很有乐趣,会增添焦香味。葡萄酒种类较多,一般夏季低温饮用较佳,具体饮用温度如下:甜红葡萄酒 12~14℃,甜白葡萄酒 13~15℃,干红葡萄酒 16~18℃,干白葡萄酒 10~11℃;香槟汽酒类 9~10℃;甜黄酒、半甜黄酒及干黄酒饮用的最佳温度 20℃左右。

15. 喝热酒对人体有益

有人习惯喝冷酒,不管春夏秋冬,打开瓶就喝。这种习惯不好,应当改掉。有的人,特别是上了年岁的人,喜欢喝热酒,就是把酒壶放在碗里,用开水烫一下再喝。热酒能消除酒中的一些有害成分,而且也不易醉人,不易使人落下手脚震颤、激动等症状。

白酒中的主要成分是乙醇(酒精),但也含有少量的甲醇、乙醛、杂醇油(高级醇)等物质,它们对人体健康有害:甲醇对视神经有害;乙醛的摄入量过多,会引起头晕、头痛。酒中的甲醇沸点是64℃,乙醛的沸点是21℃,当用开水加热时,它们就会转变成气体挥发掉,从而消除或减少酒中这类有害物质对人体的毒害。同时,酒在加热过程中,乙醇也会挥发一些,使酒的浓度稍有降低,而且热酒喝到肚里容易排泄。因此,喝热酒不易醉人,并能减轻其中有害物质对身体的毒害。

16. 饮多少酒为适量

英国卫生教育委员会发行的《这就是限度》小册子中,不但规定了适量饮酒的限度,而且还规定了饮酒的适量程度。该委员会认为:半品脱(品脱,英制容量单位,1 品脱约合 568 毫升)啤酒或淡啤酒,或者 1 杯葡萄酒,其酒精含量基本一样,因此,可以将其视为"一个标准饮量"。当然,即使是烈性酒,只要所含酒精量与此相等,也可视为一个标准饮量。

该委员会规定的安全适量限度是:男性每星期可以饮酒 2~3次,每次 2~3 品脱或等值数量(标准饮量)。

男女的饮酒限量不一,这是因为男女体内的含水量不一样。男性的含水量是体重的 55%~65%,而女性仅是 45%~55%。因此,酒精在男性体内比在女性体内更容易冲淡。

虽然饮酒超过了上述限度才有可能患与之有关的疾病,然而有时即使只喝了几口也被认为过量,例如在驾驶汽车或操作机器前。因此,在即将进行此类工作前,最好不要饮酒,以保证绝对安全。

17. 酗酒与遗传的关系

美国衣阿华州立大学医学系教授里米·卡多雷特,在前两年的一份研究报告中指出:酗酒的人将通过他们的基因把自己的坏嗜好遗传给后代。有关人士认为,发表毒物可以遗传的研究报告,这还是第一次。报告结果是在对 443 名年龄在 18—25 岁的青年中进行调查后得出,他们当中有 40 人的双亲长期饮酒过量,现在他们也染有严重的酗酒恶习。

德国的科学家对 208 例酗酒者的染色体研究表明,染色体畸变(染色单位易位、双着丝点染色体和环状染色体)发生率约为非酗酒者的 3 倍。酗酒而又抽烟者畸变率比单独酗酒者还高。

18. 酒后为什么感到口渴

人们饮酒后,往往会感到口腔干渴,这是因为含酒精的饮料进入人体以后,会刺激肾脏,加速肾脏的过滤作用。因此,饮酒后,人体排尿比平时要勤。同时,当酒精溶于血液进入人体细胞后,会促使细胞内的水液暂时渗透到细胞的外部,也导致体内储存的部分水分被排泄到体外。这种体液减少的状况通过神经反射,就会使人产生口渴的感觉。尤其是饮用过量的白酒后,人更感口渴。因为白酒(如二锅头、大曲酒等)的酒精含量高,均在 40%～60%。

因此,人们在饮酒后,宜饮大量的白开水和淡茶水,以及时补充体内水分。

19. 酒后脸红和脸白的原因

让我们从脸红的原因说起吧。很多人以为是酒精导致的,其实不然,而是乙醛引起的。乙醛具有让毛细血管扩张的功能,而脸部毛细血管的扩张才是脸红的原因。所以喝酒脸红的人意味着能迅速将乙醇转化成乙醛,也就是说他们有高效的乙醇脱氢酶。不过我们不能忘了还有一种乙醛脱氢酶。喝酒脸红的人是只有前一种酶没有后一种酶,所以体内迅速累积乙醛而迟迟不能代谢,因此,会长时间涨红着脸。不过大家都有经验,当1~2个小时后红色就会渐渐褪去,这是靠肝脏里的细胞色素 P_{450} 慢慢将乙醛转化成乙酸,然后经过代谢转换成水和二氧化碳。

那么,喝酒比较厉害的人是怎么回事呢?有两种情况:

一种情况是,有些人往往越喝脸越白,但是到一定的程度突然不行了,烂醉如泥。那是因为这样的人高活性的乙醇脱氢酶和乙醛脱氢酶均没有,主要靠肝脏里的细胞色素 P_{450} 慢慢氧化(因为细胞色素 P_{450} 是特异性比较低的一群氧化酶)。那么,这样的人为什么会给人很能喝酒的感觉呢?那是因为他们靠体液来稀释酒精,个头越大感觉越能喝酒。在正常情况下,酒精浓度要超过一定的浓度才会出现严重的醉酒症状,如言语含糊、知觉障碍等,对大多数南方人来说是250毫升白酒,而北方人由于体型大,可以喝到400~500毫升白酒。但不管什么人,如果他是脸越喝越白型的,最好不要超过半斤,不然有急性酒精中毒的可能性。

另一种情况,如果一个人既有高活性的乙醇脱氢酶又有高活性的乙醛脱氢酶会怎样呢?那他(她)就是传说中的酒篓子。如何判断他(她)是不是酒篓子呢?看是不是大量出汗。因为如果两个酶都高活性,酒精迅速变成乙酸进入继续代谢循环而发热,所以大量发热而出汗。碰到这样的人你只能自认倒霉,就是十个八个正常人也斗不过他。好在这样的人不多,大概十万分之一吧。

20. 打鼾者应戒酒

据澳大利亚的一个研究小组报道,吸烟或者饮酒之后打着鼾度过夜晚的人,是在冒着脑损伤的危险吸烟饮酒的。

这一危险主要是血液中的含氧量太低。尤其是60岁以上嗜烟酒的打鼾人,所冒风险最大,这是因为睡眠后,酒精或尼古丁使打鼾加剧,从而导致呼吸阻塞造成缺氧,引起心脏和脑的损伤。

在打鼾很厉害的时候,人的喉咙被舌和软腭阻塞,呼吸被迫停止,直到自身的防御反射系统将其唤醒,才又重新进行呼吸。酒精会像麻醉药一样,能把防御反射系统抑制达几十秒钟之久。

最近,美国加州的一所临床睡眠性疾病研究中心的专家对打鼾者提出忠告:睡觉时打鼾的人不宜饮酒。虽然许多人身体十分健康,但也以不饮酒为好。

这家研究中心的科研人员发现,一个健康的有打鼾习惯的人,在睡眠以前 2 小时虽然仅饮中等数量的酒,但在入睡后,极易加重梗阻性睡眠呼吸暂停,从而发生很严重的呼吸一时中断现象。计时观察表明,这种类型的呼吸暂停,可延续 10 秒钟或更长的时间。这一现象对机体会产生不良的影响,有着短期和长期效应。短期效应可以影响体内重要器官的氧供应;长期效应是由于这种现象经常发生,久之则可导致肺动脉和全身动脉压力升高,不仅可引起高血压病,还可干扰心脏正常的节律性活动,使其出现心律失常,甚至诱发更严重的心脏功能障碍。

为了身体健康,打鼾者还是以戒酒为好,最好滴酒不沾。如果偶尔少量饮酒,也应与就寝时间拉开,至少间隔 4 小时以上。

21. 饮酒十八"忌"

(1)忌饮酒过量:古书中记载"饮酒莫教大醉,大醉伤神损心志"。如高血压患者,饮酒过量有导致脑出血的危险。因此,饮酒要适可而止。一般酒精(乙醇)的中毒量为 70~80 毫升,饮白酒的一次量不宜超过 50 毫升;啤酒不宜超过一瓶。节日欢聚,亲朋好友之间也不要勉为其难或互相争"雄"。

(2)忌"一饮而尽":饮酒过猛,酒中的酒精会使大脑皮质处于不正常的兴奋或麻痹状态,人会失去控制,动脉硬化患者甚至会出现脑血管意外。

(3)忌空腹饮酒:空腹饮酒,特别是高浓度的酒,对口腔、食管、胃都有害。实验表明,空腹开怀畅饮只要达 30 分钟,酒精对机体的毒性反应便能达到高峰。埋头喝闷酒或饮赌气酒都是容易醉倒的。所以在饮酒前先吃点食品,使体内分解酒精的酶活力增强,起到保护肝脏的作用。

(4)忌喝冷酒:喝酒为什么要烫?这是有一定科学道理的。白酒的主要成分是乙醇(酒精),除此还有醛。饮酒过多会引起酒精中毒。醛虽然不是白酒的主要成分,但对人体的损害要比酒精大得多。醛的沸点低,只有 20℃ 左右,所以只要把酒烫热一些,可以使大部分醛挥发掉,这样对人身体的危害就会少一些。

(5)忌饮掺混酒:酒分为发酵酒(如黄酒、啤酒)和蒸馏酒(如白酒)两种,在体内的反应不一样。发酵酒酒精含量少,但有质杂,如与酒精浓度大的蒸馏酒混饮,易引起头痛、恶心等不良反应,而且易醉。

(6)忌酒与汽水同饮:有人习惯将白酒和汽水掺和饮,这对健康是很有害的。白酒一般都含有酒精,当酒和汽水在人体内掺和以后,会使酒精很快散布到人的全身,并且产生大量的二氧化碳,对人的肠胃、肝脏、肾脏器官都有损害。它刺激胃黏膜,减少胃酸分泌,影响消化酶的产生,而且患有肠胃病的人如饮酒后又大量喝汽水,还会造成胃和十二指肠大出血。血压不正常的人可因此促使酒精迅速渗透到中枢神经,导致血压迅速上升。因此,在饮白酒时切勿与汽水同饮;也不能先喝汽水再饮白酒;饮酒后,更不能用汽水来解酒。

(7)忌酒后受凉:由于酒精的刺激,使体表血管扩张,血流加快,皮肤发红,体温散发增加,体温调节失去平衡,故酒后受凉易患病。例如,酒后外出容易感冒和冻伤;酒后用冷水洗脸易生疮疖;酒后在电风扇下吹凉,易发偏头风;酒后当风卧,易生各种风疾;酒后在露天宿卧,易得麻痹症和脚气病。

(8)忌酒后洗澡:酒后洗澡,体内储备的葡萄糖消耗加快,易使血糖下降,体温急剧下降,而酒精又能阻碍肝脏对葡萄糖储存的恢复,易使人休克,所以酒后不要马上洗澡,以防不测。另据报道,酒后立即洗澡,容易发生眼疾,甚至会使血压升高。

(9)忌酒后立即看电视:现代科学证实,酒中的甲醇能使视神经萎缩,严重的可导致失明。看电视可使视力衰退,饮酒又损害视神经,两者同时进行,对视力大有损伤。因此,饮酒后勿急于看电视,老年人尤应注意。

(10)忌酒后喷洒农药:人饮酒后,酒精进入血液,刺激体温调节中枢,促使皮肤和黏膜上的血管扩张、血流量增加,通透性同时增加,这时如果皮肤沾染上药物,或弥散在空气中的农药被吸入到呼吸道黏膜上,就会加快或更多地通过皮肤和黏膜进入体内,导致中毒或加重中毒程度。

如果酒精进入人体后的生理变化与农药中毒的反应相一致,两者发生协同作用,就会使中毒程度加深,甚至危及生命。因此,酒后不可立即喷洒农药。同样的道理,城市居民也不宜酒后在室内外立即喷洒"灭害灵"等杀虫剂,以免引起不良反应。

(11)忌睡前饮酒:睡前饮中等数量酒精,可出现严重呼吸间断,危害健康。如果在睡前饮酒,一般均经历睡眠呼吸暂停,这种暂停将持续10秒钟或更长一些,常常是两倍于不饮酒者。而呼吸暂停若发生多次,则可导致高血压,甚至心脏破裂,心功能衰竭。专家还警告,睡前大量饮酒,长时间会导致成人突发性死亡综合征。

(12)忌酒后马上用药:饮酒后,酒精对人体的神经系统开始有短暂的兴奋作用,随后转为抑制作用,使大脑神经系统的反应性降低,如果此时服用镇静、催眠药,或者具有镇静作用的抗过敏药物(如氯苯那敏、氯丙嗪、苯海拉明等)及含有上述成分的感冒药(如克感敏、速效伤风胶囊、维C感冒片等),就可能因酒精和药物的双重抑制作用而导致血压下降、心搏减慢、呼吸困难,甚至造成死亡。据报道,世界喜剧大师卓别林,就是因为酒后服用催眠药导致猝死的。

另外,饮酒后服用 APC、阿司匹林、安乃近、索米痛片(去痛片)、吲哚美辛(消炎痛)等药物时,易导致胃出血,甚至胃穿孔。酒还能影响降压药、消炎药等多种药物的药理作用,对身体造成危害。

(13)忌带病饮酒:病人不宜饮酒,特别对肝胆疾病、心血管疾病、胃或十二指肠溃疡、癫痫、老年痴呆、肥胖病人等,忌酒是势在必行的。

(14)忌孕期饮酒:酒中的酒精能通过血液危害胎儿,胎儿越小,对有害因素越敏感。饮酒会使胎儿的大脑、心脏受酒精的毒害,造成胎儿发育迟缓,病死率高,出生后对智能也有影响。美国圣地亚哥医学专家的一项研究表明,7 名在妊娠期间一直过量饮酒的妇女中,有 1 名流产,2 名所生的婴儿患胎儿酒精综合征,4 名足月婴儿的体重比不饮酒或仅少量饮酒的妇女生的婴儿轻。

(15)忌美酒加咖啡:有歌唱道"美酒加咖啡,一杯又一杯"。其实酒与咖啡同饮是十分有害的,因为饮酒后,酒精很快被人体消化系统吸收,并进入血液循环系统,直接影响胃肠、心脏、肝、肾、大脑和内分泌器官等的功能,造成体内新陈代谢的紊乱。其中受害最严重的是大脑。咖啡的主要成分是咖啡因,如适量饮用,具有兴奋、提神和健胃的作用,但饮用过量时同样会引起中毒。如果美酒与咖啡同饮,就如同火上浇油,会使大脑由极度兴奋转入极度抑制状态,使血管迅速扩张,加快血液循环,加大心血管负担。此时造成的损失是单纯饮酒的许多倍。

(16)忌啤酒冷冻喝:有些人喜欢将啤酒存入冰箱里,觉得冷后再喝清凉、爽口,其实这种做法不可取。一般啤酒在 2℃时就会结冰。啤酒中含有大量维生素、氨基酸、蛋白质、糖类。温度一旦下降到摄氏零度时,溶解在酒中的蛋白质就会分解出来,凝固成沉淀物,使啤酒变质,啤酒最好保持在 12℃左右的温度下为宜。

(17)忌上午饮酒:人在上午的活动量大,故促使胃肠吸收活动也加快。此时饮酒,由于酒精被吸收很快,使血液中含酒精量迅速提高。经专家研究发现,血液中的酒精浓度变化速度与时间有很大关系。凌晨二时到中午十二时,酒精在血液中存留的时间较长,酒后酒精浓度在血液中的浓度下降较慢,因此对中枢神经的刺激较强。而下午二时到午夜十二时,血液中酒精浓度的下降速度较快,对中枢神经刺激较小。结论是,上午饮酒易醉。因此,嗜酒者,最好上午少饮或不饮酒为宜。

(18)忌饮雄黄酒:雄黄酒的主要成分是二硫化砷,它遇热就会分解成三氧化二砷,属砒霜的一种,其毒性小于砒霜,是南方民间传统使用的一种原始杀虫剂。经试验,作为杀虫剂,其毒性对医学昆虫和体内寄生虫的杀伤力都很弱,达不到灭虫的目的。相反,它对人体倒有害处。人喝了雄黄酒后,极易将硫化砷吸收到胃肠里去,然后随血液传到全身,引起砷中毒症。一旦中毒,轻者腹泻、腹痛、全身不适,重者会造成慢性砷中毒,出现皮肤黏膜病变及多发性神经炎。部分人出现肝大,肝区疼痛,黄疸等症。况且,砷化物又是一种强致癌物质,以致诱发癌变。因此,劝君莫饮雄黄酒。

22. 新酒和陈酒的区别

中国自古有"陈酒飘香"之说,酒贮存时间长,不仅增香,而且增甜。酒的贮存是提高酒质的重要一环。我国有关部门规定普通散装白酒贮存期 10～20 天。瓶装优质酒内销一般贮存均在半年以上,出口最少贮存 1 年,多者 3 年。可见陈酒比新酒好。为什么陈酒好于新酒呢?这是因为新酒酒味暴烈,不但香味小,邪杂味和刺激性也大,有冲辣感,易上头也易醉,因此,要有一段贮存期。白酒的主要成分是酒精和水,其他成分不足 1%,酒只有经过一定时间的合理贮存,才能促进酒精和水两者之间的亲和(缔结),以达到柔软不冲辣的目的。曾有人品尝过贮存 30～40 年的陈酒,其酒精度虽在 40 度以上,但在味觉上只相当于 20 度左右的酒所引起的刺激味。这被认为是由于在长期贮存中改变了酒精分子和水分子的重新排列结构所致。

但是,并非所有的酒是"越陈越香",啤酒和葡萄酒就不宜久存。我国有关部门规定甜白葡萄酒保存期限为 3 个月;啤酒桶装和瓶装新鲜啤酒为 7 天,瓶装熟啤酒为 2 个月。啤酒和葡萄酒所含的酒精成分少,营养成分都很丰富,久存之后,既容易变质,又会失去营养成分。

国内啤酒一般为棕色和绿色玻璃瓶装。每瓶啤酒容量一般为(640±10)毫升,约等于 0.65 升/瓶,11 度,但也有(350±10)毫升的。根据品种的区别,贴上不同标志的(浓度、鲜、熟)商标,一般不注明的均为熟啤酒;散装的为桶装鲜啤酒。熟啤酒是通过巴氏杀菌法,进行 65℃ 灭菌处理,使之保存期延长。熟啤酒都是瓶装的,没有散装。不杀菌的即为生(鲜)啤酒。

在保管贮藏中,鲜啤酒保存温度为 0~15℃,保存期瓶酒为 7天,桶装(散)为 3 天;熟酒保存温度为 5~25℃,保存期为 10 度酒40 天,11 度一级 60 天,12 度优级 120 天。在有效的保存期内,产品不浑浊,不沉淀,不发生酸败和其他异臭味,不然,则是保管不当或产品质量不佳之故。另外,啤酒不要保存在温度高的地方,特别是不能放在直射阳光下,也不可将啤酒直接放入冰箱的冷冻柜,否则会因骤冷而爆炸。

葡萄酒与白兰地和其他蒸馏酒的最大区别之处,是装瓶后仍继续成熟、变化。葡萄酒在装瓶后,酒中的原料微粒及酵母还会发生改变,使酒逐渐成熟、老化,继而变质。因此,葡萄酒装瓶后即可饮用,而且越新鲜,味越美。

葡萄酒是一种很娇嫩的酒。贮存时,要特别小心,避免阳光直射、放在通风阴凉(12~16℃)的地方;灯光光线、机器声都会引起酒的变质;大蒜、韭菜和洋葱等浓烈气味,会引起窜味而影响酒质。

23. 新婚夫妇应忌酒

新婚夫妇在亲朋满座的酒席宴前,习惯上必须饮酒祝庆,以示谢意。其实,这是一种不可取的习惯。科学研究发现,新郎、新娘双双醉酒入房,酒精将贻害下一代的健康。

男性在同房前饮酒,可使其精子发生异常,进而危害胚胎的形成和生长,如果女性在受孕前后饮酒,会损伤受精卵,使染色体异常,能引起自然流产、胎儿发育不良,以及出生后婴儿智力障碍,反应迟钝,性格异常,身体矮小,体重低下,面部畸形等,这种现象医学上称为"胎儿酒精综合征",目前还没有仪器能探测饮酒畸胎的状况,要想减少畸胎的低能儿的发生,最好的方法则是预防新婚夫妇(女性饮酒影响更大)及一切育龄夫妇都应注意这个问题,切勿掉以轻心。

24. 孕妇与儿童不宜饮酒

孕妇饮酒不好,即使适量饮用,也会延缓胎儿的发育,减轻胎儿出生时的体重,甚至胎儿发育异常,使自然流产率增高。一位瑞典眼科医生经过大量观察和长期研究指出,孕妇饮酒不仅有损胎儿视力,而且还会出现"胎儿酒精综合征",使胎儿发育迟缓、面容丑陋、智力低下。

据报道,美国华盛顿大学的科学家对 421 名母亲和她们已经 4 岁的子女进行抽样调查发现:在怀孕期每天至少饮酒 3 杯的母亲,其子女的智商数,比整个小组的平均数低 5 分。他们还发现:母亲在怀孕期间即使适度饮酒也会导致婴儿出生时心脏和肺功能不良,以及患有某些中枢神经系统病症。

儿童饮酒对身体的危害也很大。前不久,我国某个城市对 311 名 6—12 岁儿童进行抽样调查,发现其中 180 名儿童饮酒,占 60%,有的儿童喝啤酒或者香槟酒、汽酒等,每次能喝 1 瓶的 52 人。这种情况不是个别现象,而是具有一定代表性,应当引起社会、家庭和有关部门的关注,并采取措施予以纠正。医学专家认为,儿童喝酒影响身体健康,特别是损伤肝脏,影响身体和智力的发育。性成熟以前的孩子饮酒,特别是进一步发展成酗酒的,会使体内儿茶酚胺含量浓度增高,睾丸发育不全,对性发育及生育功能产生明显影响。

25. 喝酒可致孕妇早产

意大利米兰药理学研究中心及米兰大学妇产医院研究人员对孕妇饮酒是否影响胎儿发育进行了研究。结果显示,孕妇在怀孕前期的 3 个月内,每天饮葡萄酒超过 3 杯以上者,早产的可能性上升了 1 倍;特别是在怀孕中后期仍保持同样饮酒习惯的妇女,早产危险分别提高了 80％ 和 90％;每天饮一两杯葡萄酒,则不会有早产危险。研究人员发现,酒精会阻碍氧气输送到胚胎,减缓细胞和胎盘生长,从而影响胎儿正常发育,甚至导致早产。因此,专家告诫,为了宝宝的健康,准妈妈们一定要控制酒量。

26. 老年人饮酒宜忌

老年人中饮酒者占的比例相当大。老年人最显著的生理变化是组织器官功能减退,新陈代谢的能力逐渐降低,适量饮低度酒还可以,如果长期不节制地饮用高度酒,最易招致人体解毒器官——肝脏的损害,从而引起一系列的病理变化。李时珍在《本草纲目》中曾经告诫"若夫沉湎无度,醉以为常者,轻则致疾败行,甚则丧躯殒命,其害不胜言哉"。因此,老年人不宜饮高度酒、烈性酒。适量饮低度酒,如黄酒、果酒等,对老年人颇有益处。适量饮低度酒可活血行气、壮神、短暂御寒。每每细品小酌,不但使人神怡气舒,还能增加胃液分泌,促进食物的消化吸收,还可扩张小血管,改善血液循环。冬季可适量饮一些强力滋补酒,以增强机体抗病能力。蜂蜜酒最适宜老人饮用,它具有特殊的药用功能,对有慢性疾病的老人有一定疗效,使老人延缓衰老。

即使是低度的啤酒,老年人也要少饮,甚至忌饮才好。因为常饮啤酒,容易导致铝元素在体内的积存。英国皇家南安普顿大学弗里医院通过对 24 个城镇 7000 名 40－60 岁男子进行检查、研究,发现这些人因经常饮用啤酒,使血液中铝的含量增加。这个结论又被丹麦学者的调查结果所证实。专家们用先进检测手段测定,发现在老年性痴呆患者的脑组织中,有较多铝元素的蓄积,其量超过正常人的 2～4 倍。脑中铝的积存量愈高,大脑神经细胞功能愈差。而每日饮 1.2 升以上啤酒的男子,比完全不饮啤酒或偶尔饮啤酒者,平均血铝浓度高 30%。老年人新陈代谢功能较差,容易造成铝元素在脑中的蓄积。因此,专家们建议,老年人应少饮或忌饮啤酒。

27. 低度酒不宜久存

"酒越陈越香"。这对白酒或黄酒来说有一定的道理。但对低度酒,如啤酒、葡萄酒来说就不是这样了。因为白酒在贮存过程中,可使酒中的杂醇逐渐氧化,生成芳香酯,并使酒中的乙醛挥发,同时,酒精分子和水分子产生聚合作用,使酒醇香,辛辣感减少或消失,所以越陈越香,但贮存期也有一定限度。低度酒中的啤酒和葡萄酒,由于含有丰富的蛋白质和糖类,易致微生物生长繁殖,使酒变质,产生酸味。因此,低度酒不宜久存。瓶装啤酒可保存四五个月,散装鲜啤酒只能保存两三天。

28. 嗜酒者易患癌症

长期嗜酒、酗酒者与癌症密切相关。据统计,因为饮酒导致癌症死亡的占 3%,仅次于吸烟的危害。大家知道,不论白酒或啤酒都含有致癌物,如多环烃和亚硝基胺等。这些物质具有亲电子特性,直接作用于 DNA,使细胞基因发生突变,如慢性酒精中毒者周围血中白细胞可发现异常染色体,孕妇饮酒可发生畸胎。长期饮酒,可使肝脏及其他组织中微粒体酶增加,从而激活某些致癌物质。另外,长期饮酒可引起营养缺乏,维生素及各种微量元素的不足,促使癌症发生。一般嗜酒者都吸烟,烟草中的有毒物质更易溶解于酒精中,有较强的协同致癌作用。前不久,美国马里兰州贝塞斯达国立卫生研究所的专家对饮酒与五种常见癌症之间的关系进行了前瞻性研究,研究对象是 8006 名夏威夷的日本男人。结果表明,每月饮啤酒 15 升以上者,患直肠癌的相对危险性是不饮啤酒者的 3.05 倍,大量饮用葡萄酒和威士忌的人,患肺癌的相对危险性分别是不饮用这类酒精饮料者的 2.19 倍和 2.62 倍。目前,已经证实可能与饮酒有关的癌症有食管癌、直肠癌、胰腺癌、肝癌和肺癌等。

为了你的健康和长寿,对于健康者应切忌嗜酒、酗酒,已患癌症或正在化疗、放疗的患者,严禁饮酒,以防病情恶化。

29. 酒量小的人天天饮酒易患癌

据日本报纸报道,庆应大学教授石井裕正发表的研究结果表明,酒量小的人如果天天饮酒,患癌症的概率是一般人的 10 倍。

一些人由于体内生来就缺少一种名叫"ALDH$_2$"的酶,无法分解酒精进入体内后产生的乙醛,因此,饮酒后面部发红,感觉多有不适。

石井对 2500 名酒量小而天天饮酒的人进行了调查,结果发现"ALDH$_2$"缺乏者患癌症的概率要比一般人高出 10 倍,其中患食管癌概率高 12.5 倍,患口腔咽喉癌的概率高 11.1 倍。

30. 肝病患者不宜饮酒

喝进体内的酒,对人体的各种器官和组织细胞都有一定的危害,其中直接受到损害的是肝脏。因为酒精的分解代谢主要在肝脏进行,大约有 95% 以上的酒精在肝内被氧化分解。身体健康的人,肝功能正常,解毒作用较好,能把大部分有毒物质加以转化,并排出体外。而患了肝病的人,肝功能不健全,对酒精的解毒能力降低。如果肝病患者饮酒,酒精不能被很好解毒,毒物就会在肝内蓄积,使肝细胞受到破坏,逐渐失去解毒功能。这样,不仅会加重病肝的负担,影响肝功能的恢复,还会因为酒精的损害,加重病情或引起酒精性肝炎及肝硬化;肝病患者大量饮酒,还会发生猝死的危险。

酒精也是胃蛋白酶的抑制物,它会妨碍对蛋白质的摄取,造成食欲减退,影响消化和吸收,破坏机体对各种维生素的利用。酒精还能阻止肝糖原在肝内合成,并促使周围组织中的脂肪进入肝脏,使肝中脂肪堆积,形成脂肪肝,这些对肝功能的恢复都是不利的。因此,患了肝病,应禁止饮酒。

应当注意的是,一些慢性肝病患者和一些较轻的肝病患者,在节日或亲朋相聚时,经不住朋友的劝酒,喝了第一次以后,以为不要紧,再遇到这种场合,也就漫不经心地喝起来,这是一种慢性"自杀",会在不知不觉中使肝脏受到损害。如果毫无顾忌,一醉方休,那么,等待他的将是严重的后果。

31. 只有适量饮酒才有益于人体健康

中国古代医学认为,"酒为水谷之气,味辛甘、性热,入心、肝二经。"适量饮酒有畅通血脉、活血行气、驱风散寒、健脾胃及引药上行、助药力之功效。大量酗酒,则适得其反。对于这个问题,李时珍在《本草纲目》中说得很清楚:"酒少饮则和血行气,痛饮则伤神耗血,损胃亡精,生痰动火。"现代医学认为,酒的效应对人有益还是有害,取决于"量"的大小。以大脑为例,小量的酒能使之兴奋,激起人的豪情和勇气;过量时则使人麻痹,使人失去控制,丧失理智。可谓"量变引起质变"。据研究,如果以血液的酒精浓度为1,那么,肝脏中的酒精浓度就是1.48,脑脊液中的就是1.59,而脑组织中的则是1.75。这就解释了大脑何以对酒精格外敏感的原因。酒精能使刺激主管想象力和创造力的右脑,也能麻木主管记忆力和自控能力的左脑,少量饮酒能兴奋右脑使人浮想联翩,而大量饮酒所出现的醉态,则是左脑被麻痹的结果。美国和日本的医学研究人员还发现,小量饮酒能使血中的高密度脂蛋白升高,有利于胆固醇从动脉壁向肝脏转移,并能促进纤维蛋白溶解,减少血小板聚集,促进血液循环流畅,减少血栓形成,因而有利于减少冠心病的发生和猝死的机会。

那么多少"量"为"适量"呢?多数人主张每日饮 60 度白酒不超过 25 毫升;一般色酒、黄酒、加饭酒不超过 50 毫升;啤酒不超过 300 毫升。提出这个剂量的根据是,一个体重 70 千克的人,每小时肝脏最多氧化 15 毫升乙醇(相当于 60 度白酒 25 毫升)。

32. 会饮酒的人总爱贪杯

"须会一饮三百杯",会饮酒的人为什么总爱贪杯?这是因为饮酒之后会产生一种飘飘然的欣快感,这种欣快感正是贪杯的人所神往的。大脑血管对酒精相当敏感。饮入一定量的酒后,大脑血管就开始出现收缩反应。随体内酒精浓度的不断增高,大脑血管收缩程度越来越严重,致使大脑血流量也越来越少,其结果是,脑组织缺氧,神经元因此发生功能障碍,饮入的酒越多,受影响的脑神经元越多,其功能障碍程度也越严重。所以饮入一定量的酒后,大脑皮质的功能就很快产生功能障碍,出现飘飘然的欣快感。越感到"欣快"越要饮,"自我陶醉",忘乎所以,对"杯中物"爱不释手,最终"福兮祸所伏",或伤或死于"酒祸"。

33. 醉酒的原因

有关醉酒的原因最近被科学家揭开了,谜底是,能饮酒的人身体的酶系统中都有乙醇脱氢酶和乙醛脱氢酶,当酒精进入人体后,乙醇脱氢酶把酒精分子中的两个氢原子脱掉变成了乙醛,接着乙醛脱氢酶又把乙醛中的两个氢脱掉,使它变成水和二氧化碳。就是这两种酶,把酒精分解掉,所以尽管多饮了一些酒,也不会醉倒。

不善饮酒的人,是身体的酶系统中缺少了这两种酶中的一种,其中以缺少后者多见,即缺少乙醛脱氢酶的人,称为乙醛脱氢酶缺陷型。因为缺少了一种酶,就不可能彻底分解酒精,在体内积累多,就形成酒精中毒,即是醉酒。

据研究,汉族人中约有 44% 属于乙醛脱氢酶缺陷型。这些人,一般都不善于饮酒,偶然饮一点,就会面红心跳,很快就会头晕醉倒。另外,居住在我国北方的汉人属乙醛脱氢酶缺陷型的人比南方汉人少,所以北方人比南方人善饮酒。女性属乙醛脱氢酶缺陷型的比男性多,所以女性多不善饮酒。

人们饮酒醉与不醉和人体对酒精耐受力也有关。一般说来体质差,精神状态不好,而又不好经常饮酒的人,引起醉酒的酒量较小,很容易醉酒;而身体好,精神状态好,又经常饮酒的人则不容易醉酒,或者达到醉酒的饮酒量很大。当然,人体对耐受力还与地理环境、气候条件有关。调查资料表明,中国、东南亚、朝鲜和美洲的印第安等人,对酒精的耐受力较弱;而欧洲的白人、非洲的黑人等人群,对酒精的耐受力较强,所以,一般他们的饮酒量较大。

当然,人对于酒精的耐受能力也受当时的身体条件、情绪、心理状态及环境等诸多因素的影响。

34. 醉酒的阶段

研究表明,人在喝酒后的各种表现,主要受血液中的酒精浓度所支配,只是由于每个人身体健康状况和对酒精耐受能力的不同,使其表现有所差异。当人体血液中含有 0.05% 酒精时,就心跳加剧;而当酒精浓度达到 0.05%~0.1% 时,人即出现微醉;酒精浓度达到 0.1%~0.15% 时,会出现头晕心悸,喜怒无常,反应迟钝,步态不稳;酒精浓度达到 0.2% 时,人们就会酩酊大醉;而酒精浓度达到 0.3% 时,人就会醉成烂泥;当酒精浓度高达 0.4% 时,人就会失去知觉,昏迷不醒,甚至危及生命。而对经常饮酒者,血液中酒精浓度为 0.25% 时,则神志不清;酒精浓度为 0.5% 以上时,中枢神经受到严重抑制,并会因呼吸麻痹而出现呼吸困难,而这是引起醉酒致死事件的主要原因之一。

我们一般可将饮酒致醉分为四个阶段,第一阶段是头脑清醒,周身发热或出汗,有些兴奋与困倦,此时正是饮酒的最佳阶段,即适量饮酒阶段。第二阶段是头脑清楚但稍有失控,极其兴奋,话语甚多,此为过量饮酒阶段。第一、二阶段属于人的饮酒兴奋,头脑不清,狂饮而又不自控,忘乎所以,失去理智,此时为微醉阶段,属于饮酒的共济失调期。第三阶段出现喜怒无常、反应迟钝或步履不稳,为进入抑制阶段。第四阶段则是烂醉如泥或昏迷不醒,此时已是严重酒精中毒了,为醉酒阶段,人已经处于饮酒的昏睡期。

35. 解酒机制

以往国内外解酒饮品多为单纯兴奋型,它们进入机体产生类似激素效应,从而"中和"乙醛对人体中枢神经系统的抑制作用,起到醒酒效应。但这仅为"治标"的方法,并且其"醒酒"功能成分多为化学合成物质,因此,有关专家认为不应提倡使用。

从了解的酒在人体内的呼吸、代谢作用可以看出,醉酒是由于饮酒过量,超过了人体氧化酒精的速度而产生酒精的蓄积,从而引起酒精中毒。而如果与酒精代谢关系最为密切的两种酶——乙醇脱氢酶(ADH)和乙醛脱氢酶(ALDH),它们的活性若强,功能齐全的话,则人就不易醉酒,而且酒对人体损伤也会很小。

因此,第一类解酒机制,即是基于有效促进肝内 ADH 和 ALDH 等乙醇降解酶的活力,加速乙醇降解而解毒,这类产品多以中草药浸提物为功能成分。

第二类解酒机制是蛋白肽解酒产品。其抑制醉酒的原理是用特殊蛋白分解酶处理蛋白质后,被截成小片段的蛋白肽,它通过抑制乙醇在胃中的释放(而不是吸收),而降低血液中乙醇的浓度。

此外,谷氨酸、脯氨酸和精氨酸也对酒精代谢产生影响。蛋白肽可提供上述的氨基酸,并使身体吸收乙醇的速度减慢,并能促进酒精代谢,减少其毒性。

36. 节假日如何饮酒不伤身

有些平日不大饮酒的人,到了节日里也免不了要喝上几杯。因此,急性酒精中毒,又是节日期间最常见的突发性病症之一。由于酒精对中枢神经系统有抑制作用,所以过量饮酒,轻者会出现酩酊大醉、昏睡等病理性醉酒症,重者则可因呼吸中枢麻痹而引起死亡。一个人倘若反复醉酒,不仅可能导致肝、心肌、腺体和其他器官营养不良,而且还能发生"柯萨可夫精神病"和出血性脑病。如果是青年夫妇醉酒后同房,还可能生育出畸胎怪胎和低能儿。在节日期间如何做到饮酒不伤身,下面的饮酒知识可供参考。

(1)先少量吃喝:在上桌就餐喝酒前,可先喝一两杯水,这样喝酒的欲望就会降低。也可以吃一小片面包,这样再喝酒则对胃部刺激小。但是喝酒前不要吃太多点心,适量吃点花生倒是可以帮助人们提高对酒的承受能力。

(2)低度慢饮:在国外,20度以下的酒为低度酒,20度以上者为高度酒。若饮高度酒,可加水或冰饮用,但不宜用汽水等饮料(包括雪碧、可口可乐等)稀释,因为汽水中的二氧化碳和糖会促进乙醇的吸收,更易醉酒;喝酒宜慢不宜快,感情再好也不必一口干。慢慢地喝,人体可有充分的时间把乙醇分解掉,而且细斟慢酌还会更有情趣。

(3)饮酒不过量:若在短时间内过量饮酒,可导致酒精中毒,轻者引起精神恍惚、步态蹒跚、言语错乱、呕吐、昏睡等,重则引起呼吸中枢麻痹而危及性命。所以千万不能过量,要因人而异。

(4)饮食结合:边饮边吃,或先吃些饭菜"填填肚子",这是很多饮酒之人不醉的要诀。饮酒时吃什么不易醉?猪肝。猪肝营养丰富,而且可提高人体对乙醇的解毒能力。

对一些长期服药的慢性病患者来说,在节日期间饮酒还是一种潜在的威胁。大量饮酒,可加速抗癫痫病药物及口服抗凝血药物等的代谢,故服此药者及有血栓形成或冠心病用抗凝血药物治疗的患者,不要饮酒,以免影响药物疗效。酒精还有降低葡萄糖、增加胰岛素及苯乙双胍(降糖灵)的降血糖作用,可引起患者严重的低血糖及不可逆的神经病变,故正在应用胰岛素或降糖灵的糖尿病患者应切勿饮酒,以免出现低血糖的情况。

酒精能与多种催眠镇静药起协同作用,增加药物的毒性,引起患者呼吸抑制而昏迷,甚至死亡。因此,神经衰弱经常失眠的患者及严重的精神病患者,在服用镇静药期间不要饮酒。

以上情况,都是节日期间不可忽视的问题。总之,节日期间饮酒一定要有节制,不可盲目过量饮用,谨防急性酒精中毒。

37. 空腹饮酒有害身体

空腹饮酒即使酒量不多,对人体也十分有害。酒下肚,其中的酒精 80% 是由十二指肠和空肠吸收,其余由胃吸收,一个半小时的吸收量可达 90% 以上。饮酒后 5 分钟,人的血液里就有了酒精,当 100 毫升血液中酒精的含量在 200～400 毫克时,就会产生明显的中毒;400～500 毫克时,就会引起大脑深度麻醉甚至死亡。因此,空腹饮酒对人体的危害极大。

空腹时饮酒,酒精便会直接刺激胃壁,引起胃炎,重者可能导致吐血,时间长了还会引起溃疡病。因此,在饮酒前,最好先吃些东西,如牛奶、脂肪类食物,或者慢慢地边吃边喝。做过胃切除手术的人,酒入肚,吸收快,应注意饮酒不要过量,以免发生急性或慢性酒精中毒。

38. 喝酒应有"三不喝"

科学研究早就表明,酒精是仅次于香烟的第二大"杀手"。像脂肪肝、肝硬化、胃炎、心脏病尤其偏爱那些"嗜酒徒"。可近些年的酒类消费却呈快速增长的趋势,这与有些人不顾健康,毫无节制地饮酒不无关系。因此,饮酒应该有一个文明的酒风。

有的人得出了"三不喝"的结论:一不喝"闷酒",有不愉快的心事,又无处诉说,这种"闷酒"喝下去容易生病,所以要禁喝"闷酒"。二不喝凉酒,认为喝凉酒会致病,习惯把酒温热了喝,让酒喝到胃里更舒服些。三不喝空腹酒,即使是饿了,也不要用饮酒来充饥,空腹喝酒伤胃。这些经验之谈都是从实际生活中总结出来的,很值得人们借鉴。那些"人生有酒须当醉"的歪理邪说,实在害人不浅。一些人以此为借口当上了"醉鬼",他们每喝必醉,甚至因为酒精中毒而一命呜呼。"一醉方休"之俗万万不可倡导,应提倡适度饮酒、文明饮酒的新风尚。

39. 酒和柿子同吃会中毒

有些喝酒的人,在喝酒的同时吃柿子,因而经常发生食物中毒的现象。有人经多次试验,获得如下结果。

喝米酒、葡萄酒、红酒吃柿子,会引起严重的身体不适;喝绍兴酒、五加皮酒、竹叶青酒、龙凤酒、黄酒、长春酒、花雕酒吃柿子,会引起身体不适;喝玫瑰露酒、桂圆酒、啤酒、大曲酒、补药酒吃柿子,会引起轻微的身体不适。因此,在喝酒之前、喝酒的时候或刚喝完酒时,都不要吃柿子,以免引起中毒或身体不适。

40. 吃大豆制品菜肴有解酒作用

日本、德国等国家,一直风行着中国豆腐热。其原因一方面是由于豆腐的营养价值高,另一方面是因为豆腐还有鲜为人知的功效——对酒精的解毒作用。

人们白天劳累一天,到了晚上喝些酒,借着酒精的作用,减轻白天的压力。但有的人因喝得过量而患上肝炎、心脏肥大等疾病。这些病恢复得很慢。后来,一些国家的医学家研究发现,得这些病的人如果坚持喝豆浆,就能使病情改善。因此,大豆制品大受欢迎。

大豆制品为什么会有这样的功效呢?这是因为发酵的大豆里含有大量的B族维生素。肝功能较弱的人经常吃这类食物,可以减轻肝的负担,并可加快对酒精的解毒作用。另外,大豆蛋白中含量高的半胱氨酸能使酒中的乙醛解毒,迅速排泄。

因此,如有每晚饮酒的习惯,只要注意不过量,并配以大豆制品菜肴,就可把酒精对肝脏、心脏的损害减少到最低限度。

41. 饮酒要少吃凉粉

凉粉中含有白矾,而白矾有减慢肠胃蠕动的作用。因此,如果饮酒时凉粉吃多了,就会使刚喝下的酒在胃肠中停留的时间延长,这不仅增加了人体对酒精的吸收,还会增加其对胃肠的刺激作用。同时,白矾也能减缓血液循环速度,延长血液中所溶进的酒精滞留时间,酒精蓄积会使人中毒。因此,饮酒多时不宜同时吃大量凉粉及其制品。

42. 饮酒最佳间隔时间

饮酒每次要适度,并且每次之间要相隔适当时间,这样才不影响身体健康。饮酒间隔多长时间才算适度呢?据专家研究指出,一般每次饮酒的间隔时间在 3 天以上最适宜。人饮酒后,脂肪容易堆积在肝上,酒精会刺激胃黏膜使之遭受损伤。一个身体健康的人,酒后机体恢复正常,一般需 3 天左右。

酒精在体内一旦被分解成乙醛,再经过 6～10 小时,就会被分解成水和二氧化碳。这些水和二氧化碳通过尿和汗排泄,或经呼吸过程从肺排出。在这个过程中,乙醛或直接破坏肝组织,或使肝上积累脂肪形成脂肪肝。一般健康人体内酒精浓度达 0.08％时,便会使肝受到损害。

专家们指出,频繁而过量地饮酒会引起急性胃炎、急性胰腺炎。酒精浓度超过 3％的烈性酒会直接刺激胃黏膜,引起急性胃炎,严重时还会引起胃渗血和溃疡。因此,饮酒必须有间隔,而且一定要适量。

43. 各种酒混合饮用为什么易醉

喝混合酒之所以容易醉,主要与酿酒的原料有关。倘若混合喝同一类原料酿造的酒,并不会醉,如果喝了谷类制成的威士忌后,再喝葡萄酒,就容易醉了,这是不同原料所产生的化学变化容易侵害脑神经而造成的。

44. 饮酒时别吃胡萝卜

胡萝卜中含有大量的胡萝卜素。胡萝卜素与酒精混合饮用会在肝脏产生毒素,危害肝脏。因此,人们要改变"胡萝卜下酒"的不良饮食习惯,以免影响健康。

研究表明,胡萝卜有降低血糖的作用。胡萝卜经石油醚提取后可得到一种不定性的黄色物质,对降血糖很有效。此外,如果经常服用胡萝卜汁,可促使血压下降,且有抗癌作用。经常吸烟的人常吃些胡萝卜,癌症发病率比不吃胡萝卜者大大降低。

45. "酒水"混饮有损健康

酒水饮料与食物一样,随意混合饮用,轻则营养流失,重则危害健康。

(1)白酒最忌混合饮用:很多人喝白酒时,喜欢再喝点低度酒或饮料,以为这样可以稀释酒精,降低酒劲。但是,往往适得其反,这样不仅会使酒精摄入过量,啤酒、可乐等饮料中的二氧化碳还会"助纣为虐",增强酒精对胃的伤害,迫使酒精很快进入小肠,加快吸收速度。另外,饮料含有大量的糖,掺和着饮料无形中会增加糖分等能量摄入,长期饮用,容易导致肥胖和其他慢性病。

(2)白酒不宜与浓茶同饮:有些人认为浓茶能解酒。但是,浓茶中的茶碱可使血管收缩、血压上升,不但起不到解酒作用,反而会加重心脏和肾脏负担,使人更加难受。

(3)洋酒与饮料混合饮用易伤心脏:因为饮料一般含有咖啡因、电解质等,掺兑在酒中饮用,其中的钠离子和咖啡因会增加心脏负担,使人感到心慌、胸闷等。

(4)红酒、啤酒与饮料同饮易醉:虽然红酒、啤酒酒精浓度较低,不容易喝醉,但加入饮料,难免让人感觉不像在喝酒,不知不觉增加酒精摄入量,反而更易醉。

(5)喝啤酒不宜吃海鲜：啤酒中的维生素 B₁ 容易与海鲜中的嘌呤发生反应，导致血液尿酸含量增加，以致诱发痛风。

46. 中年人不宜贪酒

每天饮用不多于 50 毫升白酒或 100 毫升红葡萄酒，对身体有好处，过量则害处很多。特别是中年人，生理功能正由盛转衰，细胞再生能力、免疫能力、内分泌功能等正在下降，加上要承担起家庭和社会重任，过量饮酒其危害更大。

中年人长期大量饮酒除可能导致股骨头坏死外，还对健康有害。

(1)酒精可损害肝细胞，导致肝硬化；酗酒者肝硬化的发病率为一般人的 7～8 倍。

(2)酗酒造成的慢性酒精中毒可导致神经系统疾病，出现如双手震颤、步态不稳、四肢发麻等神经系统症状。芬兰图尔库大学对 600 名 65 岁以上老年人的跟踪调查发现，中年时期过度饮酒者到老年时，其记忆力和理解力等功能减退的可能性是不喝酒者的 4 倍，患老年性痴呆症的可能性也显著增加。

(3)酒精会损伤心脏、干扰血脂和血糖代谢，造成血脂紊乱，诱发高血压，使原有高血压不易控制。

(4)性功能下降：酒精能抑制雄性激素的代谢合成，使男子睾酮水平降低，70%～80%的性欲低下或阳痿病人与酒精过度摄入有关。

(5)引起胃部慢性炎症，进而使胃黏膜重度增生。

(6)极易患上呼吸系统的疾病，尤其是肺结核，因为经常酗酒可损伤呼吸道黏膜，使气道自洁作用下降，导致肺泡通气不良。

47. 65 岁以上老年人不宜喝高度酒

许多老年人都喜欢每天喝上两口，认为喝酒可以祛病强身，延年益寿。然而，医学专家指出，老年人喝酒切莫贪杯，且不宜喝高度酒,否则会适得其反。据调查,美国年龄在 55—65 岁的人群中, 23%～50% 的人饮酒量超过"健康标准",并指出老年人对酒精的代谢能力下降,喝酒后酒精在体内残留时间延长,更容易危害健康。

另外,酒精会使老年人痛觉迟钝,可能忽略许多心脏和血管病变引起的疼痛,最终导致心脑血管疾病猝不及防地暴发。高度酒的危害更大,它会抑制胃液分泌,促进肝内的胆固醇合成,引起血管内胆固醇及三酰甘油浓度升高。因此,老年人即使要喝酒,也一定要喝低度酒,如红葡萄酒、啤酒等,且不要空腹喝,最好吃些含脂肪的食品,同时要及时补充水分,以免脱水。

48. 老年人喝酒应该坚持"五不"

(1)不饮烈性酒:烈性酒度数高、酒劲大、喝着过瘾,但对身体危害也大,比如 60 度的烈性白酒,酒精占 60%,水占 38% 左右,剩下的 1%～2% 是香味物质、甲醇、杂醇油等,这些成分对听力、视力、肝脏有害,因此老年人应远离烈性酒。

(2)不空腹饮酒:长期空腹饮酒不利于酒精成分的排泄,会造成脂肪肝和肝硬化,且易刺激胃黏膜,引起胃炎和胃溃疡等多种疾病。餐后饮酒能减缓酒对胃肠的刺激。

(3)不饮"闷酒":许多老年人退休后无所事事,经常一个人在家喝"闷酒",借酒消愁,这只是一种美好的愿望,并不能解决内心的苦闷,反而会让人胡思乱想,甚至产生悲观厌世的念头,加重心理负担和压力。

(4)不饮"过饱酒":由于食物消化需要血液输送助消化物质,吃饭后体内血液都会流向胃部使胃部血液量增加。此时饮酒,会加速酒精吸收,并直接损伤脾胃,长此以往极易引起胃出血等严重疾病。

(5)不饮"病态酒":老年人多有这样那样的疾病,有些老年人得病后企图通过饮酒促进早日康复,殊不知往往适得其反,反而加大心脏、肝脏等内脏器官的负荷,容易引起心力衰竭进而发生猝死。因此,老年人患病期间,特别是患有心血管病,肝、胃、肺等器官疾病的最好做到滴酒不沾,切不可不顾身体状况过度饮酒,更不能喝"英雄酒""斗气酒"。

49. 未成年人饮酒的危害

(1)直接损害消化器官:专家认为,由于未成年人各种器官发育尚不成熟,饮酒对身体危害比成年人更重,因此不提倡未成年人饮酒。未成年人正处在生长发育阶段,身体各个组织发育不成熟,各个器官尤其是消化系统还很娇嫩,对各种异物刺激比较敏感,不能过多地承受刺激性食物。酒精对肝、胃等器官会造成直接伤害,如刺激胃黏膜,影响胃酸和胃酶的分泌,进而导致消化不良,且可使血管充血受损,导致胃炎和胃溃疡,有时还会引起急性胰腺炎。酒精被吸收后,主要靠肝脏解毒,而青少年肝细胞分化不完全,解毒功能差,容易造成肝细胞被破坏、肝脾大,血液中胆红素、转氨酶及碱性磷酸酶增高,出现肝功能异常。

(2)饮酒损害大脑,影响学习效果:专家认为,未成年人神经系统尚未发育成熟,即使是一次性少量饮酒,当酒精随血液到达大脑后也容易对大脑细胞产生抑制或损害,导致智力发育迟缓,感觉迟钝,视力、听力、触觉都不如过去灵敏,以致注意力分散,记忆力减退,影响学习。尤其是大量饮酒后发生急性酒精中毒,其危害更大,严重的会影响呼吸、循环中枢,导致死亡。未成年人喝酒还会导致免疫力降低,因为酒后毛细血管扩张,散热增加,抵抗力下降,容易患感冒、肺炎等疾病。酗酒甚至会损害性功能。

(3)饮酒会改变孩子的性格:未成年人贪酒会影响情绪,改变性格,如容易发火、固执、变化无常,久而久之,就会使正处于个性定型时期的青少年出现性格缺陷、行为反常,如养成懒惰、不讲卫生、缺乏责任感等坏习惯。在酒精刺激下,容易狂躁、神志不清,缺乏自我节制能力,容易冲动,喜欢打赌狂饮,挑衅闹事。有的甚至打架、抢劫、强奸等。另外,未成年人往往经不住诱惑,容易上瘾,有了第一口酒,往往会再喝一口,从喝一口到喝一杯,再到喝一瓶,到最后越喝越多。因此,专家强调,家长应该充分认识未成年人喝酒的危害,一定要管住孩子的"第一口酒"。

50. 孕期饮酒,宝宝多弱智

科学家指出,排除遗传因素,怀孕期间喝酒是造成儿童智力不健全的主要原因,而孕期滴酒不沾是预防宝宝弱智的重要途径之一。科学家认为,很多妇女了解怀孕期间吸烟、喝酒对胎儿有危害,但并不十分了解喝酒对胎儿的危害比吸烟更严重。据美国医学界统计,每 500 名新生儿中就有 1 名新生儿是因其母亲在怀孕期间喝酒而引起的智力不健全。因此,科学家不仅劝告孕妇戒酒,而且要求不要对孕妇宣传少量饮酒的好处。因为曾有些妇科大夫认为,少量饮酒不但无害而且有益,这些妇科大夫的失误之处在于他们把喝少量的酒,尤其是红葡萄酒对心血管健康有好处同孕妇喝酒对胎儿发育的影响相混淆了。"母亲是保育箱",不管她喝多少酒都会影响胎儿的大脑发育。

科学家强调,为了确保胎儿健康,做到优生优育,计划怀孕生育的夫妇应从放弃避孕措施的那刻起就不要喝酒了,尤其是女性孕前、孕期、孕后最好做到滴酒不沾,因为很多孕妇在怀孕 7~8 周后才知道自己怀孕了,而且胎儿所有器官在怀孕 8 周内基本发育成形,弱智和外表先天性畸形最容易发生在这一期间。

51. 女性饮酒患七种癌症的风险高

一项新研究发现,在英国近 130 万女性中每天即使只喝 1 杯酒也会增加罹患以下几种癌症的风险。

牛津大学的 Naomi Allen 和她的同事,分析了百万妇女调查的数据。该调查从 1996 年起收集了年龄介于 50—64 岁的 128 万女性的健康信息,企图观察女性自己报告的饮酒习惯是否与研究期间发生的 68 775 例癌症有关联。结果发现即使每天只喝一杯酒也会增加罹患乳腺癌、肝癌和直肠癌的风险。对那些同时吸烟的女性来说，喝酒还增加罹患口腔癌和喉癌的风险，且只喝啤酒与喝其他类型酒风险相同。

虽然并不清楚酒精是如何增加癌症风险的，Allen 表明，"有证据显示摄入适度的酒精可增加性激素的循环水平，这可能与增加乳腺癌罹患风险有关联。"Allen 对《华盛顿邮报》说，"如果你经常饮酒，哪怕是每天只喝 1 杯，也会增加患癌症的风险。"Allen 和她的同事认为，在那些每天平均饮酒 1 杯的女性中，酒精导致每千名女性增加 11 例乳腺癌，口腔癌、咽癌和直肠癌各 1 例及 0.7 例的食管癌、喉癌和肝癌。

52. 感冒药和酒千万别同时服用

酒后服用含对乙酰氨基酚的感冒药可能引起肝坏死。

对乙酰氨基酚，又名醋氨酚，是一种解热镇痛药，主要用于治疗感冒发热、关节痛、头痛、神经痛和肌肉痛等。该药可单独使用，也可作为多种抗感冒复方制剂的主要成分，且常用在一些非处方药品(OTC)中。

该药口服易吸收。在常用剂量下，80％以上在肝脏与体内的葡萄糖醛酸和硫酸结合为无活性的代谢物排出体外；另有一小部分(5％以下)，转化为胱氨酸结合物而解毒排出体外。然而，当用较高剂量对乙酰氨基酚，尤其是在长期用药或过量中毒时，药物代谢中产生的毒性中间体就以共价键形式与肝中重要的酶和蛋白质分子进行不可逆结合，可导致肝坏死。因为乙醇 90％～98％在肝脏代谢，且需要消耗大量的辅酶Ⅰ，以至影响糖类、脂肪、能量和维生素的代谢，同时也使解毒物质谷胱甘肽(GSH)合成减少。另外，由于乙醇是肝中催化对乙酰氨基酚代谢为一个有毒的活性中间体——对乙酰苯醌亚胺(NAPQI)的酶(CYP2E1 与 CYP3A)的诱导剂，可促进这种生物转化而使 NAPQI 生成增加，因而加重中毒。

有资料表明,其肝坏死的严重程度与组织 GSH 消耗及组织共价键结合程度相平行,结合最多的部位见有坏死。另外,近年还发现,NAPQI 尚可通过与细胞内的线粒体结合,抑制线粒体的功能和完整性,造成线粒体损伤,这在对乙酰氨基酚中毒的早期即有表现。

由此可见,饮酒后,一方面,由于乙醇可导致体内的解毒物质 GSH 合成减少;另一方面,可通过对有关酶的诱导,使对乙酰氨基酚在体内生物转化过程中的有毒活性中间体增加。不难理解,一旦体内 GSH 被耗竭时,就可使对乙酰氨基酚产生肝毒性的机会和严重性大增。饮酒伤肝是常识,而家庭最常见的备用感冒药——对乙酰氨基酚片(如泰诺林片、百服宁等),也是容易导致饮酒者发生药物性肝损害的药物。所以,如果你在饮酒的同时再吃感冒药,就更容易引起药物性肝病。

因此,建议在酒后一定不要服用抗感冒药——对乙酰氨基酚。

53. 晚上最好不要饮酒

虽然过年过节聚会大多在晚上,但从最佳饮酒时间而言,晚上确实不大适合饮酒。据《本草纲目》记载:"人知戒早饮,而不知夜饮更甚。"这是因为"既醉且饱,睡而就枕,热饮伤心伤目。夜气收敛,酒以发之,乱其清明,劳其脾胃,停湿生疮,动火助欲,因而致病者多矣。"从中医学角度分析,夜晚喝酒有两大弊端:一是夜晚气血收敛,不利于酒精发散,可能"伤心伤目";二是酒本来喜欢在体内四处走窜,太晚喝酒会影响情绪,不利于睡眠。

54. 经期慎饮酒

来月经前,醉酒持续时间会延长,也是肝脏易受损的时间。同样是喝酒,女性引发肝损和酒精中毒的概率比男性多 1 倍,就是说女性更容易受到酒精的毒害。

基本上,女性体内参与酒精代谢的酶较少,分解乙醛的能力较弱,再加上月经之前受女性激素分泌的影响,酒精分解酶的分泌量会减少。因此,分解酒精的速度降低,结果使得酒精不能被排泄出去而是变成了酸性物质。为中和这些物质,肝脏要不断制造酶,最后,引发肝脏功能障碍的可能性加大。

月经来临前,女性分解酶的活动能力低下,酒精代谢能力下降。代谢变缓的话,处于醉酒状态的时间会加长、酒醉感觉更严重。因此,月经前饮酒容易上瘾,以致成为引发酒精中毒的导火索的情况很多。

另外,在经期格外想喝葡萄酒或温酒的女性有很多,这是因为在经期中体温下降了 0.3～0.4℃,下意识地想令身体暖和一些的缘故。因此,这一时期,喝葡萄酒 1～2 杯是合适的量,不能再多。

55. 喝酒御寒不可取

不少人喜欢喝点酒暖身子,认为饮酒可以御寒。对此,专家提醒,喝酒御寒不可取。

饮酒可使血管扩张、血液循环速度加快,热量消耗增加,因此能让人感到身上热乎乎的。由于酒里含有酒精,可引发短暂的兴奋,令全身有一种温暖、舒适的错觉。其实,这并不是酒精御寒的表现。当酒喝得过多时,可引起体温中枢功能失调,使热量丧失过多,同时胃受酒精的麻醉,功能明显下降。另外,体表血管扩张会使部分应该流向内脏的血液转而流向体表,影响到内脏的血液供应,有可能对内脏造成伤害。尤其需要提醒的是,靠饮酒御寒对身体非常不利,冬季人体本来就对体温变化不十分敏感,如因喝酒引起体温中枢调节紊乱,更容易损伤其调温功能。

冬季御寒的最好办法是进食有营养的食物,并多穿衣服,身体条件允许的情况下,可以进行适当的运动。

56. 喝酒易脸红者长期饮酒患癌症的风险高

喝了半瓶啤酒脸就红?如果你是东亚人种,请提高警惕:如果长期喝酒患食管癌的可能性比别人高。约 1/3 的日本、中国和韩国人都有喝酒脸红的遗传特性,这包含了重要的健康信息。

众所周知,酒精可能引起多种癌症,其中包括食管癌,饮酒过量风险更大。少量酒精引起脸红是由于他们体内缺少一种帮助酒精代谢的酶——乙醛脱氢酶-2（$ALDH_2$）。严重缺乏这种酶的人通常不能喝酒精饮料,因为这会让他们感觉不舒服,除脸红之外,还会感到恶心和心搏加剧。研究发现,以同样的饮酒量,这些人比不缺乏 $ALDH_2$ 罹患食管癌的概率高 6~10 倍。美国菲利普·布鲁克斯指出,如果没有足够的 $ALDH_2$,酒精会分解为类似甲醛的化学物质,损害 DNA,甚至诱发食管癌。

57. 熏腊食品下酒容易致癌

很多人喜欢用咸鱼、香肠、腊肉等熏腊食品作下酒小菜,这种吃法对健康十分有害。因为熏腊食品中含有大量的亚硝胺类物质,其本身就是一种强力致癌物。流行病学研究发现,某些消化系统肿瘤,如食管癌的发病率与膳食中摄入亚硝胺量呈正相关。而在酒的作用下,亚硝胺对健康的危害会成倍增加,因为酒会减慢肝对亚硝胺的降解作用,降低肝脏的解毒能力。酒对食管、胃肠组织还有脱水作用,当摄入大量度数较高的酒或酒精饮料时,可引起消化道黏膜损伤,降低其防御能力,从而更容易受到亚硝胺的侵害。另外,酒还可以作为溶剂,促进亚硝胺进入食管和胃肠黏膜。这些都增加了诱发癌症的危险性。因此,喝酒前最好先吃些饼干、糕点、米饭等食物,以延长酒精在胃内分解的时间,减少其对胃肠黏膜及肝细胞的损害;不能以熏腊食品作为下酒菜,而要选择高蛋白和高维生素的食物,如鲜鱼、瘦肉、豆类、蛋类和新鲜蔬菜等。

58. 嗜烟酒者易患口腔癌

口腔癌病人大多有长期吸烟、酗酒史。有资料显示,吸烟不饮酒或酗酒不吸烟者口腔癌发病率分别是既不吸烟也不饮酒者的

15.5 倍。酒本身并未证明有致癌性,但有促癌作用。因为酒精可能作为致癌物的溶剂,促进致癌物进入口腔黏膜。香烟的促癌作用可能表现在以下两方面:一是物理刺激。主要指吸烟时,高温对口腔黏膜接触部位的灼伤作用。香烟在燃烧时温度可高达 200～300℃,当感到灼热时,意味着已遭受 100～200℃ 高温的灼伤。久而久之,局部就会形成烫伤瘢痕和组织增生。二是化学刺激。吸烟时烟草可以产生 500 多种化学物质,这些化学物质趁着局部黏膜充血的机会直接侵入上皮,破坏上皮细胞功能,从而诱发炎症。由此可见,吸烟者患口腔癌的概率明显高于不吸烟者。长期吸烟加上长期饮酒者患口腔癌的危险性大幅增加。

59. 长期饮酒、酗酒"伤心"

众所周知,喝酒"伤肝",而喝酒"伤心"却不被大家所重视。研究发现,长期大量饮酒,尤其是大量饮白酒,是部分扩张性心肌病病人的发病原因之一。扩张性心肌病是以一种心腔扩大、心肌收缩力下降为主要特征的原因不明的心脏病,也是除冠心病和高血压以外导致心力衰竭的主要病因之一。临床表现以进行性心力衰竭、心律失常、血栓栓塞甚至猝死为基本特征,可见于病程中任何阶段,至今无特异的治疗方法,预后极差,5 年生存率不及 50%。病因和发病机制至今尚不十分清楚,可以是特发性、家族或遗传性、病毒感染、免疫性、酒精性等,目前认为病毒感染致病毒性心肌炎有转化为本病的可能性。部分病人与长期大量饮酒(尤其是白酒)有关。

60. 酒后洗澡易诱发心脏病或脑卒中

不少人喝完酒后,感觉有点醉意,很想洗个澡,舒服舒服,其实这样做有许多害处。因为洗澡时可能出汗,此时血液中酒精浓度相对增高,再加上热水促进血液循环、扩张血管、加快脉搏跳动,往往易引起血压下降、血液黏稠度增高,以致机体难以适应,易诱发心脏病或脑卒中。因此,在醉酒后应当多喝些水,最好能吃点维生素 C 和维生素 E,然后睡一觉,待醉意彻底消除后再洗澡。

61. 长期饮酒需要警惕酒精性脂肪肝

酒精性脂肪肝是由于长期大量饮酒(嗜酒)所致的肝脏损伤性疾病。轻度脂肪肝多无症状,中、重度脂肪肝可呈现类似慢性肝炎的症状,如轻度全身不适、倦怠、易疲劳、恶心呕吐、食欲缺乏、腹胀等。如未采取有效的措施,病情将继续恶化加重,逐渐会出现酒精性肝炎、肝纤维化以及发生肝硬化。虽然酒精肝发病隐蔽,但是只要细心检查就会发现蛛丝马迹。

(1)主要表现:轻症会出现腹胀、乏力、肝区不适、厌食,还有黄疸、肝肿大和压痛、面色晦暗、腹水、水肿、蜘蛛痣、发热、白细胞增多类似细菌性感染,少数有脾大等症状,中重度除上述症状外,有持续低热、腹泻、四肢麻木、手颤、性功能减退、勃起功能障碍等。

(2)少数酒精肝早期症状有黄疸,水肿,维生素缺乏,检查出来的结果一般都是肝大,触诊柔软,光滑边钝,有弹性感或压痛,脾增大较少,由于肝细胞肿胀和中央静脉周围硬化或静脉栓塞,可造成门静脉高压,有腹水发生,但无硬化。

(3)如果酒精肝持续发展变严重的话,消化道症状会比较明显,有恶心、呕吐、食欲减退、乏力、消瘦、肝区痛等不同症状,严重者呈急性重型肝炎或肝功能衰竭,这是非常需要病人注意的。

(4)酒精肝病理变化:从整体酒精性肝病的发病而言,酒精肝只是酒精性肝病早期出现的一种疾病,或者说属于酒精性肝病的一个病理阶段,若继续发展会发生肝细胞的炎症,以及肝纤维化,肝细胞坏死等病理变化。这主要与酒精(乙醇和乙醛)对肝脏的直接毒理作用,以及伴有的营养不良等因素有关。乙醛(高活性化合物)干扰肝细胞功能,损害血管,使蛋白、脂肪排泄障碍而在肝细胞内蓄积,乙醇、乙醛被氧化时,产生还原型辅酶Ⅰ,阻碍肝脏释放蛋白质,抑制糖原异生作用,阻碍维生素的利用,促使和导致脂肪肝的形成；乙醇可阻碍维生素 B_1 等向活性型转变或阻碍其利用，最终加速导致肝细胞的脂肪浸润、炎症、坏死。而且酒精引起的高乳酸血症，通过刺激脯氨酸羟化酶的活性和抑制脯氨酸的氧化，可使脯氨酸增加，从而使肝内胶原形成增加，一些炎性细胞因子和乙醇、乙醛的毒性作用可使肝星状细胞、肝细胞、库普弗细胞活化，分泌一些细胞外基质，加速和促使肝硬化形成。

62. 哮喘病人喝酒要慎之又慎

对哮喘病人来说，不论饮酒量多少、酒精度数高低，都是有害而无益的。

在新近一项调查中，53 例支气管哮喘病人中有 30 例反映在饮酒后哮喘发作，这一比例是相当高的。同时发现，给哮喘病人饮烈性酒时，可立即引起发病；在饮低度酒时，可出现明显的呼吸阻力增加。这是由于酒挥发的气体刺激气管表面感受器，通过迷走神经反射，使支气管平滑肌收缩造成的。由此可见，饮酒作为一种非特异性刺激因素可诱发哮喘发作。

患有支气管哮喘、慢性气管炎、肺气肿等慢性病的人，常咳嗽、痰多，夜间及早晨有加重现象，影响睡眠。有些人（特别是老年人）习惯在睡前饮一杯酒，希望起一点催眠作用，其实这是很危险的。因为哮喘病人肺通气功能本来就不好，睡前喝酒会扰乱睡眠中的呼吸，会出现呼吸不规则甚至呼吸停止等，导致生命危险。因此，哮喘病人，尤其是肺功能不全者，切忌睡前饮酒。

63. 长期饮酒易患糖尿病

（1）过量饮酒对胰岛有害：肝是人体重要的消化器官，在维持正常葡萄糖浓度上起着重要作用。当从肠道吸收入血液的葡萄糖浓度增高时，肝将其合成肝糖原贮存起来；当血糖浓度下降时，肝糖原分解产生葡萄糖释放入血，以维持血糖水平的稳定。有实验研究表明，酒精（乙醇）和其代谢产物乙醛影响着肝脏的糖代谢，过量饮酒会造成糖代谢紊乱,引发糖尿病。如果过量饮酒,将会引起胰岛氧化损伤,使得胰岛细胞凋亡,导致胰岛功能受损。如果胰岛分泌的胰岛素绝对或相对缺乏,就会引起血中葡萄糖浓度升高,进而大量的糖从尿中排出,并出现多饮、多尿、多食、消瘦、头晕、乏力等糖尿病症状。如果继续大量饮酒,将使病情进一步发展,出现严重的并发症,威胁身体健康。

胰岛素要发挥作用,还必须有赖于特异性信号通路,将胰岛素的信号传导到细胞内,从而发挥胰岛素对营养的代谢调节作用。过量饮酒可以影响这个通路中的多个环节,影响胰岛素发挥正常作用。

(2)糖尿病病人应少饮酒:摄入体内的酒精(乙醇)除极少量经呼吸和尿液排泄外,95%以上在体内分解代谢,肝脏是乙醇代谢的重要器官。肝脏每天所承受的酒精代谢能力约为每千克体重1毫升。即一个60千克体重的人,每天允许摄入的酒精量应限制在60毫升以下;低于60千克体重者,要相应减少酒精的摄入量。对糖尿病病人而言,喝酒既有升高血糖作用,又可能促发低血糖。究竟发生哪种作用,取决于短时间内酒的摄入量。因此,如果糖尿病病人要饮酒,只有在糖尿病控制满意、医务人员允许下,推荐成年病人每日饮用含酒精饮料(如啤酒、葡萄酒及白酒等)中的含酒精量不宜超过15克。但妊娠妇女、胰腺炎、进展性肾病、严重的高三酰甘油血症病人不能饮酒。另外,为减少低血糖的危险性,饮酒时应同时进食。

64. 常喝酒的人要补充叶酸

大家都知道孕妇需要补充叶酸,叶酸在人体内作用广泛,缺乏时人们会表现出精神萎靡、疲乏无力、健忘、失眠、食欲变差等症状,有些舌炎、腹泻也与体内叶酸水平下降有关。因此,出现这些症状却又找不到原因的人,不妨去医院检测一下叶酸水平,如果缺乏可在医生的指导下补充。

生活中有三类人群需要注意补充叶酸。①经常饮酒者。喝酒太多会阻碍机体对叶酸的吸收，因此长期饮酒的人需要实力补充叶酸。②服某些药者。磺胺类药、镇静催眠药、阿司匹林、雌激素等药物会影响叶酸的吸收，如果正在服用上述药物，需要在医生的指导下增加叶酸摄入。③大量摄入维生素 C 者。摄入大量维生素 C 会加速叶酸排泄，因此每天摄取维生素 C 超过 2 克的人必须增加叶酸的摄入量。

65. 酒精比毒品更伤害胎儿

酒精比烟草和可卡因更易引起胎儿认知障碍。科学家通过多年研究发现，酒精比任何药物对胎儿发育的伤害都大。目前，专家们已把酒精列为诸多对胎儿造成损害的因素之首位。《纽约时报》对此进行了全面报道。

酒精会影响胎儿大脑发育。哈佛大学的查内斯博士及其同事们在研究中发现，酒精会降低 L_1 黏合细胞的黏附性，进而妨碍肾经细胞之间的黏着，最终影响胎儿肾经系统发育。底特律威尼州立医院的教授桑德拉博士说，喝酒比吸烟，甚至比服用可卡因更易引起严重的认知障碍，可卡因只能影响一种递质，而酒精却能够影响多种神经递质，足见酒精比任何成瘾性药物更加危险。

酒精的影响在胎儿出生后仍然存在。为了证实酒精伤害的延续性，科学家们对 1983 年 5 月－1985 年 7 月间怀孕的妇女进行了跟踪研究，结果发现，从身体发育的情况看，怀孕时饮酒妇女的孩子和未饮酒妇女的孩子相比，体重较轻、身高较矮、头部也较小；在智力发育方面，酒精可造成孩子注意力不集中、多动、学习障碍（尤其是学习数学）、语言能力和记忆力低下、运动障碍、情绪失控和判断力不足等。

得克萨斯解剖神经医学院的詹姆斯博士说："哪怕只是少量饮酒，胎儿也会受到影响。也许这种影响对于发育期的孩子来说很细微，但会从不同的方面表现出来。比如，有的孩子会因此缺乏运动天赋,无缘参加学校足球队。"

在多项研究的基础上,科学家认为,孕妇饮酒对胎儿造成的影响会延续到儿童期,甚至成年期。

新方法带来研究突破。科学家对酒精毒害的认识经历了一个较长的时期。过去,很多医生认为酒精只是偶尔在静脉内代谢,因而孕妇饮酒是无害的。直至1973年,科学家才把出生婴儿的缺陷,包括神经系统的问题、出生时体重不足、智力发育迟缓及面部畸形等与他们在胎儿时期受到酒精伤害联系在一起。

30年前,科学家们的研究对象只是出生后死亡的婴儿尸体,他们从中得出的结论是,胎儿时期受到酒精伤害的婴儿脑部发育严重紊乱,大脑前叶也受到损害,但除此之外,缺乏更深入的认识。

如今,科学家借助最新的影像学技术(如磁共振)研究酒精到底是伤害了胎儿脑部的哪个部位。结果证实,连接人体左右大脑的胼胝体损害很明显。2002年公布的一项研究证实,曾在子宫里受过酒精伤害的婴儿和成人有80%出现了胼胝体形状异常。通过对脑部损伤区域的研究,科学家们逐渐弄清了婴幼儿出现行为和学习障碍与酒精对脑部不同部位损害的联系,进而找到了解决办法。

其实,科学家经过这么久才得出这一结论是可以理解的,因为酒精对人体的影响因人而异,其程度和表现形式差别很大。比如,经常喝酒的孕妇所生的孩子中有4%会表现出明显的认知障碍,另外一些孩子看起来相当正常,但实际上也存在行为和学习障碍,只不过人们一直没有意识到,这是胎儿时期受到酒精伤害引起的。

66. 空腹饮酒更易患高血压

在你饮酒之前,请别忘了先吃点食物。因为一项新的研究显示,空腹饮酒会增加患高血压的风险。

研究人员在对2600多名成年人的饮食习惯调查后得出这一结论。在研究期间共为这些受测者测量了3次血压,其中发现没有吃任何食物就饮酒是患高血压的危险因素之一。调查结果显示,习惯空腹饮酒的人患高血压的概率是从不饮酒的 1.5 倍。所谓高血压是指收缩压至少 18.7 千帕(140 毫米汞柱),舒张压超过12.0 千帕(90 毫米汞柱)。发表在最近出版的《高血压杂志》上的这份研究报告称,在不吃饭时饮酒对高血压有明显的影响,无论饮酒的量有多少。

研究已证实,大量饮酒与高血压有关,但新的研究又进一步进行了详细说明,如果没有吃食物就少量饮酒的,即使是饮的不多也较有可能患高血压。而男性和女性都有类似的结果,与酒的种类无关。虽已证实饮酒可降低患心脏病的危险,但男性饮酒每天不应超过 2 次,女性每天不应超过 1 次才可获益。研究还证实,重度酗酒者(每天至少饮两次)更有可能患高血压。这可能意味着,患高血压的人每天饮酒应少于 2 次。研究人员说,不吃些食物就饮酒可能会抵消适量饮酒对心脏的益处。

67. 口腔癌偏爱嗜烟酒者

口腔癌患者大多有长期吸烟、酗酒史。印度一家癌症中心1982 年治疗了 234 例颊黏膜癌,其中 98% 有吸烟史。有关资料显示,吸烟不饮酒的或酗酒不吸烟者口腔癌发病率分别是既不吸烟也不饮酒的 2.43 倍和 2.33 倍,而有烟酒嗜好者的发病率为不吸烟也不饮酒者的 15.5 倍。酒本身并不证明有致癌性,但有促进癌症发生的作用。因为酒精可能作为致癌物的溶剂,促进致癌物进入口腔黏膜。

吸烟可破坏人体的门户——口腔,因为口腔是最先接触烟草的部位。吸烟对口腔损害的方式有两种。

(1)物理刺激:这主要指吸烟时,高温对口腔黏膜接触部位的灼伤作用。香烟在燃烧时产生的温度可达 200~300℃,当吸烟者可以感到灼热时,意味着已遭受了 100~200℃ 的高温灼伤,局部黏膜发生血管充血、水肿,有时甚至出现烫伤水疱。久而久之,此处就会形成烫伤的瘢痕或组织增生。

(2)化学刺激:吸烟时烟草发生的化学反应,可以产生 500 多种化学物质,这些化学物质趁着局部黏膜充血的机会直接侵入上皮,破坏上皮细胞功能,从而诱发炎症。口腔黏膜长期处于炎症状态,时间一长便会发生细胞增殖突变,导致口腔癌的发生。据美国癌症学会报道,美国每年有近 30 800 例新的口腔癌患者,每年有8150 人死于口腔癌。

由此可见,吸烟者口腔癌的发生率明显高于非吸烟者,牙龈癌和面颊癌的发生率为非吸烟者的 50 倍。吸烟加上嗜酒,会使患口腔癌的危险性更加增高。医学专家劝告人们要及时戒烟,同时也要少饮酒,不要进食过烫或过于辛辣的食物,以减少对口腔黏膜的刺激。

68. 适量饮酒关节好

据美国"新闻提要和全球新闻网"近日报道,美国波士顿布莱根女子医院的研究者发现,适度饮酒可降低女性患上类风湿关节炎的风险。

研究人员选取了近 24 万名参与者,询问了她们的生活方式和酒精摄入量。研究人员将适度饮酒定义为每天饮用酒精介于5.0～9.9 克。经过仔细检测,有 908 名女性在研究期间患上了类风湿关节炎。分析结果显示,与不饮酒女性相比,适度饮酒的女性患上类风湿关节炎的风险降低了 22%,每周饮用 2～4 份啤酒的女性患类风湿关节炎的风险降低了 31%。

69. 与酒同食的禁忌

俗话说"无酒不成席",吃饭时喝两杯酒已成为中国人的饮食习惯,但中医学认为,有些食物不适合与白酒一同食用。

《本草纲目》中指出,"酒后食芥及辣物,缓人筋骨。"意思是说,喝酒后再吃辛辣的食物,会让人感到疲惫、身体发软。酒和辛辣食物都属于大热,刺激性很强,两者相加,无异于火上浇油,让体内产生虚火。如果是阴虚的人食用,害处更大。此外,辛辣食物刺激神经、扩张血管,更助长了酒精的麻醉作用。与此道理类似的是,吃牛、羊肉等热性食物时,最好也别喝酒。

糖和酒也不宜在一起食用。中医学认为,糖味甘,而甘生酸,酸生火,和酒共食,会让身体生热动火,危害健康。现代营养学还认为,酒精能影响糖的代谢,导致人血糖上升,容易诱发糖尿病。

此外,酒与茶有相克之处。《本草纲目》有云:"酒后饮茶伤肾脏。"很多人以为,浓茶可以解酒,其实它对人体伤害最大,酒后喝茶可能导致膀胱疼痛、水肿消渴,因此,最好不要用茶来解酒。

70. 饮酒的九大误区

嗜酒的危害很大,但相当多的人没有意识到过量饮酒的危害性。美国国立酒精滥用和酒精中毒研究所的副主任肯尼斯·沃伦博士近日在《赫芬顿邮报》上撰文,总结了有关饮酒的九大认识误区。

误区1:每小时饮酒不过1杯,就能安全开车回家。人体每2小时才能代谢处理完1杯啤酒。酒精的平均代谢率为每小时每千克体重100毫克,举例来说,一个体重约72千克的男性,他每小时只能转化7克酒精。而通常,一杯啤酒含有14克左右的酒精,需要2小时才能完全代谢掉。因此,不要以为少喝一点就没事,开车还是最好滴酒不沾。

误区2:喝点茶或咖啡能醒酒。实际上,咖啡因会起到更坏的作用,因为它是一种兴奋剂。虽然它能让饮酒者稍微清醒些,但会导致人体功能受损。咖啡因会让饮酒者误认为自己没有受到损害,从而引发更危险的行为和决定。

误区3:饮酒会导致整夜昏睡。喝酒会让人在夜间更为频繁地上厕所,因为酒精会抑制抗利尿激素,这就意味着有更多的液体流向膀胱。同时,酒精具有利尿作用,它会导致更多的水分从人体细胞中被挤出,这些多余的液体也会被输送到膀胱,导致排尿增多。

误区4:喝烈性酒前喝点啤酒,不容易醉。但是也有人不能两种酒混着喝,若混着喝反而容易喝醉。无论喝什么酒,摄入酒精的总量是产生宿醉的关键,不要相信这些所谓的"偏方",控制摄入酒精的总量才是不醉的最好办法。

误区5:喝啤酒会长出"啤酒肚"。啤酒喝太多是会长出"啤酒肚"的,但其实任何食物或饮料摄入过量都会长出"啤酒肚"。长"啤酒肚"只能说明你摄取了过量的高热量食物,但并不一定是喝啤酒造成的,啤酒只是其中的原因之一。

误区6:睡前饮酒有助于睡眠。睡前少量饮酒会让人更容易入睡,但暴饮会扰乱睡眠。2013年的一项文献综述表明,酒精通常会扰乱快速眼动睡眠时间,导致睡眠时间减少。

误区7:有些食品能预防宿醉。并没有科学证据表明市售的一些食品能够预防宿醉,不论它们含有多少维生素。在过去,食品制造商会添加维生素B_1(或叶酸、维生素B_6、维生素B_{12}),来加快酒精的代谢速度,但这种说法也并无任何依据。

误区8:饮酒后的第二天早晨吃熏肉、鸡蛋和奶酪有助于恢复正常。实际上,在饮酒之前和饮酒过程中吃什么样的食物更为重要;食物能降低机体对酒精的吸收速度,让血液中的酒精浓度不那么高。

误区9:酒醉昏迷没什么大不了的。因饮酒而昏厥并不是简单的中毒,也并非不会危及生命。酒精中毒会抑制中枢神经系统,导致一些人体的必需功能停止,神经反射完全消失,甚至导致死亡。也有饮酒者因呕吐时吸入呕吐物而窒息死亡。

71. 酒能助性也能败性

美国性学联盟指出,对于性来说,酒是把双刃剑——既能助性也能败性。小酌增加自信,过量损伤精子。

中国性学会会员、婚恋咨询专家李惠丽表示,小酌可以怡情助性。首先,适量的酒精能帮助双方降低焦虑,让男性变得自信,让女性抛开羞涩,大胆调情。其次,男人身上淡淡的酒味有时能刺激女性的性嗅觉,让女人觉得他"有男人味",更想接近对方。最后,酒能帮助女性集中精神,增强爱的感受、帮助达到性高潮。尤其是红酒,意大利的研究显示,性爱前一小杯红酒,能让女性面颊绯红,性幻想丰富,还能借着酒劲化解一些性爱尴尬。

不过,过量饮酒就会让性爱变糟糕。"美国性学联盟"的最新调查发现,过量饮酒或经常喝酒,会给夫妻生活带来四大负面影响。

(1)酒后容易一夜情。研究证实,血液中酒精浓度升高时,人们会觉得异性变漂亮,也因此更容易发生一夜情,或者开始一段之后会后悔的恋情。

(2)醉酒影响男性勃起。喝酒能让你放得更开,但喝醉后你会发现,不管你多么的性欲高涨,"那里"可能已经起不来了。北京大学第一医院男科中心副主任医师张志超说,大量饮酒会使全身反射神经变得迟缓,血管扩张,勃起能力显著降低。并且,酒精造成的利尿作用也会扰乱性功能。

(3)醉酒增加危险性行为。酒精容易让人参与到不理智的性行为中去,比如不采取避孕措施、发生性暴力行为等。

(4)酒精损伤精子质量。研究显示,饮酒对此后 5 天之内的精子质量以及生殖激素都会产生不良影响。饮酒越多,精子质量就越差。

对此,"美国性学联盟"建议,性爱前可以适当饮酒,最好选择酒精度数较低的红酒,饮酒量限制在 120 毫升以内。同时,要少量慢饮,一边饮酒一边吃饭,适当调情。

72. 酒后呕吐很伤心脏

酒是人们迎来送往、交际应酬必不可少的媒介。然而,它在给人们带来欢乐的同时,其产生的诸多不良反应也日益彰显。如对消化系统、中枢神经系统的损伤,尤其对肝脏的损伤更是不争的事实。除此之外,过度饮酒者还可能面临一种致命的危险,那就是酒后低钾。

多数人大量饮酒后会出现胃肠不适和频繁呕吐、出汗、腹泻等,这样会丢失大量的消化液和水分,加上饮食减少,使体内微量元素钾的流失增加,由此就会导致低血钾。钾是人体内一种重要的电解质,可参与细胞的正常代谢和维持心肌的正常功能。正常血钾浓度为 3.5~5.5 毫摩/升,低于这个水平称为低血钾。低血钾可使心脏兴奋性增高,诱发严重的心律失常。农历新年将至,各种聚会又会扎堆,建议大家喝酒要量力而行,避免酗酒。如果醉酒后出现呕吐频繁、四肢无力,要去医院查电解质,以防出现低血钾。

73. 喝多了,身体伤不起

早在 2006 年,世界卫生组织就将中国列为世界酒精"重灾区",由酒精引起的死亡率和各种疾病的发病率均高于吸烟。据世界卫生组织的相关数据统计,有 60 种疾病是由于饮酒不健康造成的。而我国每年死于酒精中毒的人数超过 11 万人,因酒致残人数超过 273 万人。喝酒给我们带来的伤害不能小视。

肝脏是酒精的主要受害器官。约 90% 的酒精在肝脏内代谢,一次醉酒相当于得了一次肝炎。如果是空腹饮酒的话,仅需要短短 5 分钟,血液中就会含有酒精。对于正常人而言,一个健康肝脏 1 小时仅能分解 13.6 克酒精(约 335 毫升啤酒)。即便没有喝醉酒,只要是长期过量饮酒,酒精也会像"沉默杀手"一样损害你的肝脏:先是酒精性脂肪肝,接着是酒精性肝炎,即后就是炎症坏死、肝纤维化,最后导致肝硬化,肝脏失去功能。如果每天摄入 80 克酒精,一喝就是十几年,那么 50% 都会出现肝硬化。

喝酒还会损害消化道,灼伤消化道黏膜。酒精进入消化道后,会对食管黏膜、胃黏膜和肠黏膜产生化学性灼伤,导致肠功能紊乱、胃出血、胃炎等问题,增加胰腺癌、食管癌等的患病风险。喝酒时出现的恶心、呕吐等症状,就是酒精在伤害消化系统的表现。

另外,饮酒还和慢性病有千丝万缕的关系。山东省立医院曾研究过量饮酒是 2 型糖尿病的重要致病因素。糖尿病患者饮酒会导致血糖波动大,增加并发症的风险。酒精对心脑血管的伤害也很大,会导致酒精性心肌病、高血压等多种疾病。酗酒还是导致心梗、脑梗等突发事故的一大因素。

年轻男性还要注意,酒精会破坏生殖系统,导致男性精子数量减少,致使其不育。而如果准妈妈喝酒,宝宝易患"胎儿酒精综合征",甚至能造成流产、死产、早产或胎儿畸形。

除了健康问题,饮酒还会引进一系列社会问题。每年由于酒后驾车引发的交通事故有数十万起,其中死亡事故半数以上都与酒后驾车有关。酗酒还会影响家庭幸福,社会和谐。

醉酒对健康的危害

1. 酒在人体内的化学变化及醉酒与乙醇浓度的关系

　　饮酒过量而醉，即中枢神经受侵袭面临酩酊状态。作为常识，谁都知道这是酒中所含的乙醇所致。但穿肠而过的酒，在体内发生了什么变化，恐怕知道的人并不多。饮酒后，乙醇被吸收，在体内被酶氧化为乙醛。乙醛虽具有麻醉性，但不像甲醛那样有较强的毒性。乙醛在体内进一步被氧化而形成醋酸，并进入循环系统，最后被排出体外。这种过程不但不对人体产生损害，而且还能被利用，加上酒的有效热量高，因而少量饮酒会产生兴奋感，加快血液循环，获得身体上和精神上的益处。但是如果饮入的酒质量差，经过一两天仍觉头痛，出现恶心和倦怠感，这是酒中所含少量甲醇所致。因甲醇在体内会被氧化为毒性较强的甲酸，而甲酸是不进入人体循环系统的，故不能被排出体外，潴留在体内，造成沉醉不醒。当然，即使是乙醇，也有人体的承受程度问题。人是否醉酒，取决于血液中乙醇的浓度。血液中乙醇浓度和人醉酒表现的关系见表 4-1。

对于乙醇的耐受能力,人与人的差异很大。这是由于胃肠吸收能力和肝脏代谢处理能力不同所致。一天中饮酒 2 升而满不在乎照常行动的大有人在,但不能不承认他们已经成为乙醇中毒者了。

表 4-1　血液中乙醇浓度与醉酒表现的关系

乙醇浓度	醉　酒　表　现
0.05%～0.1%	人开始意识朦胧、畅快地微醉
0.1%～0.2%	大脑神经麻痹,各种能力降低,爱说话,有欣快感,行动丧失自制
0.3%	口齿不清,步态蹒跚
0.4%	说胡话、叫嚷、乱跑、乱跌
0.5%	烂醉如泥,不省人事
0.7%	死亡

酒量是可以经过锻炼提高的。尽管如此,酒量也还是有一个界限。在英国经常举行的“威士忌大口饮比赛”时,常常发生饮酒死亡的,当然是急性乙醇中毒。乙醇中毒,一般分为两种:一种是一次饮酒过量过急的急性中毒,这种中毒危险性大;另一种是长期饮酒的慢性中毒,这种中毒短时间不易察觉。

血液中的乙醇含量不是饮进的乙醇的绝对量。但乙醇中毒与饮酒的量和速度有着正比关系:即过饮、快饮,则中毒的可能性就增加;少饮、慢饮、配适当的菜肴饮、适可而止地饮,当然就不会中毒。

2. 过量饮酒对肝脏的危害

许多研究表明,肝病的发生与饮酒量有密切的关系,饮酒的程度、时间与酒精性肝病的发生也有直接关系。

长期大量饮酒可导致肝脏损害。酒精(乙醇)克数的计算方法为:每日饮酒的量(毫升)乘以所含酒精的百分比,如每日饮50度酒250毫升(约半斤)即相当于纯酒精125克。研究表明,每日饮酒含酒精80～150克,连续5年即可造成肝损害、脂肪肝。大量饮酒在20年以上,40%～50%会发生肝硬化。酒精性肝病患者易患乙型肝炎,乙肝病毒感染也可增加酒精性肝病的发生。

酒精及其在体内的转化物乙醛对肝脏细胞有毒性,可引起脂质过氧化,产生毒性氧,并破坏氧自由基的解毒功能,导致肝细胞缺氧,使肝细胞的结构和功能发生改变,引起肝脏炎症;乙醇和乙醛也会使肝脏的脂肪代谢发生紊乱,造成三酰甘油在肝内堆积,形成脂肪肝;肝脏在炎症和乙醛的反复刺激下,纤维组织会增生,并因肝纤维化而发展为肝硬化。

酗酒可引起的肝病一般有三种:一是酒精性脂肪肝,其发病隐匿,一般缺乏症状;二是酒精性肝炎,临床表现与病毒性肝炎或中毒性肝损伤相似;三是酒精性肝硬化,由酒精性脂肪肝和酒精性肝炎进展而来,临床表现与肝炎后肝硬化相类似。此外,在肝癌的形成中,酒精可起促进作用。

但是,有一点要提醒大家,喝酒脸红的人其实不容易伤肝脏,而喝酒脸白的人特别容易伤肝脏。红脸的人大家一般少劝酒,因此喝得少,酒后发困,睡上15～30分钟就又精神抖擞了。而白脸的则往往不知自己的底线,在高度兴奋中饮酒过量,直到烂醉。他们体内的酒精由于没有高活性的酶处理而发生积累,导致肝脏损伤。酒精性肝损伤一般只发生在这些人身上。红脸的人可以连续几餐即便喝吐了也还能喝酒,而白脸的人需要更多时间的休息,因为酒精的代谢需要一两天的时间。

3. 过量饮酒导致高血压

研究发现,人的收缩压和舒张压均随着饮酒量的增多而逐步升高,血压升高值越大,其心、脑、肾等重要器官的并发症也越多,从而影响人的寿命。大量饮酒者的血压明显高于不饮酒者,停止饮酒可使血压回降,但重新饮酒血压则回升。饮酒引起的高血压并发症中尤以脑血管疾病最为常见,其病死率是不常饮酒者的 3 倍。长期饮酒者实际上处于一种间隙性酒精戒断状态,停止饮酒后伴有血液肾上腺素和去甲肾上腺素等儿茶酚胺类物质的浓度升高,正是这类物质可使血压升高。在对饮酒的和不饮酒的高血压症患者给予同样治疗后,饮酒者的舒张压不易控制,而不饮酒的人的高血压症状容易控制。因此,高血压患者宜戒酒或适量、少量饮酒。

4. 酗酒者易致脑卒中

脑卒中,中医学称其为中风。中风常见的三种诱因为:嗜酒过度,大喜大悲,纵欲过度。而其中在大喜大悲之后再饮酒过度者更易中风。大喜大悲可使神经系统(大脑皮质)功能调节紊乱,使血压波动,血管调节功能失常;再加酒精刺激,使大脑处于极度兴奋状态,脑内血液在短时间内急骤增加,颅内压升高,就更容易导致血管破裂,发生中风。

饮酒引起的心房颤动和心肌病可使心脏排出的血量减少,造成附壁血栓形成,引起心源性脑栓塞。乙醇还可引起强烈的血管反应,造成血压变化无常,酗酒引起的血管麻痹,使其舒缩功能障碍,导致血压急剧变动;如果血压下降过多、过快,容易造成心脏和脑部供血不足,加上酒后定向力障碍及步态蹒跚,容易晕倒造成颅外伤,使得脑血管破裂。酗酒也会使交感神经兴奋,可使新陈代谢增强,心跳加快,血压升高,容易引起血管破裂。酗酒后的急性酒精中毒还可使体内凝血机制激活,促进血小板聚集而使血液黏度增高,血流速度减缓,容易诱发血栓形成。如果饮酒者同时伴有高血压、动脉硬化、糖尿病等病症及吸烟这一危险因子存在,则中风发生率将会提高,而且发病也比不饮酒者为早。因此,嗜酒者大喜大悲之后,应切忌贪杯、酗酒。

5. 酗酒可引起心脏病

研究表明,少量饮酒,能兴奋心脏,改善冠状动脉紧张状态,软化血管,降低血液中对心血管有害的胆固醇,增加对心血管有利的高密度脂蛋白,预防心血管疾病发生。

但大量饮酒有直接导致心律失常的作用,可引起心律失常或心肌病,以心房颤动最为多见。

大量饮酒会减少脂肪作为热能的消耗,使低密度脂蛋白和三酰甘油的浓度增加,同时阻碍了高密度脂蛋白的合成,增加了胆固醇在血管壁上的沉着。体内对低密度脂蛋白的处理主要依靠脂肪酶的作用,大量饮酒会使酶的活性受抑制,从而增加了动脉粥样硬化的发病率。但每日规律性地少量饮酒的冠心病患者的冠状动脉狭窄的程度有所减轻,血液中高密度脂蛋白的含量升高,冠心病症状缓解。少量饮酒虽能减少动脉粥样硬化的危险,但不能因此而开怀痛饮。因为一次饮白酒150~200毫升,可引起严重的冠状动脉痉挛所致的心绞痛。长期过量饮酒还可使血液中的脂肪物沉积在血管壁上,使管腔变小,造成心肌营养不良,心腔扩大,心肌肥厚,继而促进心率增加,心肌收缩功能减退,从而出现心律失常。在酒精中毒性心脏病晚期还常见进行性心力衰竭,故冠心病患者饮酒的量要少饮为宜。

6. 酗酒可损伤大脑

少量饮酒,可以减弱大脑抑制功能,相对形成兴奋状态,情绪欣快,恐怖感及不安感缓和,痛感减轻。但可以引起嗅觉、味觉变化,运动功能的协调性变差,位置感、距离感的准确性和动作的灵敏性降低。

多量饮酒,大脑皮质受到抑制,通过教育与实践获得的谦虚、自控能力降低乃至消失;辨别力、记忆力、注意力、理解力亦减弱或消失。出现中枢性视力障碍。

适量饮酒是人生的一种乐趣,但嗜酒成癖则是由于长期或大量饮酒所致的一种精神障碍。慢性酒精中毒则是由于长期饮酒引起的一种中枢神经系统的严重中毒,表现出人格改变和智能衰退逐渐加重,自私孤僻,不修边幅,对人漠不关心,精神不稳,记忆力减退,性功能下降,震颤等征象,严重者可出现共济失调、知觉障碍、昏迷甚至死亡。酒精中毒者容易继发肝性脑病和烟酸缺乏性脑病等。酒精中毒的发生不仅会严重损害个人健康,而且会困扰人的精神活动。

7. 酗酒易导致痴呆

慢性酒精中毒可见多种神经病理改变。慢性酒精中毒者由于经常跌倒,可见到脑外伤的病理改变,例如硬膜下血肿。此外,脑血管病变也是比较常见的。最近的病理研究表明,慢性酒精中毒时,大脑某些皮质区还有神经元减少和神经元萎缩的现象。酒精中毒痴呆患者尸解中,1.7%~2.7%可见 Wernicke 脑病的病理变化。Wernicke 脑病主要由于维生素 B_1 缺乏所致。病理变化主要见于第三脑室和导水管周围的灰质和第四脑室底部,乳头体特别容易受损。病损取决于疾病的严重程度,在急性期可有点状出血,在后期受损区萎缩,呈棕色。显微镜检查,在早期可见血管内皮细胞扩大,血管周围出现红细胞和巨噬细胞,星形细胞扩大,神经元相对保持完好。在晚期,血管周围的网硬蛋白增加,内皮细胞增生,间有散在的含铁血红素的巨噬细胞。慢性酒精中毒者中小脑的退行性变化具有特征性。肉眼观察可发现小脑有萎缩,显微镜检查可见神经细胞脱失,颗粒状细胞斑点状脱失,胶质细胞增生,可扩展至分子层。

8. 过量饮酒可引起失眠

喝酒过量时,睡眠会变浅而且易早醒,醒来之后头晕脑涨,口干舌燥,思绪或者一片空白,或者努力思索昨晚自己喝酒前后和当中做了些什么事,怎么也无法再继续睡去。根据研究显示,酒精具有大脑皮质的强烈抑制性作用,可使快速动眼期睡眠减少,非快速动眼睡眠期则明显延长。若长期酗酒,则将使快速动眼期的深睡状态大量压抑;反之若一旦突然停止喝酒,常易发生戒断性症状的震颤性谵妄现象,此时快速动眼睡眠期急剧增加,甚至达一夜有 5 小时以上明显的反弹,而于此期睡眠中所容易出现的肌肉阵挛性抽动和行为异常症状也容易合并出现,而睡得不安稳。

此外,长期酗酒者因营养不良或摄取不均衡,容易缺乏如维生素 B_1 等营养元素,导致大脑内乳头体、穹隆等处的破坏,使其短期记忆力差、定向感不良、注意力不集中等,因而就算快速动眼睡眠期的比例可维持正常,但因记忆力差,使可记忆的梦境内容贫乏,不是梦见即时的刺激,诸如饥、渴之类的事,就是梦见久远前的无关紧要的事。

9. 酗酒易导致癌症发生

据《北美临床医学》期刊报道,对嗜酒癖的前瞻性研究表明,癌的发病率和病死率明显增加。反过来,在癌症的流行病学调查中,表明酒精是第二个已被认定的致癌因素,仅次于烟草。有些已知的致癌物如多环芳香烃、亚硝基胺确实存在于啤酒和烈性酒中。酒精可通过许多途径与癌发生关系,它可作为一种化学致癌物直接引起癌症,也可对其他物质的成癌起潜在作用。另外它还有助长癌瘤作用,即为一种促使癌前期细胞生长的慢性刺激作用。在实践中,当人类或动物大量饮酒时均有引起畸胎瘤发生的资料。在长期大量饮酒者周围血细胞中发现一些染色体异常。

酒精致癌的危险性是随饮酒量的增加而增加的,即过量饮酒致癌的危险性大大增加,而少量饮酒危险轻微。温德于 1956 年证明每天饮 4～5 两威士忌酒者,患喉癌的危险性增加 10 倍,以后对口、咽癌的对照研究又得出了同样的结果。在华盛顿的黑人住宅区,大量饮酒患食管癌的危险性增加约为 20 倍,凯勒报道有嗜酒癖的美国退伍军人中,肝细胞癌相对发病率增加了10倍。

研究还表明,不同的酒类对癌具有不同的危险性。有学者认为,上消化道癌与饮烈性酒有关,但马什伯格证明啤酒和葡萄酒对口腔癌的危险性明显大于威士忌酒。法国诺曼底地区的苹果白兰地酒可致食管癌发病率明显增加。法国还有人报道饮红葡萄酒者胃癌发病率明显增加,胃癌发病率是一般人的6.9倍。爱尔兰啤酒工人中大量饮啤酒者,患肠癌的危险性约为平常人的1.8倍。

10. 过量饮酒对性功能及胎儿的影响

男性酒精中毒者中,大约40%的人有勃起功能障碍;5%～10%的人有射精障碍。在戒酒之后数月或数年内,性功能恢复至正常者仅占半数。酗酒影响勃起功能障碍的原因在于以下几个方面。

(1)酒精对神经系统的影响:饮酒会短暂地兴奋一下大脑皮质,但是很快会转入抑制状态。如果在这短暂的兴奋状态下匆忙性交,会因为过于激动、鲁莽与粗鲁甚至失态,容易招惹配偶的责难,这往往会因精神心理状态不良造成的勃起功能障碍。倘若在由兴奋转为抑制后性交,由于控制性能力的神经系统处于抑制状态,勃起功能障碍的出现则更容易发生了。

(2)酒精对血管系统的影响:刚饮酒后,人会感到阵阵发热,面部泛起红晕,表明此时全身血液主要集中在脑部和皮肤血管里,如果此时性交,会出现阴茎海绵体内血液供不应求,怎么会有良好的勃起功能呢? 当发热与脸部红晕消退后,大量血液会在内脏器官内淤积,反而会感到发冷,如此时性交,阴茎海绵体依然得不到理想的供血,所以会发生勃起功能障碍。

(3)酒精对性激素代谢的影响:有资料表明,大量饮酒后,血液中雄激素睾酮的浓度会随之减少。一方面是由于酒精直接妨碍了睾丸产生睾酮;另一方面由于在酒精刺激下,肝脏会加快对睾酮的处理,许多睾酮被分解转变成其他物质。长期饮酒的人难免会发生一定程度的酒精性肝硬化,对雌激素的处理能力会减弱,结果造成体内雌激素水平上升。睾酮的减少或雌激素的增多,都会造成勃起功能障碍。

(4)酒精对体质状况的影响:长期饮酒或经常醉酒的人,会出现消瘦、乏力、食欲缺乏,尤其当酒精成分刺激胃肠黏膜后,会严重妨碍消化功能,引起营养水平下降,于是整体体质每况愈下,性能力也会随之下降,出现勃起功能异常也就不足为奇了。

孕妇饮酒对胎儿影响更大,即使微量的酒精也可直接透过胎盘屏障进入胎儿体内,影响胎儿发育。妊娠期饮酒可导致胎儿酒精综合征的发生,患儿80%以上为畸形,并常有易怒、震颤、听觉过敏和吸吮低下等表现。胎儿酒精综合征在产前产后皆发育不良,严重者可导致流产或死胎。调查表明:孕妇妊娠初期饮酒的危害更大,极易引起胎儿酒精综合征。即使怀孕前1周内适量饮酒也会抑制胎儿的生长,使新生儿体重显著减轻。所以,育龄夫妇不宜多饮酒。只有患了不孕症和不育症的育龄夫妇可以考虑服用对症的药酒进行治疗。

11. 过量饮酒易损伤胃黏膜

有人调查过数百例胃溃疡患者,并随机调查了相同人数的非胃溃疡正常对照组,发现胃溃疡组患者的饮酒人数是对照组人数的4倍。反映了饮酒与胃溃疡有着密切的关系。进一步研究显示,饮酒不仅可造成胃炎及促使溃疡形成,而且对胃溃疡活动期的患者及有溃疡史的患者危害更大,往往可造成溃疡恶化、出血及复发。饮酒导致胃黏膜损伤的机制有以下几方面。

(1)酒中的主要成分是酒精(乙醇),它直接造成胃黏膜损伤,形成胃炎及溃疡,特别是空腹饮酒损伤更明显。许多人饮酒后马上出现胃痛正是其直接损伤时的表现。

(2)酒精可造成人体全身抵抗力下降,胃黏膜的保护作用也减弱,容易形成溃疡。

(3)溃疡患者因为溃疡面胃黏膜缺损,胃黏膜失去对酒精的隔离作用,酒精便能直接作用于溃疡面,轻则延缓愈合,重则使溃疡加重出现出血甚至穿孔。

(4)长期饮酒可破坏胃内正常的环境,细菌繁殖增生,促进致癌物亚硝胺的合成。因此,饮酒不仅可引起胃炎和胃溃疡,还可因体内亚硝胺含量增加导致胃癌及肝癌。

12. 酗酒可引起胰腺炎

从流行病学统计结果来看,酒精是引起急性胰腺炎的重要原因。在西方国家,酒精中毒是急性胰腺炎最常见的病因,尤其以男性发病较多,而在我国则为较次要原因,这与饮酒习惯有很大的关系。一般认为,如果一次大量饮酒可导致急性胰腺炎的发生。酒精中毒引起急性胰腺炎的发病年龄在 30－45 岁,男性多于女性,男女之比为 3:1。目前对酒精引起急性胰腺炎的机制尚不十分清楚。一般认为,酒精对胰腺的作用是通过消化道激素和神经作用间接产生的。可能是因为酒精能刺激胃窦部 G 细胞分泌促胃液素,使胃酸分泌增多,导致十二指肠处于高酸状态,pH 下降,使胰液素和缩胆囊素分泌,导致胰液、胆汁分泌增多;另外酒精还可使胆管口括约肌痉挛、水肿,导致胰液引流不畅,胰管内压力增高,使胰管破裂;酗酒还可促使胰液中蛋白含量增高,形成蛋白栓子阻塞胰管,从而导致急性胰腺炎的发生。

13. 酗酒可损伤肺功能

酗酒可损伤呼吸道黏膜,使支气管纤毛运动减弱,气管自洁作用下降,肺泡通透不良。尤其是酒可抑制巨噬细胞的功能,使病菌得以繁殖。而且,酒精在体内约有 5％未被氧化的需经肺排出体外,这样又会刺激呼吸道降低防御功能。有关统计资料表明,常饮酒者肺结核的患病率比不饮酒者高 9 倍。德国学者研究指出,中欧结核病患者中酒徒占 20％～50％,北美占全部新患者的 50％,

而在住院患者中,中欧占 40%,美国占 40%～50%。

临床发现,嗜酒者染上肺结核后,病情大多较重,病灶易扩散,给治疗带来困难。特别是肺结核患者,因要用抗结核药物治疗,如饮酒可加重其不良反应。如服用异烟肼仍饮酒,易发生头晕、头痛、恶心、呕吐、心慌、气短,甚至出现高血压危象、心肌梗死、脑出血等而危及生命。服用利福平如不戒酒,可加剧癫痫发作,影响治疗和康复。

长期酗酒的人还易导致支气管扩张。有关专家通过观察发现,醉酒者极易打鼾,此时由于舌根后坠,咽峡和软腭松弛,鼾声隆隆中可将口腔内的食物残渣及口咽部的病菌吸入呼吸道内。醉酒者的气管、支气管平滑肌张力减弱,气管黏膜对痰液和异物刺激的敏感性降低,因而使咳嗽这一保护性机制也大大削弱,难以及时将痰液及病菌清除出去,从而引起支气管和肺部感染。

14. 过量饮酒易导致高脂血症

适量饮酒,可使血清中高密度脂蛋白明显增高,低密度脂蛋白水平降低。因此,适量饮酒可使冠心病的患病率下降。大量饮酒不一定都会引起明显的高脂血症,但大多数长期饮酒者都有高脂血症。因饮酒量增多,极易造成热能过剩而导致肥胖,同时乙醇(酒精)在体内可转变为乙酸,乙酸使得游离脂肪酸的氧化减慢(竞争氧化),脂肪酸在肝内合成为三酰甘油,而且极低密度脂蛋白的分泌也增多。有的人适应能力很强,极低密度脂蛋白分泌增多时,三酰甘油的清除也增快,因此,持续饮酒数周后,血清三酰甘油水平可转为恢复正常。另外一些人适应能力差,长期大量饮酒,就会出现严重的高脂血症。

15. 过量饮酒容易诱发头痛

很多人在饮酒后,尤其是在醉酒后会出现头痛。这是因为饮酒的危害性在于降低脑血流量,使脑组织缺血、缺氧,从而使大量脑局部代谢产物如乳酸、氢离子、钾离子、腺苷、前列腺素、儿茶酚胺类物质潴留，导致脑血管扩张而引起头痛。此外，进入体内的酒精能使血液的纤溶能力下降，凝血因子活性增高；不定期能导致血小板生成异常，小血管麻痹，其张力和通透性发生异常改变。有些酒类（如啤酒、果酒、米酒等）富含一种称为酪胺的物质，极易诱发头痛。这是由于酪胺属儿茶酚胺类物质，能刺激交感神经末梢释放去甲肾上腺素，它具有收缩血管和升高血压的作用。

16. 过量饮酒会导致贫血

随着目前酒类消费的不断上升，常可见到大细胞性贫血。在显微镜下，这类贫血患者的红细胞体积较大，红细胞的血红蛋白量也增高。慢性酒精中毒引起贫血，原因可能是酒精对造血过程中的红细胞直接损害。当然，慢性酒精中毒中也有一小部分属于叶酸缺乏引起的巨幼红细胞贫血。酒精中毒性疾病叶酸缺乏的主要原因是营养中摄入不足，食用蔬菜和生菜过少可造成营养性叶酸缺乏。酒类中由于啤酒含有较多的叶酸，故很少引起叶酸缺乏。若饮用高浓度的缺少叶酸的酒精饮料，同时营养条件较差，则嗜酒易发生叶酸缺乏性贫血。

没有营养性叶酸缺乏时，慢性滥饮酒精者也会发生叶酸缺乏症。其原因是酒精性肝病患者叶酸储存不足、吸收障碍及酒精和（或）其代谢产物的直接抗叶酸作用。

通过给予治疗剂量的叶酸，约每日 10 毫克口服，可迅速治愈慢性滥用酒精时伴有的巨幼细胞性贫血。治疗酒精性大细胞性贫血最有效的措施是戒酒。

17. 酗酒会导致营养不良

嗜酒的人，即便是嗜酒时间较短的，酒后也常常会有一种饥饿的感觉。人若每天喝 200 毫升烈性酒，持续不到半个月，就会引起消化系统紊乱。此时，人的小肠不但不吸收食物中的维生素和无机物,反而会分泌出一种液体,促进食物不经消化吸收的就排出体外。不仅如此,由于嗜酒者的饮食往往不平衡,就更加深了上述现象的不良影响。因此,嗜酒会导致饥饿直至营养不良,但是只要戒酒,这些异常现象就会很快消失,而且身体会恢复正常。

嗜酒者发生营养不良或肠胃功能紊乱的比例要比肝硬化高很多。

18. **酗酒者易骨折**

据科学家用鸡胚做实验证实,酒精会损害骨骼组织,还会阻碍刺激骨骼生长的实验药物发挥作用。因此,使人体骨质疏松,容易骨折。尤其酗酒者,晕迷时易摔倒,因此,骨折的机会就更多。

19. **喝酒常醉者易患老年痴呆症**

专家提醒,喝酒常醉者可能导致酒精性脑病,增加罹患老年痴呆症和帕金森综合征的风险,饭桌上一定要把握"酒量"。酒精中毒病人一般出现呕吐、头痛、神志不清等症状,有的甚至发生脑出血。醉酒对身体损伤很大,尤其是损害肝脏和大脑。最新研究表明,经常性醉酒还会增加罹患老年痴呆症和帕金森综合征的风险,因此喝酒不要逞强,最好不喝酒,喝酒要限量,不能过量,更不能醉酒。每个人应对自己的酒量心中有数,席间不提倡劝酒,更易将把别人灌醉。此外,喝红酒可软化血管的说法并不科学,研究表明,每天喝差不多一瓶半的量,而且连喝2个月,才能起到软化血管的作用,而正常人还没喝到位,可能已经出现酒精性肝中毒了。

20. **喝酒与酒量**

(1)决定酒量的根本因素:人的酒量主要是由遗传基因决定的。因为有的人之所以能解酒,是因为他们体内有解酒酶,而解酒酶的数量和活性决定酒量的大小。解酒酶数量越多,活性越高,分解代谢酒精的速度就越快,而解酒酶的数量主要是遗传因素决定的,人的一生无论怎么练习喝酒,解酒酶的数量都不可能增加。人喝1两白酒,肝脏就要忙碌4～6小时,喝三两白酒,肝脏辛苦工作1周也难以完全将酒精分解排出体外。在没有保护的情况下,一次过量饮酒,相当于一次轻型急性肝炎。

(2)酒量是练不出来的:有的人以前不能喝,慢慢多喝后感觉能喝了。其实这不是因为他的酒量增加了,而是身体越来越麻木,伤害的程度越来越厉害了。长期酒精刺激,会让机体各个器官对酒精的伤害变得麻木,比如胃,以前可能喝一杯就想吐,但多喝几次后,胃被伤害得麻木了,因而感觉不那么容易吐了。但是,这并不代表酒量在增加,这不是好事,是坏事。

(3)发生酒精中毒的量:酒精中毒其实就是俗称的醉酒,每个人的体质不一样,解酒功能不一样,对酒精的敏感度也不一样。因此,喝多少才能喝醉,这个量因人而异。

(4)饮酒要适量:医生建议,成年男性一天饮用酒的酒精量不超过25克,相当于啤酒750毫升,或葡萄酒250毫升,或38度的白酒75毫升,或高度白酒50毫升。成年女性一天饮用酒的酒精量不超过15克,相当于啤酒450毫升,或葡萄酒150毫升,或38度的白酒50毫升。

(5)酒量大小看"脸色":有些人一喝酒就脸红,而有些人无论喝多少都面不改色,能不能以"脸色"反应断定一个人的酒量是高还是低呢?喝酒脸红并不是能喝的表现,恰恰相反,是身体发出的一个信号:告诉你不能喝了!

21. 为何有人天生就能喝酒

酒量与人种、地域、喝酒时间都有关系。我们都会有这样的疑问,为什么有的人喝酒"千杯不醉",而有的人喝一点酒后就情绪激动甚至酩酊大醉?酒量的大小到底与什么有关系呢?医学专家最近的研究可能会给这一问题提供一定的解释。

(1)酒精在人体内的分解代谢主要靠体内的两种酶,一种是乙醇脱氢酶,另一种是乙醛脱氢酶。前者能把酒精分子中的两个氢原子脱掉,使乙醇变成乙醛。而后者则能把乙醛中的两个氢原子脱掉,使乙醛分解为二氧化碳和水。人体内若具备这两种酶,就能较快地分解酒精,中枢神经就较少受到酒精的作用,因而即使喝了一定量的酒后,也能很快代谢。在一般人体中,都存在前一种酶,而且数量基本是相等的,但缺少后一种酶的人比较多。这种乙醛脱氢酶的缺少,使酒精不能被完全分解为水和二氧化碳,而是以乙醛继续留在体内,使人喝酒后产生恶心欲吐、昏迷不醒等醉酒状态。

(2)易醉酒和基因有关。医学家最近研究发现,俄罗斯人原本并不容易醉酒,但是许多俄罗斯人有蒙古人的基因,因而体内酒精的新陈代谢方式就变得跟蒙古人一样了,比其他欧洲人慢了许多,所以容易醉酒。

俄罗斯卫生部麻醉研究中心的专家们进行了一系列试验发现,带着蒙古人基因的志愿者血液中酒精浓度比其他人高了1倍,由于体内酒精分解速度慢很多,他们醉得很厉害,表现为站不直、容易激动、思维混乱、情绪突然低落等。

中国科学院遗传与发育研究所专家说,人的酒量大小与人体基因有直接关系。不同人种及不同地域的人,体内的乙醇脱氢酶和乙醛脱氢酶的含量是不同的。总体上,白种人60%的人较能喝酒的,黄种人60%的人是不能喝酒的,而黑种人能喝不能喝的各占50%。我国人口中乙醛脱氢酶缺陷所占比例很大,所以酒量小的人较多。此前,国内的一项调查表明,乙醛脱氢酶缺陷型者,朝鲜族中占24%,蒙古族中占44%,壮族中占45%,侗族中占48%。另外,从性别看,一般女性比男性占的比例大,从地区看,南方人比北方人占的比例大。所以,男性通常比女性能喝酒,北方人比南方人酒量大。金峰博士强调,统计数据是在大的范围内的宏观描述,其中的个体差异也不容忽视。不过,饮酒贵在适量,人的酒量大小各不同,饮酒者要根据自己的酒量量力而行。若饮酒过量,特别是饮高度酒,就容易喝醉,有害身体,严重者会引起酒精中毒而死亡。

据专家介绍,乙醛脱氢酶又分为 ALDH$_1$ 和 ALDH$_2$ 两种,前者受制于人体基因,既不能增加也不能减少,后者则受后天刺激及后天习惯的影响。很多平时不喝牛奶的人,突然喝牛奶就会产生胃肠不适、闹肚子的状况,这是因为在牛奶消化的过程中,一种叫乳糖酶的物质起到了关键的作用。放牧人群对牛奶的接受程度远远高于非放牧人群,这是因为放牧人群的生活习惯使他们分泌的乳糖酶量大大高于非放牧人群,乳糖酶与 ALDH$_2$ 相同,可通过刺激增加。

(3)近年的研究还证实,上午喝酒要比晚上喝酒容易醉。这是因为人体内乙醇脱氢酶的活性有时间规律,上午活性降低,晚上活性增加。科学研究表明,凌晨 2 时至中午 12 时,乙醇在血液中维持时间较长,因而它对中枢神经的影响较强;而下午 2 时至半夜12 时,血液中乙醇浓度下降较快,所以乙醇对中枢神经的影响程度较小。这就是上午喝酒容易醉,而晚上喝酒相对不易醉的缘故。

22. 恶醉一次等于大病一场

酒的主要成分是酒精(乙醇)。喝酒 80％ 由十二指肠和空肠吸收;20％ 由胃吸收,吸收的速度很快。据测定,5 分钟后酒精即进入血液,2.5 小时被全部吸收。

世界卫生组织统计,全球因饮酒而死亡的人数超过因吸毒而死亡的人数,饮酒成为仅次于吸烟的第二大健康杀手。世界卫生组织还将酒精和吗啡一起列为心理依赖性和耐受性最强的毒品,其致依赖性是烟草的 3 倍,甚至远远大于可卡因和大麻。

酒对人体健康的损害主要表现在以下几个方面:①有双手震颤、步态不稳、四肢发麻等神经系统症状;②有记忆力减退、计算能力下降、认识功能缺损等;③导致食管癌、喉癌及肝、脾、肾和心肌血管系统的病变;④损害人体的生殖细胞,导致性功能减退、阳痿,造成后代体能和智力的缺陷等。一个人只要恶醉一次,对身体的伤害就相当于大病一场,有资料显示,临床心血管疾病,63％有过长期饮酒史。

精神障碍也是慢性酒精依赖患者的一个突出症状。医学证明,"酒精依赖"就是一种慢性脑疾病,酒瘾就是毒瘾。世界卫生组织研究指出,为了预防酒依赖的发生,安全饮酒限度为男性每天20克、女性10克酒精的饮用量。我国精神专家解释说,男性每天饮酒不超过2瓶啤酒或1两白酒,女性每天不超过1瓶啤酒,而且不可混饮。此外,每周至少应有2天滴酒不沾。

23. 小口慢饮不易醉

美国杜克大学医学中心的健康专家在美国广播公司新闻上为喜欢喝酒的人提出了以下建议,避免大家在饮酒期间醉酒。

(1)喝酒前吃点儿东西:如果胃里有食物垫底儿,酒精吸收得就会慢一些,人们就不容易产生醉感。因此喝酒前应该吃点儿脂肪含量较高的食物,它们可以吸收酒精,避免其直接刺激胃壁,并延缓其进入血液的过程。

(2)选择适合自己的酒水:酒之所以能够醉人,是因为除了酒精以外,还含有同类素等让人飘飘欲仙的物质。所有经过发酵的酒都会产生同类素。判断酒中同类素含量最简单的方法就是观察酒的颜色,颜色越深则表示同类素含量越高;红葡萄酒、威士忌和白兰地等要比白葡萄酒、伏特加和杜松子酒含有更多的同类素。此外,红葡萄酒还含有另外一种使人头晕的化合物酪胺。啤酒中的同类素含量较低,但口味越重的啤酒同类素含量越高。

(3)细斟慢饮:醉酒与否取决于人在一定时间内摄入体内的酒精总量,许多人不胜酒力往往是因为喝得太快太猛。因此喝酒时不宜要"英雄主义",而应该小口慢饮。还可以每喝一口酒就喝一口非酒精类饮料,这有助于降低血液中的酒精浓度,不致脱水。喝酒时还要放松心情,喝闷酒更容易使人在醒来后头痛欲裂。

(4)及时补充水分:酒精有利尿作用,因此人在酒后会有不同程度的脱水症状,如口干舌燥等,大量喝水则可以有效预防这种情况。喝酒前应该多喝一些水,酒后身体最需要电解液以防止脱水,所以,酒后最好也喝一大杯水,或者补充橙汁或运动型饮料。但咖啡和茶等含咖啡因饮料,跟酒精一样有利尿作用,会加重脱水症状,应避免酒后饮用。

(5)不要急着吃镇痛药:有些人为了预防头痛,喝酒后立刻服用镇痛药。但阿司匹林会使胃部不适,并加重宿醉感;泰诺等醋氨酚类药物也不宜服用,因为酒精会干扰醋氨酚的代谢,加重其对肝脏的毒性作用。如果第二天一早还感觉头痛,可以服用阿司匹林。

(6)慎用解酒药:虽然有些解酒药能抑制人体对酒精的反应,缓解恶心、口干和食欲缺乏等醉酒症状。但专家指出,这些药"治标不治本",对酒精造成的抽象记忆受损、压抑中枢神经系统及利尿等不良反应没有帮助。

(7)注意休息:酒精会扰乱人的生物钟,所以喝酒后应尽量多睡一会儿,让大脑得到充分休息。起床后不管胃里有多么不舒服,都要强迫自己吃一份富含脂肪的早餐,它可以安抚你的胃。

24. 醉酒难受怎么办

中国人的人情往来、饭局应酬少不了要喝酒。但醉酒的滋味实在不好受,有什么法子能缓解呢?

(1)吃维生素 C 保护肝脏:维 C 能加速酒精分解,保护肝脏,喝酒时或醉酒后服用维生素 C,或柑橘、西瓜等富含维 C 的水果,都有利于解酒。一大杯橙汁或蜂蜜水也能加速去除残存在体内的酒精。

(2)胃肠不适喝芹菜汁:如果酒后胃肠不适、反胃恶心,可以喝芹菜汁或吃鲜葡萄。芹菜中含丰富的分解酒精所需的 B 族维生素。胃肠功能较弱的人,建议喝酒前先喝点芹菜汁,能减轻喝酒时脸发红的症状。鲜葡萄中的酒石酸也能解酒。喝完酒还可以喝点肉汤,减轻酒精刺激胃壁细胞。

（3）头痛、头晕喝点蜂蜜水：头痛是宿醉不可避免的症状之一，喝点蜂蜜水或番茄汁可缓解。蜂蜜能够促进酒精的分解吸收，减轻头痛。一次喝番茄汁 300 毫升以上，酒后头晕感会逐渐消失。宿醉后的清晨，最好泡个热水澡。能缓解头晕脑涨、全身无力的症状。如果能在水中滴几滴精油，还能提神醒脑。

（4）嗓子不舒服多喝白开水：醉酒后嗓子不舒服，主要是酒后失水引起的，马上喝几杯温开水，能稀释酒精，保护肝脏，补充水分。宿醉后喝运动型饮料也是不错的选择，在饮酒时一起饮用还能防止大醉。

要提醒大家的是，喝酒后不要喝茶水。因为茶叶中的茶碱与酒精代谢产物乙酸结合，形成的物质会对肾脏造成损害。

25. 葛藤可控制酒量

新的研究显示，耐寒耐旱、蓬勃生长的葛藤可帮助控制饮酒无度。葛藤是一种原产于我国的植物，它含有一种能有效减少人体酒精摄入量的成分。

哈佛大学附属麦克莱恩医院的这个研究小组在研究人员斯科特·卢卡斯领导下，在实验室设立了一个临时替代的"套房"，里面有电视机、躺椅和放满啤酒的冰箱。

研究结果显示，服用葛藤的志愿者每个时间段里平均饮用 1.8 罐啤酒，相比之下，服用安慰剂的志愿者每个时间段里饮用 3.5 罐啤酒。

卢卡斯不能肯定其中的原因，但他猜测，葛藤增加了血中的酒精含量，并加速了酒精的作用。简单地说，志愿者达到醉酒的程度所需要饮用的啤酒量减少了。卢卡斯说："酒精迅速进入血液让他们感到满足，从而打消了他们进一步饮酒的欲望。这只是一个推测，是我们目前能得出的最好结论。"卢卡斯招募了 14 名 20 多岁的男女青年，让他们在 4 个各 90 分钟的时间段里喝啤酒、看电视。研究人员挑选那些自称通常每天要喝 3~4 杯啤酒的人。

在第一个时间段过后,一些志愿者收到葛藤胶囊,而另一些志愿者则收到安慰剂。志愿者中没有人因为葛藤与啤酒混合而出现不良反应。

虽然葛藤没有将饮酒者变成禁酒主义者,但卢卡斯说,他希望葛藤能有助于嗜酒者减少饮酒量。

26. 柿子能加速酒精分解

柿子能加快血液中乙醇的氧化,其中单宁和酶可以分解酒精,高含糖量、含钾量及大量的水分能起到利尿作用,帮助机体排泄酒精,其丰富的维生素 C 还能够增强肝脏功能,起到护肝的作用。柿子的有机酸和鞣酸可以促进消化,加速酒精分解。

柿子好吃,但并不是所有人都能吃。专家提醒,柿子性寒,对于胃寒或有胃炎的人来说,多吃柿子不但会加重病情,还会增加胃结石的风险。尤其在吃海鲜时,更不能用柿子来醒酒,因为柿子会与海鲜发生反应引起食物中毒。

对于喜欢吃柿子的人,专家推荐了两道柿子制作的美味佳肴,可以考虑喝点柿子黑豆汤,用柿子与黑豆一起煮 20 分钟后使用,不但味道好,还能起到清热止渴的功效。还可以将菠萝和柿子切碎,拌上核桃仁、葡萄干、蜜枣,加上白糖或蜂蜜,制成酿柿子,绝对是饭桌上的美味小点。除了醒酒,还能起到润肺止咳、补气、养血、生津的多重功效。

27. 醉酒的八大误区

近日,香港《明报》邀请香港东华三院酗酒治疗计划中心主任钟燕婷,为大家普及饮酒的相关知识,以扫除有关于醉酒的误区。

误区 1:吃肉垫底,能保护胃壁,不易醉酒。先吃点肥腻食物,可以减缓酒精进入身体的速度,但不会减少酒精的吸收量,只是延迟了醉酒时间,而并非不易醉酒。相反,由于醉酒过程推迟,反倒会令人多喝几杯,反而醉得更厉害,增加酒精中毒的风险。

误区 2：几种酒掺着喝容易醉。无论喝一种或几种酒，均不会影响身体对酒精的吸收，只要摄入酒精达到一定量，便会令人产生醉酒感，与酒的种类无关。不过，几种酒掺着喝，对肠、胃、肝等器官刺激较大，更容易导致肠胃不适。

误区 3：酒量与身材、性别有关。一般来说，女性体内分解酒精的酶天生就比男性少，因此酒量差一些。体重、身材也是决定酒量的重要因素。摄入同等数量酒精时，胖人和高个儿的人由于体内水分和血量更多，血液中酒精浓度较低，相对不易醉，所以看上去酒量好。但是，由于对酒精的吸收还取决于很多其他因素，包括个人基因、新陈代谢率、正在服用的药物等，所以，酒量不能单靠身材、性别来判断。

误区 4：酒量是可以练出来的。长期喝酒，不断刺激分解酒精的酶，可能会增加其分泌量，提高分解酒精的能力，令人自觉酒量变好，但不会减少酒精对身体的损害。酒精依赖肝脏代谢，长期摄入大量酒精，会令肝脏负荷过重，产生病理变化，导致脂肪肝、肝硬化；也会损害神经系统，降低生育能力，诱发脑卒中、心脏病等多种疾病，更增加致癌风险。

误区 5：喝酒御寒暖身。饮酒后，血管受酒精刺激扩张变粗，令血液加速流向皮肤，带来暖意，但这只是一时假象。短暂温暖过后，由于血管无法及时收缩，反而会加快身体散热速度，令人感觉更冷。所以说喝酒御寒不科学。

误区 6：酒精是兴奋剂，一醉解千愁。酒精其实是抑制剂，会麻痹大脑中枢神经，降低自控能力，令醉酒者做出平时不会做的事，如大吵大闹，所以给人的错觉是兴奋、情绪高涨。不过，随着血液酒精浓度升高，身体会逐渐产生各种不适，反而令人更加抑郁沮丧。

误区 7：平躺睡一觉就能醒酒。醉酒的人常会呕吐，如果平躺，呕吐物会倒流入气道，阻塞气管，引起肺炎，甚至窒息致死，所以必须让醉酒者侧睡，以便使呕吐物流出口腔。另外，不要让醉酒者单独在陌生环境中休息,如 KTV、酒吧卧室等,以免发生意外。

误区 8:冷水澡、热咖啡或浓茶,均有助于醒酒。冷水澡及热咖啡,或许会令人短暂恢复清醒,却不能降低血液酒精浓度。而咖啡及浓茶中的咖啡因、茶碱等物质,均有利尿的功效,会刺激身体排出大量水分,更不利于稀释酒精。

28. 喝酒猝死 8 个原因

饮酒过量会伤身,甚至可能导致猝死。但在不同情况下,猝死的原因各有差异,预防方式也有所不同。一般来说,常见的原因有以下 8 种。

(1)误吸:饮酒者胃内往往存有大量食物,呕吐时胃内容物易进入气管,导致患者窒息及诱发吸入性肺炎;也可刺激气管,通过迷走神经反射,造成反射性心脏停跳。急诊发现,来院前已死亡的醉酒病例在心肺复苏时,常会从气管内吸出大量呕吐物,多数是由于误吸所致。因此,对急性酒精中毒患者,防止误吸是"重中之重",醉酒后一定不能仰卧,头要偏向一侧,防止呕吐物进入气管。

(2)双硫仑样反应:一些药物,如头孢哌酮等,可致使乙醛无法降解、蓄积在体内,造成乙醛中毒现象,即双硫仑样反应。这类醉酒者会出现面部潮红、头痛、眩晕、腹痛、胃痛、恶心、呕吐、气急、心率加速、血压降低以及嗜睡幻觉等表现,严重时可致呼吸抑制、心肌梗死、急性心衰、惊厥及死亡。在临床上,双硫仑样反应很容易误诊为药物过敏或心脏病发作。因此,服用头孢哌酮等药物期间,最好禁酒;一旦出现严重醉酒,应向医护人员交代服药情况。

(3)急性胰腺炎:饮酒可导致急性胰腺炎发作,产生心肌抑制因子,使心脏骤停。在西方国家,酒精中毒是急慢性胰腺炎的主要原因。美国每年有 1/2 至 2/3 的急性胰腺炎与酒精中毒有关。因此,酒精中毒者应常规查血清淀粉酶。

(4)低体温:由于酒精可造成血管扩张,散热增加,且降低判断力或导致迟缓,尤其是在寒冷环境中,易造成低体温。低体温可使机体出现高凝血症、高血糖症和心律失常,造成患者的意外死亡。有统计表明,在某些乡村地区,90%以上低温引起的死亡与血中酒精浓度升高有关。低体温病人的手、脚和腹部摸上去是冷的,但没有寒战,呼吸浅而慢,常见脉搏缓慢,血压降低伴以心律失常;面部可能浮肿并呈桃红色。所以出现急性酒精中毒时,保温是必要的措施。

(5)横纹肌溶解:饮酒患者常昏睡很长时间,如肢体不活动,长时间压迫部位会出现肌肉的缺血坏死,并由此导致横纹肌溶解。当肢体解除压迫,会发生急性酒精中毒性肌病,肌肉溶解释放出大量坏死物质入血,造成多脏器功能不全,甚至发生猝死。因此,急性酒精中毒患者,一定要定期翻身,防止肢体长时间受压。

(6)洗胃后低渗:如果酒精中毒后需要洗胃,有造成低渗清水进入血液的可能,可发生低渗性脑水肿。由于胃患者处于昏睡状态,脑水肿的体征等临床征象容易被忽略,一旦发生脑疝,可引发猝死。因此大量洗胃后,预防性应用一些防止发生低渗状态的药物,如利尿药、糖皮质激素、甘露醇等,有可能防止这类猝死的发生。

(7)心脏急症:饮酒可诱发急性心肌梗死,因此在急诊中,酒精中毒患者须做一份心电图,尤其是老人和有糖尿病等基础病变的患者,昏睡的饮酒者发生急性心肌梗死是比较隐匿的,可以无任何症状。

(8)脑出血:某患者因深度酒精中毒被紧急送往医院抢救,医生对其进行数小时的治疗后,患者仍处于昏迷状态,此时医生才怀疑是否同时存在其他问题。之后颅脑 CT 显示,患者脑出血。据估计,我国每年有 11 万人死于酒精中毒引起的脑出血,占总死亡率的 1.3%。

防醉解酒良方

1. 螺蚌葱豉汤

原料：田螺、河蚌、大葱、豆豉各适量。

制作：将田螺捣碎，河蚌取肉，一同与大葱、豆豉共煮。饮汁液。

功效：适用于急性酒精中毒。

说明：本方为醒酒解醉食疗方。对饮酒过量,醉而不省人事者有加速醒醉功效。

2. 石膏汤

原料：石膏 15 克,葛根 90 克,生姜 90 克。

制作：水煎后去渣取汁,徐徐灌服。

功效：适用于饮酒太过,大醉不醒者。

说明：本方对大醉不醒者,确有醒醉之效。

3. 老菱角汤

原料：老菱角及鲜菱角草茎共 150 克。

制作:水煎取汁液 300～500 毫升,一次饮下。

功效:适用于饮酒过量,出现急性中毒症状者。

说明:本方对于急性酒精中毒有一定醒酒解醉疗效。

4. 醒醉汤

原料:青橄榄(色黄或已有损坏者勿用)适量。

制作:将青橄榄在瓦上磨去粗皮,去核,切成细丝。每 500 克橄榄丝用 60 克粉草末,60 克炒盐,拌匀,放入瓷罐密封,用滚开水点服。

功效:适用于醉后口渴及饮酒太过。

说明:橄榄是众人喜食的果品,具有清肺利咽、生津解毒之功能。在《本草纲目》《滇南本草》等书中记载了本品的解酒毒功效。凡饮酒之后,不论醉否,适量服些橄榄均大有裨益。

5. 绿豆甘草汤

原料:绿豆 100 克,甘草粉 6 克。

制作:加水煎煮,取汁 500～800 毫升,频频饮服。

功效:适用于急性酒精中毒。

说明:本方不仅可以解酒毒,对各种食物中毒均有良效。

6. 橘味醒酒汤

原料:橘子罐头、莲子罐头各半瓶,青梅 25 克,大枣 50 克,白糖 300 克,白醋 30 毫升,桂花少许。

制作:将大枣洗净去核,置小碗中加水蒸熟;青梅切丁;橘子与莲子罐头一起倒入锅中,加入青梅、大枣、白糖、白醋、桂花、清水,烧开。冷后频频饮之。

功效:适用于急性酒精中毒。

说明:本方为食疗方,安全有效,凡酒精急性中毒者饮用此汤对于加速醒酒确有良效。

7. 香薷汤

原料:炒扁豆、茯神、厚朴(去粗皮,姜汁炒)各 30 克,香薷 60 克,炙甘草 15 克。

制作:诸药共研细末,每服 6 克,沸汤点服。

功效:适用于醉酒不醒,或胸腔胀满,吐泻不止。

说明:醉酒不醒症尤似急性酒精中毒昏迷不醒状,可选用本方治疗。本方能宽中和气,调营卫,对急性酒精中毒所出现的诸胃肠症状具有缓解作用。

8. 化漏汤

原料:大黄、山楂、厚朴各 8 克,白芷、麦芽各 6 克,生甘草 15 克。

制作:水煎服。

功效:适用于食物中毒,解酒毒。

说明:本方对各种食物中毒均有疗效,还具有解酒作用。

9. 挺脾汤

原料:麻油 12 毫升,高良姜 450 克,炒茴香 225 克,甘草 353 克。

制作:用盐 500 克同炒,为细末,每服 3 克,白汤点下。

功效:适用于脾胃不快,宿醉留滞,呕吐酸水,心腹胀痛,不思饮食,伤冷泄泻。

说明:宿醉留滞乃酒蓄毒留未解,凡饮过酒后出现腹部胀痛不思饮食,呕吐酸水者,可用本方治疗。

10. 神仙醒酒丹

原料:葛花 15 克,赤小豆花、绿豆花各 60 克,葛根(捣碎、水澄粉)240 克,真柿霜 120 克,白豆蔻 15 克。

制作：诸药共为细末，用生藕汁捣和作丸，如弹子大，每用 1 丸，嚼而咽之，立醒。

功效：适用于酒醉。

说明：方中葛花、葛根解肌发表，使酒湿之邪从肌表面而出。赤小豆花、绿豆花淡渗，使酒湿之邪从小便而去。白豆蔻调气温中，醒脾消湿。柿霜清热、燥湿、化痰。全方共奏解酒祛湿之功，在临床上曾试用过数 10 例患者，应用者普遍反映本方良好，并有个别人经常索取此药，以备酒后应用。

11. 解酒仁丹

原料：白果仁、葡萄各 240 克，薄荷叶、侧柏叶、砂仁、甘松各 34 克，细茶 120 克，当归 15 克，丁香、肉桂、细辛各 1.5 克。

制作：诸药共为细末，炼蜜为丸，如芡实大。细嚼，清茶送服。

功效：适用于酒醉。

说明：本方具有一定解酒作用，经常饮酒者可试用。

12. 活命金丹

原料：贯众、甘草、板蓝根、葛根、芒硝各 30 克，大黄 45 克，牛黄、珍珠、生犀角、薄荷各 15 克，朱砂（一半为衣）12 克，麝香、桂枝、青黛各 9 克，冰片 6 克。

制作：诸药研为细末，蜜水浸蒸饼为丸，每丸 3 克，金箔、朱砂为衣，每服 1 丸，新汲水化下。

功效：适用于一切酒毒、药毒，发热腹胀，大小便不利，胸膈痞满，上实下虚，气闭面赤，汗后余热不解及卒中不语，半身不遂，肢体麻木，痰涎上涌，咽嗌不利，牙关紧闭。

13. 济生百杯丸

原料：橘皮、干姜各 90 克，木香、茴香、京三棱（炮）各 9 克，白丁香 50 个，炙甘草 6 克，砂仁、白豆蔻各 30 个，生姜 30 克。

制作:诸药研细末,炼蜜为丸,朱砂为底,每服 6 克,日服 2 次,生姜煎汤送服。

功效:适用于酒停腹中,膈气痞满,面色黄黑,将成癖病,饮食不进,日渐羸瘦。另外本方还有防醉酒作用,故名"百杯丸"。《济生拔萃》中谓"如饮酒先服此丸,百杯不醉,亦无诸疾"。

14. 葛花丸

原料:葛花、葛粉末各 15 克,砂仁、山果各 5 克,木香、陈皮、炒枳实各 30 克,沉香、豆蔻、荜澄茄、茯苓、炙甘草各 1 克,乌梅 14 克,半夏 12 枚。

制作:诸药共为细末,炼蜜为丸,如龙眼大,每取 1 丸,嚼化。

功效:具有醒酒、解毒、消痰之功,可治饮酒大醉。

说明:经临床观察本方解除酒毒作用明显可靠。

15. 夺命抽刀散

原料:干姜(以巴豆 15 克同炒,至黑色,去巴豆)、高良姜(入斑蝥 100 个同炒,去斑蝥)各 600 克,炒糯米 750 克,石菖蒲 660 克。

制作:诸药研为细末,每服 6 克,用盐水少许,空腹食前点服。

功效:适用于酒精中毒等。

说明:原著介绍本方之功能是:凡脾胃积冷,中焦不和,心下虚痞,腹中疼痛,胁肋逆满,噎塞不通,呕吐冷痰,饮食不下,噫气吞酸,口苦无味,血气刺痛者,均可用本方治疗,并言及本方"并解酒毒"。

16. 避瘟散

原料:绿豆粉、生石膏各 2400 克,滑石、白芷各 240 克。

制作:诸药研为细末,每 180 克细粉调入麝香 1.8 克,冰片 180 克,薄荷 150 克,甘油 360 克。共研匀,每服 0.6 克,凉开水送下,或每用少许,闻入鼻窍。

功效:适用于饮酒过度。

说明:①本方有清暑散风,通窍解毒之功效,对于夏令暑热、头目眩晕、呕吐恶心、饮酒过度、晕车晕船、蝎螫虫咬等症,均有良效。②本药制作加工后要避光密封保存。

17. 樟叶葛花散

原料:樟树枝上嫩叶、葛花各等份。

制作:诸药研为细末,每服 9 克,白开水调服。

功效:适用于过量饮酒后大醉不醒。

说明:龚氏论此方时指出:一人饮酒太过,大醉不醒,一家人都很惊慌,无计可施,即时服用该药末三钱(约 9 克)后,病人立即醒来。

18. 葛根散

原料:甘草、葛花、葛根、砂仁、贯众各等份。

制作:诸药捣为粗末,取 9～15 克药粉,水煎去渣后服用。

功效:适用于饮酒过量及出现酒精中毒症状者。

说明:本方对解酒毒有可靠疗效。有作者曾屡试此方,对于醒醉解酒毒效果明显,曾将此方介绍给平日善饮酒者,用后多数反映效果良好。

19. 葛花白药子散

原料:葛花 15 克,白药子 12 克。

制作:诸药共研为细末,饮酒前 1 小时用白开水冲服 6 克。

功效:适用于防醉。

说明:将此方推荐给许多人于饮酒前服用,均反映有较好的防醉作用。

20. 白蔻丁香散

原料:白豆蔻仁 10 克,丁香 2 克。

制作:诸药研为细末,饮酒前 1 小时用水送服 3 克。

功效:适用于防醉。

说明:用此方不仅有防醉作用,而且还能有效地防止酒后恶心、呕吐及胃脘不适。

21. 八仙锉散

原料:丁香、砂仁、白豆蔻各 9 克,百药煎、甘草各 7.5 克,葛根粉、木瓜、炒盐各 30 克。

制作:将上药细锉,只需采取 3 克细嚼,温水送下,即可饮酒不醉。

功效:适用于预防醉酒。

说明:虽原著龚氏言及本方可使人饮酒不醉,但饮酒者也不可贪杯。况且本方只可偶尔服用,若服之过量可伤人元气,不可不慎。

22. 芜菁根散

原料:干芜菁根 27 枚。

制作:蒸后晒干研末,饮酒后服 3~6 克。

功效:适用于饮酒人无明显酒气。

说明:芜菁为十字花科植物芜菁的块根,又称为蔓菁、大头菜等。味辛、甘、苦,性平。具有温中下气,利湿解毒,利五脏,止消渴之功效。《医林纂要》批示:芜菁可"利水解热,下气宽中,功用略同萝卜"。在临证中曾令饮酒者于酒后生吃萝卜(带皮)50~100 克,确有一定解除酒气的作用。

23. 紫金锭

原料:山慈菇(去皮、洗、焙)、五倍子(洗、焙)各 60 克,千金子仁(研去油,取霜)30 克,麝香、朱砂、雄黄各 9 克。

制作:诸药共研细末,用糯米煮浓饮和药,每 9 克 1 锭,每服 1 锭,或遵医嘱。

功效:一切饮食药毒均可使用。

说明:本方原名太乙紫金丹,又名太乙玉枢丹、神仙万病解毒丸、万病解毒丹等,本方可解诸毒、疗诸疮、利关窍、治百病,是一解毒良方。

防醉解酒简易汤水

1. 酸梅汤

原料:乌梅 75 克,白糖 450 克,山楂 50 克,甘草 5 克,清水 3000 毫升。

制作:①将乌梅、山楂、甘草(或甜叶菊干叶)洗净,用 500 毫升开水浸泡 3 小时,无菌纱布过滤,滤出的渣再用 500 毫升开水浸泡 2 小时后过滤。②将两次浸出液合并,加糖加水至 3000 毫升,然后煮沸 3 分钟,冷却即成。

服法:饮酒前后佐餐服用,每次 100～150 毫升。

2. 西瓜翠衣汤

原料:鲜西瓜皮 1 个,白糖适量。

制作:将西瓜皮外层绿皮切下,洗净后切成碎块,放水煎煮 30 分钟,去渣取汁,加白糖搅匀,凉后当茶喝。注意:隔夜汤不能再喝。

服法:饮酒前后佐餐服用,每次 100～150 毫升。

3. 薄荷绿豆汤

原料:绿豆600克,白糖200克,薄荷干少许。

制作:①绿豆去杂洗净,放入锅内加适量水用旺火烧开,再改用文火煮30分钟左右,待绿豆煮开花,离火冷却待用;②另将薄荷干冲洗干净,放入小锅内,加适量水浸泡30分钟,然后用大火煮开,离火冷却,滤出薄荷水加入冷却的绿豆汤内,加白糖搅匀,放冰箱备用。此汤清凉去火解暑。

服法:饮酒前后佐餐服用,每次100~150毫升。

4. 葛花汤

原料:葛花15克。

制作:水煎服。

说明:葛花为豆科多年生落叶藤本植物葛之未开放的花蕾。味甘,性平,功主解酒醒脾,是安全有效的解酒毒药物。方名为笔者所加。

5. 菠萝汤

原料:鲜菠萝1000克,白糖50克。

制作:新鲜菠萝洗净去皮去果眼,切成薄片,然后放入锅内加水1000毫升,置炉上煮开5分钟,加入白糖,煮开后离火,捞出菠萝片,汤冷后即可饮用。

服法:饮酒前后佐餐服用,每次100~150毫升。

6. 大枣绿豆汤

原料:绿豆300克,大枣、白糖各100克。

制作:①将大枣、绿豆拣干净,放入锅内,加水约1500毫升,用旺火煮沸,然后改用文火焖酥,待凉,放冰箱备用。②食用时加冰水或食用冰块。此汤健胃益脾,理气和中,清凉解渴。

服法:饮酒前后佐餐服用,每次 100～150 毫升。

7. 藕块银耳汤

原料:鲜藕 250 克,银耳 15 克,白糖适量。

制作:①将银耳用开水发涨洗净,放入砂锅内加适量水,置中火煮沸后改用文火煨。②取银耳汤,加入洗净去皮切成块的藕,并放入白糖,用小火煮烂,离火待凉,放入冰箱中冰冷即成。

服法:饮酒前后佐餐服用,每次 100～150 毫升。

8. 草豆蔻汤

原料:草豆蔻 10 克。

制作:水煎服,或以此汤加入其他菜肴并用。

说明:草豆蔻是味行气燥湿、温中祛寒的中药,对于解酒毒也是其专功。《本草原始》中论述本品时指出"补脾胃,不能食者最宜,兼解酒毒"。

9. 绿豆汤

原料:绿豆 100 克。

制作:水煎后频服。

说明:绿豆可解一切饮食中毒,还有一定的保肝作用。凡饮酒过量后,喝些绿豆汤颇有益处。

10. 桂圆小枣汤

原料:小枣 300 克,桂圆肉 200 克,白糖适量。

制作:将小枣和桂圆肉洗净,放入清水浸泡 2 小时,再放入锅内,加水煮透,晾凉,放入冰箱备用,饮用时加适量水和糖。此汤健脾开胃,增进食欲。

服法:饮酒前后佐餐服用,每次 100～150 毫升。

11. 冰糖银耳汤

原料:冰糖 200 克,银耳 50 克,青梅、山楂糕各 15 克。

制作:①银耳用水浸泡,去杂洗净,山楂糕、青梅切碎同银耳一起入锅,加水烧开,改用文火将汤煨成浓稠状。②另取锅,加水和冰糖煮沸,撇去浮沫,加入糖桂花,将糖水浇在银耳上,撒上切好的青梅、山楂糕,煮沸离火晾凉,放入冰箱即成。

服法:饮酒前后佐餐服用,每次 100~150 毫升。

12. 白糖汤

原料:白糖 30~50 克。

制作:用温开水 300~400 毫升溶解后频饮。

说明:白糖具有润肺生津、解酒醒醉作用,在民间用白糖水解酒已为众酒民熟知,其作用也确实很好。《本草纲目》在论述白糖时说道:本品可"润心肺燥热,治嗽消痰,解酒和中,助脾气,暖肝气"。

13. 似神汤

原料:鲜白茅根、鲜桑根各 45 克,冰糖 10 克。

制作:①取鲜茅根洗净去根须,桑根洗净,去黄色外皮和木心。②将茅根、桑根、冰糖一同入锅,加 750 毫升水煮沸,至 400 毫升时离火,倒出汤液即成。

服法:饮酒前后佐餐服用,每次 100~150 毫升。

14. 消水肿汤

原料:鲜冬瓜皮 125 克,鲜西瓜皮、玉米须各 75 克,鲜白茅根、赤小豆各 100 克。

制作:将赤小豆洗净后浸泡 2 小时;把冬瓜皮、西瓜皮、白茅根、玉米须一同用冷水洗净,与赤小豆一起放入锅内加适量水煮沸

20 分钟,取汤即成。

服法:饮酒前后佐餐服用,每次 100～150 毫升。

15. 绿豆花汤

原料:绿豆花 10 克(鲜品 30 克)。

制作:水煎服。

说明:绿豆花有较好的解酒醒醉作用。经临床验证,确有效验。

16. 火腿汤

原料:火腿肉 120 克,花椒、生姜各 4 克,葱白 3 克,细盐适量。

制作:将火腿洗净切片,与花椒一起入锅,加适量水煮沸,然后加入葱、姜,改文火煨烂,加少量盐后稍煮即可。

服法:饮酒前后佐餐服用,每次 100～150 毫升。

防醉解酒简易果菜汁

1. **扁豆汁**

原料:扁豆 50 克,食盐 2.5 克。

制作:把扁豆洗净,放入铝锅内,加水 500 毫升,用火煮至汁约 300 毫升时加入食盐,待盐溶解后晾凉即可饮用。

服法:饮酒前后佐餐服用,每次 100～150 毫升。

2. **盐菠萝汁**

原料:菠萝 1 个,细盐、白糖各适量。

制作:①将菠萝洗净,削去皮,挖掉"眼",然后将菠萝捣烂挤汁,去渣。②取其汁放入食盐和白糖搅匀,再对入适量开水即可饮用。

服法:饮酒前后佐餐服用,每次 100～150 毫升。

3. **鲜藕汁**

原料:鲜藕 250 克。

制作:先把鲜藕洗净,擦成泥,然后用纱布榨取汁,加热煮沸后迅速离火,凉后饮用。

服法:饮酒前后佐餐服用,每次 100～150 毫升。

4. 西瓜番茄汁

原料:大西瓜 1 个,番茄 5 个。

制作:将大西瓜、番茄洗净,并用沸水冲烫片刻,剥去外皮,然后切开去籽,用纱布取汁,两汁和匀饮用。

服法:饮酒前后佐餐服用,每次 100～150 毫升。

5. 三鲜汁

原料:大鸭梨 200 克,荸荠 150 克,鲜藕 250 克。

制作:上述原料分别洗净,除去非食部分,然后切碎,捣烂,用纱布取汁和匀,即可饮用。

服法:饮酒前后佐餐服用,每次 100～150 毫升。

6. 白萝卜汁

原料:白萝卜 2000 克,白糖 500 克,食盐少许。

制作:将白萝卜洗净,切成细丝,把丝放在纱布里压挤,用大搪瓷杯收液汁,放入白糖和少量食盐,搅匀,盖好,放入冰箱即可。

服法:饮酒前后佐餐服用,每次 100～150 毫升。

7. 杨梅汁

原料:鲜杨梅 500 克,白糖 250 克。

制作:①将杨梅洗净,放在碗里加糖腌 2 天,取汁入锅,用文火煮沸后即离火,将杨梅汁倒入消毒瓶内,待凉,置冰箱内备用。②饮用时倒出适量汁,加入适量水或冰块即可。

服法:饮酒前后佐餐服用,每次 100～150 毫升。

8. 草莓汁

原料:鲜草莓 500 克,白糖适量。

制作:①先将草莓洗净,撕去底部绿色花托。将草莓放在清洁的搪瓷盛具内,用木棒将草莓捣烂,挤压出汁。②用纱布过滤,滤汁置火煮沸,装入消毒瓶中备用。白糖加水煮成糖浆,饮用时在草莓汁内加入糖浆,对入冰水或食用冰块即可。

服法:饮酒前后佐餐服用,每次 100～150 毫升。

9. 樱桃汁

原料:红樱桃 1000 克,白糖 250 克。

制作:樱桃去茎、洗净、压碎,用小火煮开,趁热装瓶,盖好,放入冰箱内。食用时用冰水冲饮。

服法:饮酒前后佐餐服用,每次 100～150 毫升。

10. 胡萝卜乳蛋汁

原料:鸡蛋 1 个,冰牛奶 1 瓶,胡萝卜泥 25 克,白糖 50 克,橙汁 25 克,食盐少许。

制作:鸡蛋打散,加糖和盐,将牛奶拌入胡萝卜泥内,加入鸡蛋液和橙汁,倒入有盖的瓶中,用力摇匀,置冰箱内即可。

服法:饮酒前后佐餐服用,每次 100～150 毫升。

11. 番茄乳汁

原料:番茄汁 30 毫升,牛奶 1 瓶,白糖适量。

制作:取自制的番茄汁,加糖混合,将牛奶慢慢倒入,拌匀置冰箱备用(注意:牛奶与番茄汁混合,可能会结小块,因此要多搅动)。

服法:饮酒前后佐餐服用,每次 100～150 毫升。

12. 西瓜乳汁

原料:鲜西瓜汁 150 毫升,牛奶 1 瓶,白糖适量。

制作:取自制的西瓜汁,加入白糖,倒入牛奶,使糖充分溶解,即可食用。

服法:饮酒前后佐餐服用,每次 100～150 毫升。

13. 葡萄乳汁

原料:优质葡萄汁 250 毫升,淡乳 1 瓶,柠檬、白糖各少许。

制作:淡乳与 200 毫升冷开水混合,倒入瓶中并加入葡萄汁摇匀,最后加柠檬汁及糖,再摇匀,置冰箱备用。

服法:饮酒前后佐餐服用,每次 100～150 毫升。

14. 乌梅汁

原料:干乌梅、白糖各 250 克。

制作:将乌梅去杂洗净,加水煮软留肉去核。煮成糖浆,倒入白糖混匀,低温保存,食用时加入冰块即可。

服法:饮酒前后佐餐服用,每次 100～150 毫升。

15. 红果汁

原料:鲜山楂 1000 克,白糖 750 克,清水 500 毫升。

制作:①将山楂洗净,切碎,加清水(盖过山楂为止),用文火煮烂过筛。②白糖加水制成糖浆,然后将山楂肉加入,一同煮成浓汁。浓汁装瓶置冰箱即可。

服法:饮酒前后佐餐服用,每次 100～150 毫升。

16. 番茄汁

原料:鲜红番茄 1000 克。

制作:①先将番茄洗净,切成小块,放入用干净纱布缝成布袋内,挤出番茄汁。②番茄汁置旺火上加热至沸腾,随即取下,待凉,即可食用。

服法:饮酒前后佐餐服用,每次 100～150 毫升。

17. 葡萄汁

原料:紫葡萄 1000 克。

制作:①先将紫葡萄洗净,放在盛具内捣烂。把捣烂的葡萄放入锅中,用文火煮沸,冷却,然后用纱布过滤。②滤渣加水再用文火煮,将汁滤出(直至皮上紫色褪)。两汁合并,盛于消毒过的容器中,放入冰箱备用。

服法:饮酒前后佐餐服用,每次 100～150 毫升。

18. 柠檬汁

原料:鲜柠檬 500 克,白糖 250 克。

制作:①先将柠檬洗干净,揩干切开,挤出柠檬汁,放入锅中加糖煮沸,随煮随搅。②待糖全部溶化,装入消毒过的瓶中,待凉备用。饮用时对入冰水或加食用冰块。

服法:饮酒前后佐餐服用,每次 100～150 毫升。

19. 鲜橘汁

原料:蜜橘 1000 克。

制作:将橘子洗净,横切为两半,每半放在挤汁杯上用力转动,使橘汁留在杯中,置冰箱备用。

服法:饮酒前后佐餐服用,每次 100～150 毫升。

20. 芹菜汁

原料:鲜芹菜 2000 克,白糖适量。

制作:鲜芹菜去杂洗净,晾干后再用冷开水洗一下,然后切碎捣烂,用纱布取汁。汁加适量糖搅匀即成。

服法：饮酒前后佐餐服用，每次 100～150 毫升。

21. 鲜五汁

原料：生荸荠、鲜藕、鲜甘蔗各 200 克，鲜生地黄 100 克，鲜梨 300 克。

制作：将上述原料分别去皮（或节、核）去杂，洗净，切碎，一并压榨取汁；或分别捣烂后，用纱布压出汁。

服法：饮酒前后佐餐服用，每次 100～150 毫升。

防醉解酒简易药茶

1. 杏仁茶

原料:杏仁 60 克,白糖 200 克,沸水 1 升。

制作:将杏仁捣烂或磨成浆,用纱布滤汁,汁内加入白糖,用沸水冲饮。

服法:饮酒前后佐餐服用,每次 100～150 毫升。

2. 槟榔茶

原料:槟榔片 10 克。

制作:代茶饮,若在饮酒的同时饮用此茶更好。

说明:槟榔有消食、醒酒、宽胸腹、止呕吐的作用。饮酒的同时喝槟榔茶,既解酒又消食,一举两得。曾向饮酒者推荐介绍此方后,多数人反映效果良好。

3. 枇杷竹叶凉茶

原料:鲜枇杷叶、鲜竹叶、鲜芦根各 30 克,白糖、食盐各适量。

制作:将鲜枇杷叶、鲜竹叶、鲜芦根洗净,撕成小块放铝锅内,加 750 毫升水煎煮 10 分钟后,去渣叶,趁热放入白糖、食盐搅匀,凉后当茶饮。

服法:饮酒前后佐餐服用,每次 100～150 毫升。

4. 金银花凉茶

原料:金银花、白糖各 30 克,开水 2000 毫升。

制作:将金银花、白糖放入铝锅内,用开水冲泡,凉后代茶饮。

服法:饮酒前后佐餐服用,每次 100～150 毫升。

5. 葛花茶

原料:葛花 10 克。

制作:在饮酒的同时用此药代茶饮。

说明:防醉作用比较可靠。

6. 菊花茶

原料:白菊花、绿茶各 9 克,开水 1000 毫升。

制作:将白菊花、绿茶放在容器内,用沸水冲泡,凉后饮用。

服法:饮酒前后佐餐服用,每次 100～150 毫升。

7. 甘草茶

原料:生甘草 100 克,清水 1500 毫升,食盐少许。

制作:生甘草放入干净的锅里,加清水、盐煮沸,待凉,或放入冰箱。饮用时可加食用冰块。

服法:饮酒前后佐餐服用,每次 100～150 毫升。

8. 陈皮茶

原料:陈皮 30 克,白糖 50 克,清水 1000 毫升。

制作:将陈皮洗净,撕碎,放入搪瓷杯里,加沸水冲泡(或用冷水煮沸),待凉,去渣,加入白糖,调和均匀,用冰水或冰块镇凉,效果更佳。

服法:饮酒前后佐餐服用,每次 100～150 毫升。

9. 咖啡茶

原料:咖啡适量。

制作:水冲服。

说明:咖啡可醒脑提神,解醉消酒。我国药学老前辈叶橘泉教授在《食物中药与便方》一书中指出"酒醉不醒,浓咖啡茶频频饮服"。

10. 桑菊枸杞茶

原料:霜桑叶、干菊花各 5 克,枸杞子 6 克,决明子 3 克。

制作:将霜桑叶晒干搓碎;决明子入铁锅炒香;将上述原料混合,用沸水冲泡 15 分钟,然后入锅煮沸 10 分钟,冷后当茶饮。

服法:饮酒前后佐餐服用,每次 100～150 毫升。

11. 柿叶茶

原料:柿叶 10 克。

制作:将自然脱落的柿叶洗净,去柄,晾干,揉成碎末后,放入保温杯内(或茶壶里)用沸水冲泡,盖严,约半小时即可饮用。

服法:饮酒前后佐餐服用,每次 100～150 毫升。

12. 姜醋茶

原料:生姜 15 克,食醋 6 毫升。

制作:将生姜洗净去皮,切成薄片,放入搪瓷锅或砂锅内加水煮沸,然后将食醋加入,再煮 5 分钟即可。

服法:饮酒前后佐餐服用,每次 100～150 毫升。

13. 生姜乌梅茶

原料:鲜姜 5 克,乌梅肉 15 克,绿茶叶 3 克,红糖 10 克。

制作:将生姜洗净、去皮、切成丝,把乌梅洗净、去核、也切成丝,然后将生姜、乌梅、绿茶一起入杯,用沸水浸泡半小时即可。

服法:饮酒前后佐餐服用,每次 100～150 毫升。

14. 紫苏生姜茶

原料:紫苏叶 5 克,生姜 30 克。

制作:将生姜洗净、去皮、切成薄片,然后入锅煮沸,用沸液冲泡紫苏叶作茶。

服法:饮酒前后佐餐服用,每次 100～150 毫升。

15. 柑橘茶

原料:茶叶 1 克,干柑橘皮 25 克,干柠檬皮 10 克,柑橘糖浆 50 毫升。

制作:将柑橘皮和柠檬皮放入锅内,加入柑橘糖浆、茶叶,用沸水淹没,浸泡 2 分钟后即可饮用。

服法:饮酒前后佐餐服用,每次 100～150 毫升。

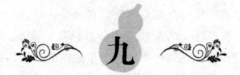

其他解酒戒酒方法

1. 间谍产品为何变成解酒良药

俄罗斯男子酗酒成性世界闻名,苏联政府对此也一直束手无策。让人意想不到的是,俄罗斯人居然给美国人开出了解酒良方。如今,一种被美国人称作"克格勃药丸"的解酒药在好莱坞开始流行起来。

俄罗斯人称这种药为 RU-21,它是苏联冷战时期的研究成果。研制这种药物最初的目的,是为了让苏联间谍执行任务时把敌方特工灌醉,自己却平安无事,这样他们就可以当着敌手的面为所欲为,完成任务。

RU-21 是由苏联科学院的科学家经过 25 年对酒精代谢进行研究后开发出来的产品,它含有一种可以加速酒精分解成乙酸的酶,使之最后变成无害的水和二氧化碳。同时 RU-21 也有助于平衡人体肝脏、心脏和大脑细胞的代谢、增加细胞的氧吸收率。苏联科学家认为,如果在饮酒的最初阶段将酒精分解成乙酸,就不会出现喝醉酒的情况,也避免了酒精对人体器官的损伤。因此,在服用了 RU-21 后,即使喝很多酒,也会神志清醒。

冷战结束后，RU-21 被美国的药品公司相中，因为它对于一个酒量一般的人来说很有必要。由于这种药物全部由天然成分构成，所以不必经过美国食品与药物管理局的认证，很快地便进入了连锁店销售，有着巨大的市场潜力。洛杉矶一家烟酒公司希望通过经销这种药丸大发横财，他们打出了独特的广告语："你 21 岁了吗？"这句话在美国人听起来很熟悉，因为只有过了 21 岁生日的年轻人，才能合法地饮酒。并非每个人都相信厂家的话。有人担心，如果人们在服用这种药物后驾车会不会发生交通事故？此外，它是否会对人们的意识产生不良影响？但是，一些俄罗斯专家却对那些美国药商的做法不以为然，他们说，目前为止，并没有任何一种避免醉酒的特效药，因此，厂家的广告词是不足为信的。

2. 戒酒综合征

饮酒已经习惯了的人戒酒，不能突然停止饮酒，因为以往经常大量地饮酒，其身体对酒精已经有了依赖性，一旦停止饮酒，不可能立即适应。过去嗜酒突然停止饮酒的人，在开始的几天里会出现各种症状，轻者手脚震颤、激动、失眠、心慌心悸、不思饮食等，较重者可出现幻觉、癫痫发作、妄想等神经精神症状。这种现象有人称之为"戒酒综合征"。

长期饮酒特别是饮量大和天天不离酒的人，如因病或其他原因停止饮酒时，要警惕戒酒综合征的发生。在此期间要尽量避免诱发这种综合征的因素，如进食辛辣等刺激性食物，饮浓茶、咖啡等可引起大脑兴奋的饮料，身体劳累、精神紧张等。在这种情况下，戒酒宜经过一个由逐渐减少饮酒次数和酒量，到最后完全停止的渐进过程，使身体慢慢适应，以确保安全。

3. 食醋解酒

喝酒过多以后用米醋解酒，在民间广为流传。醋的确具有解酒毒的作用，只要无胃酸过多的人，凡饮酒超量以后，都可以饮用适量的米醋来帮助解酒。《医海拾零》指出:"饮酒过多,酌饮醋有解酒作用。"食醋能解酒,主要是由于酒中的乙醇与食醋中的有机酸随着消化吸收,在人体的胃肠内相遇而起醋化反应,降低乙醇浓度,从而减轻酒精的毒性。方法如下:

(1)食醋1小杯(20～25毫升)徐徐服下。

(2)食醋与白糖浸蘸过的萝卜丝(1大碗),吃服。

(3)食醋与白糖浸渍过的大白菜心(1大碗),吃服。

(4)食醋渍过的松花蛋2个,吃服。

(5)食醋50克,红糖25克,生姜3片,煎水服。

(6)取醋15～30毫升,直接或调入适量温开水,徐徐饮入,适用于饮酒过多后出现酒醉者。

4. 西医厌恶疗法戒酒

(1)首先在皮下注射阿扑吗啡,然后令患者闻酒味,当患者快呕吐时,给酒一杯。如此每日或隔日1次,10～30次即可形成呕吐条件反射。这时对酒产生厌恶感,达到戒酒目的。

(2)服呋喃唑酮(痢特灵),用量每次0.15～0.2克,日服4次,一个疗程10～20天。服药后戒酒可对酒精产生明显的厌恶感,一旦喝下酒,反应相当敏感,会出现口渴、恶心欲吐、头晕眼花、头痛、心慌、气急等症。此法效果显著,但使用时,千万注意!需在医生指导下服药,特别是患有高血压、心脏病者更要注意。

5. 中西药联合治疗急性酒精中毒

急性酒精中毒是内科常见急症之一。有作者报道,采用醒脑静、纳洛酮联合治疗急性酒精中毒昏迷期患者126例,疗效较好。

急诊共收治252例急性乙醇中毒昏迷期患者,随机分为两组,常规治疗组(对照组)126例,醒脑静、纳洛酮联合治疗组(治疗组)126例。所有病例均在发病后4小时内入院,均符合急性酒精中毒昏睡昏迷期诊断标准。

治疗方法:两组患者入院后根据病情均给予洗胃、静脉补液、给胃黏膜保护药、利尿治疗。对照组给予 10% 葡萄糖注射液 500 毫升、胰岛素 20 单位、维生素 C 注射液 3 克,静脉滴注;并肌内注射维生素 B_1、维生素 B_6 注射液各 100 毫克。治疗组予醒脑静注射液(主要成分为麝香、郁金、栀子、冰片等,2 毫升/支)20~40 毫升加入 5% 葡萄糖注射液 250 毫升中,静脉滴注;同时给予纳洛酮 0.4~0.8 毫克稀释于 25% 葡萄糖注射液 20 毫升内静脉注射,必要时 1 小时后重复给予 0.4~0.8 毫克静脉注射,昏迷者给予 1.2 毫克加入 10% 葡萄糖注射液 500 毫克持续静脉滴注。全部患者在用药过程中严密观察意识变化,监测心电、脉搏、呼吸、血压、体温等生命体征,每 25 分钟观察记录一次神志苏醒情况,直至患者苏醒为止。

结果:对照组治疗后至苏醒时间为 1.78~4.5 小时,平均为 (2.73 ± 0.47) 小时;治疗组治疗后至苏醒时间为 0.8~2.5 小时,平均为 (1.62 ± 0.34) 小时。

结果表明,醒脑静、纳洛酮联合治疗急性酒精中毒苏醒时间明显短于常规促进酒精氧化疗法,疗效优于对照组。

饮酒文化

1. 侃侃而谈话酒吧

经常出入酒吧的人也许很少会有心情了解酒吧的来龙去脉。

在我们斑斓模糊的记忆里酒吧是西方都市影集中一幅幅频繁出现的历史老照片。18—19世纪,一座座繁华的都市从西方的地平线上拔地而起,酒吧也仿佛在一夜之间成了这繁华都市炫耀展览的橱窗。然而,酒吧有着怎样的历史? 它在何时出现? 为何出现? 又如何繁荣发展起来? 对此,我们却所知甚少。

说起酒吧的历史,还得从"吧"这个词说起。"吧"(Bar)的本义是指一个由木材、金属或其他材料制成的长方形的台子。中文里"吧台"一词是一个独特的中英文组词,因为吧即是台,台即是吧。顾名思义,酒吧也就是卖酒的柜台。

今天,吧台在酒吧里依然占据着十分显要的位置,它依然是酒吧空间中最引人瞩目的部分。设计考究的高柜台,台面上摆放着啤酒机,柔和的灯光射在吧台上,各式各样,不同品牌的酒琳琅满目,无一不散发着醉人的光泽。悬挂的玻璃酒杯,倒映着迷离的光影,光影里亭亭玉立的靓丽吧女,不由得让人一下子醉入其中。酒不醉人人自醉,这就是吧台的魅力。围绕着吧台的魅力,人们逐渐喜欢围在吧台的周边喝酒,不仅点起酒来非常方便,还可以跟吧女闲聊上几句。

有些酒吧在吧台内还特别安排了专门陪客人喝酒聊天的吧女,更使得在吧台上饮酒平添出许多诱惑,至此,吧台的魅力几乎发挥到了淋漓尽致的地步。这魅力的背后是大都市商业时尚的浸染,是商店柜台橱窗风格的植入,是商业消费时代生活方式的时尚流行。顺应它迎合它,意味着从仆变成了主,从附属变成了主题,从次要变成了显要,吧台的魅力显示着商业时尚的魅力。

随着市民阶层的逐渐壮大和发展,社会地位逐渐提高,市民开始寻求和营造适合自己的公共活动空间。需要新的社会地位,需要新的社会形象,需要新的公共交往空间,需要新的消闲娱乐方式,他们要求有展示自身的社会活动舞台,从而摆脱卑微低下的地位。小酒馆残留下来的粗俗简陋的记忆需要慢慢地抹去,连同小酒馆的称谓本身。至此,酒吧一个新时尚的代表,乔装打扮,迎请新客人的到来。

2. 酒吧的种种形式

主酒吧大多装饰美观、典雅、别致,具有浓厚的欧洲或美洲风格,视听设备比较完善,并备有足够的靠柜吧凳,酒水、载杯及调酒器具等种类齐全,摆设得体,特点突出。许多主酒吧的另一特色是具有各自风格的乐队表演或向客人提供飞镖游戏。来此消费的客人大多是来享受音乐、美酒以及无拘无束的人际交流所带来的乐趣,因此,对调酒师的业务技术和文化素质要求较高。

(1)酒廊:在饭店大堂和歌舞厅最为多见,装饰上一般没有什么突出的特点,以经营饮料为主,另外还提供一些小点心。

(2)服务酒吧:是一种设置在餐厅中的酒吧,服务对象也以用餐人为主。中餐厅服务酒吧较为简单,酒水种类也以国产为多。西餐厅服务酒吧较为复杂,除要具备种类齐全的洋酒之外,调酒师还要具有全面的餐酒保管和服务知识。

（3）宴席酒吧：是根据宴席标准、形式、人数、厅堂布局及客人要求而摆设的酒吧，临时性、机动性较强。外卖酒吧则是根据客人要求在某一地点，例如大使馆、公寓、风景区等临时设置的酒吧，外卖酒吧隶属于宴席酒吧范畴。

（4）多功能酒吧：大多设置于综合娱乐场所，它不仅能为午、晚餐的用餐客人提供用餐酒水服务，还能为赏乐、蹦迪（Disco）、练歌（卡拉 OK）、健身等不同需求的客人提供种类齐备、风格迥异的酒水及其服务。这一类酒吧综合了主酒吧、酒廊、服务酒吧的基本特点和服务职能。有良好的英语基础，技术水平高超，能比较全面地了解娱乐方面的有关知识，是考核调酒师能否胜任的三项基本条件。

（5）主题酒吧：现比较流行的"氧吧""网吧"等均称为主题酒吧。这类酒吧的明显特点即突出主题，来此消费的客人大部分也是来享受酒吧提供的特色服务，而酒水却往往排在次要的位置。

3. 历史上十大酒局

古人酒局，或惊心动魄，或极尽风雅。试想古人当年种种盛况，今人除了佩服，还是佩服。今向读者介绍古代十大著名酒局，全当抛砖引玉，以飨读者。

（1）盛唐"饮中八仙"：盛唐时长安城各种酒会盛行一时，参与者甚众。唐代大诗人杜甫用诗记录下了这次潇洒快活的神仙酒局。这"饮中八仙"分别是诗人贺知章、汝阳王李琎、左相李适之、美少年崔宗之、素食主义者苏晋、诗仙李白、书法家张旭、辩论高手焦遂。

（2）鸿门宴：话说项羽不悦刘邦先占关中，又听说刘邦欲在关中称王后，更是大怒。谋士范增认为刘邦已有"天子气"，宜趁早下手把他除掉，否则后患无穷。在张良和项伯的暗地斡旋下，项羽没有立即攻打刘邦，而是摆下了一桌酒席宴请刘邦，欲于宴席之间寻找机会干掉刘邦。这便是历史上著名的鸿门宴。

（3）青梅煮酒论英雄：《三国演义》第二十一回，曹操邀请刘备赏梅饮酒，并试探刘备对自己的看法。两人边煮酒边探讨天下谁可以称得上英雄的问题。此次双龙会表面看起来是一场平静的聚会，其实是一场政治试探和政治表态的会面。

（4）三国江东群英会：蒋干得曹操之令，毛遂自荐前来劝降周瑜。周瑜将计就计邀来群英大摆筵席，禁止在席间谈论曹操与东吴军旅之事。并且命下属放出假消息，结果蒋干"偷鸡不成蚀把米"。这次群英会酒局也成了千古佳话。

（5）东晋新亭会：西晋末年，中原落入匈奴之手。因战乱而南迁的北方士人经常相约到长江边的新亭饮宴，在一次聚饮中，众人又借酒消愁。为首的大名士王导怒于众人的"不争"而严加指责。自此，大批北方人士开始振作起来。这次新亭酒会对东晋政权的建立有着非同寻常的意义。

（6）杜康美酒醉刘伶：西晋名士刘伶经常在酒后失态。每次大醉后，都喜欢在大道上裸奔，还自称以天为衣被，以地为床笫。但是因为他名气太大了，一举一动都备受瞩目，时人不但不斥责他这种有违传统的做法，反而称赞他这种行为是"率真""潇洒"、有"个性"的表现。

（7）贵妃醉酒：唐玄宗与杨贵妃本来相约在百花亭品酒赏花，届时玄宗却没有赴约，杨贵妃只好在花前月下闷闷独饮。万般春情，难以排遣，加上酒入愁肠，一时春情萌动不能自持，竟至忘乎所以，面对高力士等一干太监宫女，杨贵妃频频失态，倦极才怏怏回宫。

（8）醉打金枝：唐朝名将郭子仪的儿子郭暧在一次家宴时，要求老婆升平公主给郭子仪夫妇行下跪礼，结果被其严词拒绝并遭到当面呵斥。喝多了的郭暧借酒壮胆痛打老婆。最后，在皇帝和郭子仪的调停下，小夫妻才和好如初。

（9）杯酒释兵权：话说宋朝第一个皇帝赵匡胤自从陈桥兵变后

黄袍加身,荣登大宝,从昔日重臣摇身一变成为今天的皇帝。自打坐上龙椅之后,赵匡胤一直担心手握重兵的部下也会效仿他当年的所作所为。为了防止历史重演,专门安排了这次酒局来解除大将们的兵权。

(10)乾隆千叟宴:乾隆五十年(1785),四海升平,天下富足。适逢清朝庆典,乾隆帝为表示其皇恩浩荡,在乾清宫举行了千叟宴。宴席场面之大,实为空前。在这 50 年一遇的豪宴上,被邀请的约 3000 名老年人争先恐后地大快朵颐,狼吞虎咽。千叟宴这场浩大酒局,被当时的文人称作"恩隆礼洽,为万古未有之举"。

4. "酒"言真经蕴哲理

不同酒中包含着不同的人生哲理。

(1)白酒:闻着香的是我,不香的是水;喝着辣的是我,不辣的是白水。

(2)啤酒:甭看瓶中岁月静若处子,一朝"腾达"却可激起千层浪。

(3)黄酒:不要人夸好颜色,只留清气满乾坤。

(4)米酒:大米大米我爱你,就像老鼠爱着你,水泡锅蒸酒香飘,一生一世不分离。

(5)药酒:味苦,但治病;救人,找医生。

(6)洋酒:我有三大特点——一崇,那是大脑惯的;二媚,那是心灵染的;三贵,那是钱多烧的。

(7)鸡尾酒:被鸡尾巴沾过的酒,你想能好喝吗?

(8)香槟酒:让你的眼睛起泡是表象,让你的喉咙起泡才是目的。

(9)葡萄酒:吃葡萄不吐葡萄皮儿。

(10)烈性酒:对酒当歌,人生几何?譬如寒冷,转瞬逃脱;温暖如夏,何时可掇?喜从中来,不可断绝。

(11)低度酒:低调、低调、再低调,把握着生活的"度",才能使幸福更"酒"长。

(12)花雕酒:酒居香下,香留梦中。

5. 喜酒名目何其多

"喜酒",往往是婚礼的代名词,置办喜酒即办婚事,去喝喜酒,也就是去参加婚礼。"交杯酒"是我国婚礼程序中的一个传统礼仪,在古代又称为"合卺"(卺的意思本来是一个瓠分成两个瓢),《礼记·昏义》有"合卺而酳",孔颖达解释道,以一瓠分为二瓢谓之卺,婿之与妇各执一片以酳。合卺又引申为结婚的意思。

(1)交杯酒:在唐代即有交杯酒一说,到了宋代,在礼仪上,盛行用彩丝将两只酒杯相连,并绾成同心结之类的彩结,夫妻互饮一盏,或夫妻传饮,这种风俗在我国非常普遍。如在绍兴地区喝交杯酒时,由男方亲属中儿女双全、福气好的中年妇女主持,喝交杯酒前,先要给坐在床上的新郎新娘喂儿颗小汤圆,然后,斟上两盅花雕酒,分别给新婚夫妇各饮一口,再把这两盅酒混合,又分为两盅,取"我中有你,你中有我"之意,让新郎新娘喝完后,并向门外撒大把的喜糖,让外面围观的人群争抢。满族人结婚时的"交杯酒":入夜,洞房花烛齐亮,新郎给新娘揭下盖头后要坐在新娘左边,娶亲太太捧着酒杯,先请新郎抿一口;送亲太太捧着酒杯,先请新娘抿一口;然后两位太太将酒杯交换,请新郎新娘再各抿一口。

(2)"女儿酒":最早记载为晋人嵇含所著的《南方草木状》,说南方人生下女儿才几岁,便开始酿酒,酿成酒后,埋藏于池塘底下,待女儿出嫁之时才取出供宾客饮用。这种酒在绍兴得到继承,发展成为著名的"花雕酒",这种酒坛还在土坯时,就雕上各种花卉图案,人物鸟兽,山水亭榭,等到女儿出嫁时,取出酒坛,请画匠用油彩画出"百戏",如"八仙过海""龙凤呈祥""嫦娥奔月"等,并配以吉祥如意,花好月圆的"彩头"。

(3)"接风酒"和"出门酒":达斡尔族送亲的人一到男家,新郎父母要斟满两盅酒,向送亲人敬"接风酒",来真要全部饮尽,以示已是一家人。尔后,男家要摆三道席宴请来宾。婚礼后,女方家远者多在新郎家住一夜,次日才走,在送亲人返程时,新郎父母都恭候门旁内侧,向贵宾一一敬"出门酒"。

(4)"会亲酒",订婚仪式时摆的酒席,喝了"会亲酒",表示婚事已成定局,婚姻契约已经生效,此后男女双方不得随意退婚、赖婚。

(5)"回门酒":结婚后新婚夫妇要"回门",即回到娘家探望长辈,娘家要置宴款待,俗称"回门酒"。回门酒只设午餐一顿,酒后夫妻双双回家。

6. 清明时节话酒俗

清明节的酒事习俗由来已久,早在春秋时期的晋国,清明节就有相应的饮酒活动,饮酒不受限制。清明节里,一般举行家宴时,都要为去世的祖先留着上席,一家之主这时也只能坐在次要位置,在上席,为祖先置放酒菜,并示意让祖先饮过酒或进过食后,一家人才能开始饮酒进食。在祖先的灵像前,还要插上蜡烛,放一杯酒和若干碟菜,以表达对死者的哀思和敬意。

清明前2~3天的寒食禁火与冷食,寒食虽然禁火、冷食,但不禁酒,寒食期间酒还是必备常饮之物。在不生火做菜煮饭的情况下,工作可能比平时更为空闲,利用已经做好的饭菜下酒是最好不过了。

晋陆翙在《邺中记》中有"寒食三日作醴酪"的记载,说明当时有寒食节制作饮用甜酒浆的习俗。唐代赵嘏在《赠皇甫垣》诗中有"相劝一杯寒食酒"。唐代张祎的《巴州寒食晚眺》中有"东望青天周与秦,杏花榆叶故园春。野寺一倾寒食酒,晚来风景重愁人"。唐代韦应物有《寒食寄京师诸弟》诗,"雨中禁火空斋冷,江上流莺独坐听。把酒看花想诸弟,杜陵寒食草青青"。唐朝记寒食酒俗最为有名的是白居易的《六年寒食洛下寒游赠冯李尹》诗中的句子:"此时不尽醉,但恐负平生"。

清明扫墓除整修坟墓、清除杂草外,最重要的是上坟酒,上坟酒是全家在家举行祭祀仪式,仪毕后即全家聚在一起,饮酒进食。称为吃上坟酒。吃上坟酒时要留下一些食物与酒,备到坟前供祭,江浙地区上坟时最重要的三件食物是青草鹅鹅肉、发芽大豆和老酒。鹅象征清明洁白,芽豆象征后继有人,老酒则是祭祀之礼不可或缺的。家庭聚食后,再去扫墓,在坟前祭桌上供上食品与酒,点烛烧纸进行祭奠。祭奠毕,上坟食物与酒要送与守坟人家,散给少食物的人,也可在坟前与家人席地而食。

7. 刘备托孤与孔乙己买酒

刘备白帝城托孤的故事,至今仍是人间一段佳话。刘备在白帝城病危之际,指着刘禅对诸葛亮说:我这个不成器的儿子要是还能培养,你就培养一下;要是不能培养,你就自己当西川之主吧。言之深意之切,催人泪下。诸葛亮在接到刘备的托孤之后,一生鞠躬尽瘁直到死。

刘备托付给诸葛亮的是他的儿子,也是他的江山。从亲情角度讲,刘禅是他的儿子;从事业角度讲,他戎马一生才打下西川霸业。所以,刘备托付的是这世上最宝贵的东西。但是,刘备托孤之时,一没写授权书,二没找见证人。看起来,刘备托孤风险很大,但他依然托了。事后证明,他的托孤是最明智的选择。这不由得让人感叹:信任是那个时代最好的礼品,信任才可以产生忠义的力量。

无独有偶,还有一个关于信任的故事,那就是鲁迅先生笔下的孔乙己去买酒。孔乙己是穿着长衫、站着喝酒,饭都吃不饱却死要面子的穷酸文人,还常常因为偷书而挨打。从经营的角度讲,断不可以把货物赊给他。因为,他穷就说明他不具备偿还能力,他偷书就说明他品行有瑕疵。但是,掌柜的还是不断赊给孔乙己酒喝,而且从不打欠条,这也是一种信任。孔乙己被打断腿时,还不忘记欠下的几个铜板,这也是信任的力量。

如果说刘备托孤时对诸葛亮的信任是一种政治智慧的话,掌柜的赊给孔乙己酒喝更多的是邻里之间的乡情。可以说,不管是政治还是生活,信任是一种最基本的道德法则。也正因为如此,五千年的中华文明才留下了那么多感人的佳话。

8. 五大闻名药酒的传说

中国药酒,由于确有疗疾防病、益寿延年之功,因而受到了中国乃至世界人民的欢迎。在数千年的悠悠岁月中,也留下了不少动人的故事和感人的诗篇。我们摘其要者作些介绍。

(1)五加皮酒:据说,五加皮酒早在唐代已很有名气,大诗人李白就曾为之倾倒。传说李白泛舟富春江,船至睦州(今建德市梅城镇),离船登岸,访山中隐士权昭夷。权昭夷以五加皮酒相待。李白见此酒色如红玉,晶莹透亮,味道甘醇,香郁可口,极为欣赏。李白离别后意犹未尽,行至严陵滩,登上江中洲渚大石,又赠诗谢权昭夷隐士,诗曰:"我携一樽酒,独上江渚石。自从天地开,更长几千尺。举杯向天笑,天回日西照。永愿坐此石,长垂严陵钓。寄谢山中人,可与尔同调。"至今,当地还流传这样一首民谣:"子陵鱼,加皮酒,喝得太白不放手。醺醺醉卧严陵滩,一篇诗章寄山友。""色如榴花重,香兼芝兰浓。甘醇醉李白,益寿显神功"。这是人们对"致中和五加皮酒"的赞誉。此酒早在清代末年莱比锡国际博览会上,就曾获银质奖章;在新加坡国际商品展览会上,又曾获金质奖章,现在在国内外市场上均享有盛誉。"白酒为基五加浓,三十种中药溶其中。祛风行血舒筋络,滋补养身有奇能。"这是人们对广东省多种五加皮酒的颂歌。广州五加皮酒不仅在广东省被评为名牌一等品,而且在1963年和1979年全国评酒会上,均被评为全国优质酒。我国著名画家、诗人钟灵先生,除酷好白酒之外,最喜饮此酒。大概是1976年,他到北京西山瞻仰曹雪芹故居时,就曾以五加皮酒祭奠这位伟大的文学家。祭毕,还吟诗一首道:"千古风流石头记,十二金钗可人怜,我今酹君加皮酒,诗人应喜换人间。"钟老年逾古稀之后,脑血管呈硬化现象,就谢绝白酒,改饮黄酒,并以饮五加皮酒为益寿延年之饮料。

(2)竹叶青酒:竹叶青酒的大名,其实早在晋代就已香及海内。如晋人张华在《轻薄篇》中评论当时最好的美酒时,就写下了"苍梧竹叶青,宜城九酝酿"的评语。南北朝时期的北朝文学家庾信,对竹叶青酒也是推崇备至的,他在《春日离合二首》一诗中唱道:"田家足闲暇,士友暂流连。三春竹叶酒,一曲昆鸡弦。""昆鸡弦"是指当时一种极为珍贵的乐器。据说,昆鸡很似仙鹤,其皮制成琴弦。可奏出人间仙乐。用这样的乐器弹奏之下,才来饮"三春竹叶酒",可见此酒之名贵。对竹叶青酒,唐代时杜牧赞美过的诗句。

"清明时节雨纷纷,路上行人欲断魂。借问酒家何处有,牧童遥指杏花村。"有人说,唐代诗人杜牧所朝思暮想的杏花村酒,一指汾酒,一指竹叶青酒。因为这两种酒当时都已大大有名,而杜牧更喜这竹叶的清香味。据史料记载,唐宋时期的成都、杭州、泉州等许多地方也产竹叶青酒。当时此酒大概已普及民间。如有诗云:"野店初尝竹叶青""三杯竹叶穿胸过,两朵桃花飞上来"等。

(3)巴陵仙酒(岳阳龟蛇酒):唐代大诗人李白在醉饮洞庭时,曾写下"巴陵无限酒,醉杀洞庭秋","白鸥闲不去,争拂酒筵飞"的名句。李白痛饮、盛赞的,就是岳阳产的美酒,古时称为"仙酒",其所以称为"仙酒",是的确有滋补强身之功。现在的"岳阳龟蛇酒",就是用的古代传统秘方生产的。关于"巴陵仙酒",还有不少有趣的故事。岳阳,古称"巴陵",故李白有"巴陵酒无限"之说。据《巴陵志》记载,汉武帝和秦始皇一样,欲成仙不死,派人寻"不死药"。他听说巴陵有一种仙酒,服之能登仙界。于是,乃派大将栾巴到巴陵取得仙酒。岂料被大臣东方朔给偷喝了。汉武帝大怒,欲杀东方朔。东方朔笑笑说:"果为仙酒,喝已成仙,杀当不死,如死则非仙酒。"汉武帝一想也是有道理,就没杀东方朔。这个故事起码可以说明,巴陵的益寿延年酒早已有了名气。岳阳民间还流传着八仙之一的吕洞宾三醉岳阳楼的故事。岳阳楼上还有吕洞宾的雕像,周围还有"三醉亭""朗吟亭""酒香楼""仙人洞"等遗迹。吕洞宾的一首诗也仍在民间流传着:"朝游北越暮苍梧,袖有青蛇胆气粗。三醉岳阳人不识,朗吟飞过洞庭湖。"

(4)史国公酒:"史国公酒",是以民族英雄史可法的官衔命名的。"史国公酒",还和史可法可歌可泣的悲壮历史有内在联系。史可法(1601—1645)是明崇祯年间进士,曾任南京兵部尚书。李自成灭明以后,他在南京拥立福王为弘光帝,官封大学士,称"史阁部""国公"。当时弘光帝的宠臣马士英等不愿他当国,屡进谗言,弘光帝遂以督师之名,派他去镇守扬州。史可法本来就十分喜欢饮酒,还有个酒后不吃饭的毛病。拥立福王之后,一心复国,日理万机,但又处处被马士英等掣肘,心中忧愁万分,常常以酒浇愁,酒后就更吃不下饭了。他的医生见此情景,也是焦急万分。为了史可法的健康,他们就精心研究,在史可法饮的酒中加豆蔻、砂仁、丁香、桂曲等多种中药材。这些药材都有独特的功能,经医生们合理配伍,成了一剂非常好的补药,而且可以开胃健脾,引气止痛。史可法饮了一个多月,不仅身体强壮起来,而且酒后能吃饭了。因为此酒当时为史可法一个人专用,他的帐下人等就都称之为"史国公酒"。史可法镇守扬州时,能死守孤城,多次战败清兵,和他常饮"史国公酒"是分不开的——此酒保证了他的身体健康、精神旺盛。清太祖努尔哈赤第十四子多尔衮当时独揽清朝大政,致书史可法诱降。史可法严词拒绝,孤立无援,城破被执,不屈而被杀。扬州人民为纪念民族英雄史可法,在城外梅花岭修筑了史可法的衣冠冢。

史可法虽光荣牺牲,但"史国公酒"并未失传。他帐下有个叫丁斯的护兵,经常侍奉史可法饮食,深知此酒配制方法。扬州城破以后,他逃到现在的齐齐哈尔市,遂以配制"史国公酒"谋生。因此,这一著名补酒得以延传下来。现在的"史国公酒",是在原来基础之上,又经专家们精心研究,加以改进,以纯正粮食白酒为基料,用科学方法配制,已更为精美,效果更好,酒味香醇,色泽鲜艳,久服可以健胃祛寒,强力壮体,已成为历史名药酒之一。

(5)虎骨药酒:在中国药酒中,鼎鼎大名的有虎骨酒。此酒是北京著名的同仁堂药店生产经营的十大名牌中成药之一,历史非常悠久,并在长期发展中得到不断完善和提高。早在唐代,王焘在《外台秘要》中就对虎骨酒的功能做了评述。唐代名医孙思邈在《千金要方》中和《千金翼方》中,就指出了虎骨酒能治疗骨虚酸痛。虎骨酒的配方在长期实践中,经过了从简到繁,从粗到精的变化,使之质量更好。南北朝和初唐时期,只有虎骨单一的药物,北宋时发展到 6 味,南宋时发展到 15 味,1615 年袭廷贤创制的"万病回春虎骨酒"为 74 味。清朝引入皇宫时,已达 147 味,成为秘方。现在同仁堂制药厂生产的虎骨酒,则药物为 140 多种。同仁堂的虎骨酒,是以纯高粱白酒为酒基,经浸、泡、回流、过滤、封存等几十道工序精心炮制而成,酒质清香浓郁,色泽樱红,晶莹剔透,除有壮筋骨、祛风湿、溶化胆固醇、缓解老年动脉硬化的功效外,还具有补养、健胃、镇痛等功能。北京虎骨酒因其质地优良,国内多次评比中,均被评为优质产品,畅销世界各地,颇受欢迎。

9. 药酒与民俗

我国古人相信万物有灵,酒就成了人们祭祀鬼神之品,希望通过敬神祭鬼,祈祷他们佑护家园,保护儿孙,兵强马壮,五谷丰登。后来,由于这些祭祀活动的发展,演变成数不清的节日。所以酒风酒俗又体现在数不清的节日活动中。新春佳节要喝团圆酒、屠苏酒;春暖花开要喝阳春酒、百花酒;五月端阳要喝雄黄酒、菖蒲酒;盛夏六七月要喝荷花酒、薄荷酒;八月中秋要喝赏月酒、松柏酒;九九重阳要喝菊花酒、长寿酒;寒冬腊月要喝大补酒、健身酒,等等。而且每个节日、在什么情况下怎样喝酒,都有特定的讲究和说法,五花八门,不胜枚举。我国各民族的节日数不胜数,其节日酒俗也是难以尽情描绘的。

解酒戒酒知识

1. 运动前后不要喝酒

（1）运动前喝酒容易扩张血管，心率加快，对心脏和神经都有一定的损害。建议运动前最好不要饮酒。另外，运动前饮酒，使人精神过度兴奋，影响骨骼、肌肉运动的协调性，继之引起创伤概率增加。从中医角度看，运动相对于不运动来说属阳，酒性辛辣也属阳，两者结合容易导致人体阳热过盛而引起身体不适。专家建议：运动健身要做慢跑、深呼吸、打太极拳等有氧运动，不适合做剧烈运动。

（2）运动后喝酒并不能缓解疲劳：运动后饮酒，使血流速度加快，酒精到达内脏速度加快，更容易醉酒或加速对胃肠、肝、胰、肾、心、脑等内脏的损害。同时，剧烈耗氧运动后会感觉疲劳。有人认为，喝点酒可以缓解疲劳，是因为酒后暂时有扩张血管作用，一时减轻剧烈运动引起的血压升高，会觉得舒服些，但接着酒精作用会使血压升高，容易加重心脏负担，引起身体不适。因此，运动后饮酒并不适宜。医生告诫大家：虽然饮酒可以带来热量，但是不能提供人体所需的水分和糖分，运动后还是需要多喝白开水或者糖水,以补充人体所消耗的能量。

(3)饮酒后不宜立即洗热水澡:因为酒使血管扩张,洗热水澡也会使血管扩张,酒后洗热水澡易引起头晕、血压低、胸闷,甚至恶心呕吐等,严重者还会晕厥。每到冬天,医院都会接收一些因为酒后洗澡晕厥的病人,轻则昏迷,重则被水淹溺失去宝贵的生命。因此,饮酒后立即洗澡十分有害。

(4)感冒后不宜喝酒取暖:因为发热后喝酒会感到身体暖和,但是会使热量扩散得更快,短时间内身体会感觉更冷。酒性辛温,冬天少量饮酒可温经通络、祛风散寒,而过量饮酒则易生湿热,反而不利于祛风寒。风寒感冒轻症病人,表现为怕冷、打喷嚏、流清鼻涕、鼻塞者,可饮用1~2两红酒,之后喝热水、盖厚被至汗出,可起到解表祛风寒作用,上述症状会迅速得到缓解。但是,对于风寒重症病人或风热感冒、头痛明显的病人,用饮酒的方法就不能起到治病的效果,反而可能加重寒邪入里化热或加重风热,需要去医院看医生,用相应的药物治疗。

2. 喝酒前的准备

(1)选择最佳饮品:近年动物实验研究表明,在几种经常饮用的酒类中,对肝脏几乎无损伤的首选为红葡萄酒,黄酒次之,啤酒也还可以,白酒则是对肝损害最为严重的酒类。

(2)吃点东西垫底:在喝酒之前先食用油脂食物,如肥肉、肘子等,或饮用牛奶,利用食物中的脂肪不易消化的特性保护胃部,以防止酒精渗透胃壁。此外,番石榴的绿皮部分也能发挥同样的作用。千万不要空腹喝酒或将汽水、苏打水和酒一起饮用,这将会使胃部在没有保护的情况下加快酒精的吸收速度,使肝脏来不及解毒,酒精浓度增高而导致醉酒。

(3)精心选择下酒菜:最佳下酒菜当推高蛋白和含维生素多的食物,切忌用咸鱼、香肠、腊肉下酒,此类食品含有大量色素与亚硝胺,与酒精发生反应,不仅伤肝,而且损害口腔与食管黏膜,甚至诱发癌症。饮酒过程中,可以多吃些糖醋烹饪的菜肴,如糖醋鱼、糖醋排骨、糖醋莲藕等。因为饮酒对肝脏不利,而糖对肝脏及血液循环却有一定的保护作用。酸性食物与酒中的乙醇产生"酯化反应",生成"醋酸乙醇",能减轻乙醇对中枢神经系统的不良反应,又有一定的解酒效果。

3. 醉酒人员护理

对醉酒者,可采取以下方法处理。

(1)轻者不需要特殊处理,可将其扶上床休息,睡醒一觉,常可自然缓解。

(2)过于兴奋者,可多喝一些蜂蜜或果汁,能分解酒精,减轻酒精中毒的程度。

(3)醉酒者如果呕吐不止,可用热毛巾滴数滴花露水,敷在脸上,醒酒止吐。如果醉酒者不省人事,可取两条毛巾,浸上冷水,分别敷在后脑和胸口上,并间断用冷开水灌入其口中,可使其逐渐醒来。当醉酒者昏睡时,应令其屈身侧睡,将头偏向一侧,避免呕吐物吸入肺内,防止窒息。

(4)皮肤发红者,要注意适当保暖。出现抽搐时,应在口内塞入干净的毛巾,防止咬破舌头,并用指尖压掐人中穴 2～3 分钟。如发现醉酒者面色苍白、大汗不止、心律不齐、呼吸异常以及昏迷不醒时,应及时请医生出诊或送医院抢救。

4. 自抠咽喉,催吐酒不可取

一些贪杯好酒的人士有过这样的经历,喝多了之后到洗手间"抠咽喉"催吐,呕吐之后感觉好受一些,甚至可以继续喝酒。其实,这属于"危险动作",极易引起急性胰腺炎,甚至危及生命。

喝酒宜慢饮,切忌空腹饮酒,如果饮酒过量,不能使用镇静药或催吐,可适当吃些清凉新鲜的水果,能有效稀释肠胃内乙醇的浓度,从而减轻"醉态"。如用自己的手指刺激咽喉"催吐",会导致腹内压增高,使十二指肠内容物反流,从而易引发急性胰腺炎。胰腺分泌的胰液本来是一点点进入胃部,帮助消化,但是急性胰腺炎将导致腐蚀性很强的胰液大量增加,并进入腹腔,腐蚀肝、胆、胰、脾等内脏。据介绍,重症胰腺炎的临床死亡率在 60% 以上。

5. 喝酒前喝牛奶可防醉酒,喝酒后吃西瓜可以醒脑

中南大学湘雅医院营养科教授李惠明提醒,喝酒前后吃些合适的食物,对防醉酒有事半功倍的醒酒效果。例如,喝酒前喝 100 毫升牛奶,对肝脏和胃黏膜有保护作用,如果空腹饮酒,会使胃肠和肝脏处于无保护状态,对身体伤害极大,而且也更容易醉酒。牛奶不仅能减缓酒精吸收速度,还能保护胃黏膜不受刺激。每次不用多饮,喝 100 毫升左右的牛奶就能起到作用。

醉酒后很多人喜欢酒后喝点浓茶解酒。其实,浓茶里的茶碱会引起血管收缩,升高血压,并不是解酒醒脑的好选择。通常吃一些酸味的水果可以解酒,因为水果里含有机酸,而酒里的主要成分是乙醇,有机酸能与乙醇相互作用而形成酯类物质从而达到解酒的目的。例如,西瓜是较好的醒酒佳品,一方面能加速酒精从尿液排出,避免其被机体吸收而引起全身发热;另一方面,西瓜本身也具有清热去火功效,能帮助全身降温。此外,经常饮酒又不胜酒力的人,吃点香菇对肝脏有较好的保护作用。

6. 常用解酒食品

(1)豆腐:饮酒时宜多以豆腐类菜肴做下酒菜,因为豆腐中的半胱氨酸是一种主要的氨基酸,它能解乙醛毒,食后能使之迅速排出。

(2)糖果:河北省生产一种解酒糖果,醉酒后吃上几块即可解酒。

(3)酸枣、葛花根:酸枣、葛花根各 10～15 克, 同煎服,具有

很好的醒酒、清凉、利尿作用。

(4)绿豆、红小豆、黑豆:3 种豆各 50 克,加甘草 15 克,煮烂,豆、汤一起服下,能提神解酒,减轻酒精中毒。

(5)梨:吃梨或挤梨汁饮服。

对酩酊大醉者,如果用上述方法仍不见效,可用干净鸡毛一根轻轻摩擦其喉咙或用手捏其喉咙,使其呕吐残留在胃中的酒液,可使醉状缓解。若仍无效果,则应就医诊治。

(6)生蛋清、鲜牛奶、霜柿饼:将三者煎汤服,可消渴、清热、解醉。

(7)葛花:葛花 10 克,水煎服,解酒效果甚佳。

(8)糖茶水:可冲淡血液中酒精浓度,并加速排泄。

(9)芹菜:芹菜挤汁服下,可去醉后头痛、脑涨和颜面潮红。

(10)绿豆:绿豆适量,用温开水洗净,捣烂,开水冲服或煮汤服。

(11)甘蔗:甘蔗 1 根,去皮,榨汁服。

(12)食盐:饮酒过量,胸闷难受。可在白开水里加少许食盐,喝下去,立刻就能醒酒。

(13)柑橘皮:将柑橘皮焙干、研末,加食盐 1.5 克,煮汤服。

(14)鲜橙:鲜橙 3~5 个,榨汁饮服或食服。

(15)白萝卜:白萝卜 1000 克,捣成泥取汁服下,也可在白萝卜汁中加红糖适量饮服,也可食生萝卜。

(16)橄榄(青果):橄榄 10 枚,取肉煎服。

(17)甘薯:将生甘薯绞碎,加白糖适量搅拌服下。

(18)鲜藕:鲜藕洗净,捣成藕泥,取汁饮服。

(19)食醋:用食醋烧 1 碗酸汤服下。食醋 1 小杯(20~25 毫升),徐徐服下。食醋与白糖浸蘸过的萝卜丝(1 大碗)直接吃;食醋与白糖浸渍过的大白菜心(1 大碗)直接吃;食醋浸渍过的松花蛋 2 个直接吃。食醋 50 克,红糖 25 克,生姜 3 片,煎水服。

7. 多吃橘子可防酒精性脂肪肝

日本果树研究所调查表明：多吃柑橘可预防肝脏病和动脉硬化，因为柑橘中含有丰富的类胡萝卜素，它在血液中浓度越高，肝功能越正常，患动脉硬化的危险性就越低。

在日本，男性饮酒的情况非常普遍。因此，专家专门对每天摄入 25 克乙醇（也就是 640 毫升以上啤酒）的男性进行了调查，结果发现，每天吃 1 个以下柑橘的人，比每天吃 3～4 个柑橘的人，患酒精肝的可能性要高出将近 1 倍。专家认为，这主要是因为病毒性肝炎、酒精性肝炎以及肝硬化等病人体内血清中的抗氧化能力降低，而柑橘中丰富的类胡萝卜素和维生素可提高抗氧化能力，对保护肝脏有益。

8. 戒酒过急反伤身体

要让瘾君子安全有效地戒酒，不是易事。因此，戒酒一定要科学，否则事倍功半。

（1）戒酒过急易生病：戒酒不能一蹴而就，应该到正规的医院，在医生的指导下科学进行。在戒酒病房，对酒依赖的治疗分成两步走，一是脱酒治疗，就是在戒酒的初期，先给病人一种药物来代替酒，病人服药后就不会产生躯体症状。二是心理治疗，目的是解除病人的心理依赖，维持治疗效果，避免复发。每位酒依赖者都有过戒酒和戒酒失败的经历。许多人还没意识到酒依赖也是一种病理现象，而不是单纯的意志不坚定、馋酒的问题，希望一朝戒酒。实际上酒依赖者如果不在医生的监护下而自行突然断酒，就会产生戒断综合征。

戒断综合征是在突然停止饮酒或减少饮酒的情况下出现的一系列不良反应。在停酒后数小时，出现手、舌头或眼睑的震颤，同时可能伴有胃肠道症状如恶心或呕吐、全身不适或乏力、出汗、反射亢进、焦虑、情绪低落、头痛失眠，还可能出现幻觉或错觉。在停酒后 12 小时,可出现癫痫样发作,发作次数和持续时间不一。此时,如果及时饮酒,这些症状就会缓解。如果继续停酒,这些症状在第二天会达到高峰,然后开始好转,于 5~7 天后缓解。

长期大量饮酒的严重病人,严重时可能会发展为"震颤谵妄"。常常在停酒后 48~72 小时,由戒断症状加重为震颤谵妄,也可能在癫痫大发作之后,病人全身肌肉出现粗大的震颤。在意识模糊的背景上出现生动的、恐怖的幻觉,以视听幻觉为多见,有时有触幻觉。精神错乱、意识不清、定向不全,全身出汗,心跳加快、发热、兴奋、大喊大叫等。严重的会因为高热、感染、衰竭而死亡。震颤谵妄的死亡率可达到 20%。

(2)家人支持很重要:酒依赖对酗酒者的个人与家庭有非常坏的影响,有的人因为酗酒而妻离子散。同时,家庭的支持对于戒酒者彻底戒酒也非常关键。许多酒依赖者反复喝酒的原因也与家庭的环境有关。

有一小伙子,因为父母强烈反对他与女友来往,他为了报复父母,便开始酗酒。住院治疗一段时间后,已经戒断了。但出院后,父母对他依然很冷淡,他感到心中难过,就又开始喝酒。

因酗酒而引发的社会问题已经成为沉重的社会负担。有效地治疗酒依赖病人,不只是病人本身和他们的家庭应该关心的问题,也是全社会应给予重视的。

9. 酒后不宜立即睡觉

日本科研人员对 24 名 20 多岁的年轻男女进行了一项测试发现,饮酒后再睡上 4 个小时的受试者,呼出的酒精浓度是饮酒后不睡觉者的大约 2 倍。肠和肝脏分别发挥着吸收和分解酒精的作用,而酒后立即睡觉会使两者的活动减弱,从而不利于解酒。研究人员指出,人们通常认为的"酒后睡几个小时就可以开车"的想法是很危险的,人们饮酒后必须有足够的时间醒酒,否则就不能开车。

10. 服药期间喝酒与"双硫仑样反应"

服药期间为什么不宜喝酒？有专家解释说，因为会出现"双硫仑样反应"。双硫仑是一种用于橡胶硫化的催化剂，接触这种物质的人再接触酒精，会引起胸闷气短、面部潮红、头痛、恶心等一系列症状，这便是双硫仑样反应。后来，人们逐渐发现，不只是双硫仑本身，一些其他药物也能引起这样的反应。例如，一些头孢菌素类抗生素，包括头孢哌酮、头孢曲松、头孢噻肟等。此外，甲硝唑、酮康唑等一些其他的药物也可引起类似的反应。有专家说，药物引起的双硫仑样反应，不乏抢救无效者，药源性双硫仑样反应的危害正日益引起大家的注意。

双硫仑样反应的严重程度主要与接触的酒精量和个人的敏感性有关。吸收的酒精越多，个体越敏感，症状就越严重。对于较为敏感的人，或是本身心脏功能就不好的人来说，严重时会造成呼吸抑制、心力衰竭甚至死亡。并且不只是用药期间，在停药后，体内的药物还没有完全代谢掉的时候，仍有发生双硫仑样反应的可能。因此，在使用这样的药物时，不只是用药期间，停药后的1～2周也要远离酒精。

药物致双硫仑样反应严重程度与用药剂量和饮酒量成正比关系，男性多于女性，成年人多于儿童，注射给药多于其他途径给药。专家提醒正在服用药物的人，为了你的身体健康，吃过某些药品后饮酒一定要慎重。如果你服用药物后不小心饮了酒，就需格外注意了，如果出现了以下情况：面部潮红、头痛头晕、球结膜充血、视物模糊、心慌气促、烦躁不安、恶心呕吐、乏力多汗、腹痛腹泻、精神错乱、言辞不清等，一定要尽快到正规医院治疗，否则可能会危及生命。

由于药源性双硫仑样反应误诊率非常高，很容易误诊为急性冠状动脉综合征、酒精过敏反应等疾病，因此一定要找有经验的医生诊治，以免耽误病情。

11. 容易引起"双硫仑样反应"的药物

(1)头孢菌素类抗生素:头孢哌酮、头孢哌酮-舒巴坦、头孢匹胺、头孢孟多、头孢美唑、头孢美诺、头孢甲肟、头孢尼西、头孢替胺、拉氧头孢、头孢噻肟、头孢他啶、头孢曲松、头孢磺啶、头孢唑肟、头孢唑林、头孢克肟、头孢克洛、头孢地嗪、头孢氨苄、头孢拉定、头孢西丁等。

(2)咪唑类抗菌药物:甲硝唑、甲硝唑磷酸二钠、替硝唑、奥硝唑等。

(3)其他抗微生物药物:呋喃唑酮、呋喃妥因、氯霉素、酮康唑、灰黄霉素、琥乙红霉素、异烟肼、奎纳克林等。

(4)降血糖药物:氯磺丙脲、苯乙双胍、格列本脲、格列齐特、格列吡嗪、妥拉磺脲、醋酸己脲、胰岛素等。

(5)华法林、三氟拉嗪、妥拉唑啉、水合氯醛、氢氰胺、醋酸环丙孕酮。

(6)含酒精的药物制剂:如十滴水、藿香正气口服液、药酒制剂、酊剂、醑剂等;含酒精的外用皮肤消毒制剂和外用擦浴降温酒精等。

(7)含酒精的饮料:如香槟酒、啤酒、葡萄酒、红酒、黄酒、白酒等,含酒精的食物如啤酒鸭、酒心巧克力等,在和一些药物同时服用时,也可引起药源性双硫仑样反应。

12. 解酒并不能护肝

经常喝酒的人可能多少会对自己的肝脏有些担心。但是,他们很少通过体检来"关心"自己的肝,往往只是希望喝酒之后不胃痛、不难受。但是,在专家们看来,无论是想保肝还是解酒,这些愿望恐怕都要落空。

(1)解酒:专家指出,酒精进入人体后,会氧化为乙醛,一种叫乙醛脱氧酶-2的物质负责将乙醛氧化为乙酸,最终分解成对人体无害的二氧化碳和水排出体外。那些喝酒容易上头的人,正是因为体内缺少乙醛脱氧酶-2,所以不适合喝酒。在中国人群中,乙醛脱氧酶-2缺乏者约占1/3。但各种"解酒药"的成分多数只是兴奋药、维生素与氨基酸等,提供的只是安慰、清醒和缓解头痛的作用,没办法增加乙醛脱氧酶-2,"解酒护肝"产品也是一样,自然不能解酒。专家指出,到目前为止,人们还没找到真正的解酒办法。

(2)护肝:没办法解酒,自然也就没办法护肝,因为酒精还在那里,就必然给肝脏造成负担甚至损害。专家指出,要护肝,必须在没有酒精伤害的情况下慢慢调养,如果还是照喝不误,再怎么护肝也不行。很多人买"解酒护肝"产品,图的就是在长期大量喝酒的情况下,还能保住自己的肝。但是有专家明确表示:长期过量喝酒必然伤肝。而且,肝脏受损是不可逆的,目前任何一种药物都无法使之复原,"解酒护肝"产品就更不可能了。

有专家还表明,"解酒护肝"产品多采用中药配方,但根据中医理论,护肝是一个长期过程,需要对证。有的人是肝阴虚,有的人是肝火旺,用药不一样。

13. 提倡戒酒,才是护肝之道

国内知名肝病专家斯崇文教授指出,一天一小杯酒可以使血中高密度脂蛋白的浓度升高,起到预防心血管病的作用。但长期过量饮酒必然伤肝,肝不好者必须戒酒,才是护肝之道。

斯崇文教授指出,酒精性肝病根据程度可以分为轻症酒精性肝损害、酒精性脂肪肝、酒精性肝炎、酒精性肝纤维化和酒精性肝硬化等。一旦发展到酒精性肝硬化,还有可能并发原发性肝癌。而且,已经有了慢性乙肝、丙肝的人,更容易患上酒精性肝病。

斯崇文教授说,长期过量饮酒的人,如果发生呕吐、右上腹疼痛,或者有黄疸、发热等症状,并且发现肝大时,就得注意是不是急性酒精性肝炎。如果发现腹部逐渐肿大,下肢有水肿,面部逐渐变瘦、发黄,就得注意是否已经有酒精性肝硬化了。他强调,有时候一个全无症状的人,其肝组织也可能有慢性肝炎或肝硬化倾向。因此,长期饮酒的人要注意定期接受肝功能检查。

对于一些企业炒作"解酒护肝"概念,斯崇文教授认为,这些产品其实就是保健产品,没有疗效。他建议像香烟盒上都注明"吸烟有害健康"一样,护肝保健品也应该注明"不能代替药物,不能起到治疗作用"。这样的话虽然在不少护肝保健品的说明书上也有,但在宣传时没有企业愿意说出来,而是赤裸裸地说"解酒护肝"——不然怎么增加销量。斯崇文教授最后强调:"'解酒护肝'信不得,只能'戒酒护肝'。"

14. 最有效的解酒方法

(1)酒后头痛——蜂蜜水:喝点蜂蜜水能有效减轻酒后头痛症状,这是因为蜂蜜中含有一种特殊的果糖,可以促进酒精的分解、吸收,减轻头痛症状。

(2)酒后头晕——番茄汁:番茄汁富含特殊果糖,是能帮助促进酒精分解吸收的有效饮品,一次饮用 300 毫升以上,能使酒后头晕感逐渐消失。

(3)酒后反胃、恶心——新鲜葡萄:新鲜葡萄中含有丰富的酒石酸,能与酒中的乙醇相互作用形成酯类物质,减低体内乙醇浓度,达到解酒目的。

(4)酒后全身发热——西瓜汁:西瓜汁是天然的白虎汤,一方面能加快酒精从体内排出,另一方面具有清热去火功效,能帮助全身降温。

15. 健康解酒小·贴士

(1)酒后喝茶伤身体:许多人都认为酒后喝茶有醒酒的功效,其实,这种想法是不正确的。李时珍的《本草纲目》中就记载,酒后喝茶首先是伤肾,同时兴奋、加速血液流动等效果。所以,建议大家,饮酒之后千万别喝茶。

(2)酒后脸红喝芹菜汁:茶不能喝,酒后究竟该喝点啥呢? 在这里推荐给大家一种解酒方法,酒后喝一些芹菜汁,因为芹菜中富含 B 族维生素,能有效地分解血液中的酒精,对消除醉后头痛、脑胀等有非常好的功效。此外,酒后喝芹菜汁,还能帮助缓和肠胃,对酒后脸红的人有特殊的缓解功效。

(3)酒后头晕喝番茄汁:如果酒后头晕、目眩,则可以尝试饮番茄汁,番茄有降低血液中酒精浓度的功效,酒后喝点鲜榨的番茄汁,可以让您清醒一点,此外建议大家在喝鲜榨番茄汁的时候,可以加少量的盐。因为盐本身就有镇静的效果,而盐又能激发出番茄中的酸度,使得番茄解酒的效果更好。

(4)迅速醒酒吃生姜:如果您真的喝高了,想快速醒酒的话,可以试试这种生嚼生姜片的醒酒法,将生姜去皮切成片,直接嚼就可以了,生姜的辛辣口感能帮您快速醒酒。当然,许多人很难接受生姜辛辣的口感,在这里为大家推荐一种红糖姜水:将红糖放在水里煮化,再加入 30 毫升的醋,3 片生姜,煮开即可。这道汤水酸酸甜甜的味道比生服姜片好得多,又不失解酒的功效。

(5)健康醒酒吃水果沙拉:吃水果沙拉是一种美味、舒缓的解酒醒酒法,因为水果中的果酸能中和酒的代谢物乙醛,尤其是香蕉和梨,有非常卓越的醒酒功效。这种解酒法即是,将香蕉和梨一起切片,拌入沙拉酱即可,既是一道鲜酒菜,又是一道清口美味。

最后还要提醒大家,切勿乱服"醒酒药",醒酒药可以暂时摆脱醉酒症状,但实际上却会将醉酒时间延长。

16. 酒后呕吐,喝高良姜茶

参加应酬不小心喝高了,醉酒、呕吐是非常痛苦的事。对于酒后呕吐、身体不适的人来说,喝一杯温热的高良姜茶是比较好的缓解方式,能够有效改善醉酒后呕吐、胃部不适症状。

酒精对胃本身有刺激作用,呕吐是醉酒后胃的一种保护性反射。高良姜气香,味辛辣,主要功效为温胃散寒,消食止痛,可以治疗脘腹冷痛、胃寒呕吐、嗳气吞酸等症状。《本草纲目》中有记载，"高良姜健脾胃，宽噎膈，破冷癖，除瘴疟。"

高良姜茶即将高良姜烘干后研成末。每10克为1包，加入适量红糖，装入滤纸包中。每次取1包用沸水冲泡，加盖闷15分钟后饮用。可以温胃止痛。对酒后呕吐不适的人来说，能很好地保护胃黏膜，减轻酒精刺激。生活中对慢性胃炎气滞胃痛的患者也可以日常饮用。高良姜茶中建议配上香附，香附也是很好的一味理气药，能够理气解郁，临床上常用于治疗肝胃不和、气郁不舒等证。

日常生活中，人们也常用高良姜制作各种美食，不仅味道好，而且有利于身体健康。比较常见的有高良姜粥、高良姜散、高良姜茶、高良姜双乌暖胃酒等。

如果家有醉酒后呕吐不适的人，也可以煮上一锅高良姜粥。做法为：用高良姜25克、少量陈橘皮，加水3大杯，煎汁，去渣后，投入粳米煮粥，空腹食用即可。

17. 常喝酒，多吃杏仁腰果

美国"每日健康新闻"网站报道，多项研究发现，在经常过量饮酒的人群中，有30%的人可能缺镁。因为酒精本身就是一种利尿药，会增加尿液中镁的损失。此外，镁的需求量与能量代谢关系密切，饮酒越多，身体对镁的需求量就越大。如果下酒菜再以肉食为主，那么通过膳食摄入的镁就会更少。

镁是人体必需的重要元素之一，《临床神经科学杂志》刊登一项研究发现，缺镁会增加偏头痛危险。《美国临床营养学杂志》刊登一项研究显示，每天通过饮食补充400毫克镁，可显著改善老年人的血糖水平，降低糖尿病危险。此外，瑞典的一项研究发现，吃富含镁的食物可降低卒中危险。

美国健康指南建议，成年男女每日应分别摄入400毫克和300毫克的镁。经常喝酒的人更应该关注饮食补镁。多吃绿叶蔬菜可以增加镁的摄入量。除此之外,富含镁的食物主要还包括:杏仁和腰果,它们位居坚果"镁量"榜首,1盎司(约28克)杏仁中含有80毫克镁;大比目鱼,每3盎司(约85克)中的镁含量足以满足每天推荐量的20%;青豆,其中不仅含丰富的镁,还含大量膳食纤维。

18. 如何从容赴酒场

(1)饮酒前:切记吃东西垫底

一些人参加饭局前通常空着肚子,上了酒桌还未进食又往往先干三杯。其实,这样做最容易醉酒和伤害肠胃、肝脏等器官。正确的做法是在饮酒前就先"犒劳"肚子,即先吃东西垫底。如果是在家中,可以取香蕉、苹果、柑橘、芹菜叶等水果蔬菜若干,放入榨汁机,加入适量开水后,榨成汁水先饮用。如果在外,则可以先食用适量粗粮面包,饼干或其他食物,切忌空着肚子就豪饮。

(2)饮酒中:忌胡吃海喝

一些人在饭局中碍于面子或禁不住酒友劝酒,通常急匆匆地就连干数杯,并且还常多种酒"混搭"着喝,之后的结局可想而知,当然是身体受了罪。所以,饭局中切忌胡吃海喝,适量才是硬道理。当然,如果不得不大量饮酒,也切忌过急过激,还是慢慢饮用最重要。

此外,在饮酒的同时,千万别忘记多食用一些鱼肉、牛羊肉等动物肉类和豆类制品菜肴,因为这些菜肴含丰富的蛋白质,可以有效保护肝脏免受酒精的伤害。

(3)饮酒后:宿醉怎么办?

宿醉是因喝酒过量而导致的醉酒后状态,常见症状为头疼、头晕、恶心、呕吐、血压异常等,其危害不容小觑,易导致人的肝脏受到伤害,引起胃出血、胃溃疡和伤害神经系统等。

很多朋友的酒会饭局过多,都有在酒桌上喝酒过量而出现宿醉的情况,此时,一定要多饮一些温水,以便降低乙醇的吸收速度和避免醉酒带来身体缺水。也可以多饮用一些果汁或者蜂蜜水，其中的果糖可以使乙醇加速代谢，从而减轻头疼恶心等不适反应。此外，吃一些清淡的营养餐食，可以补充流失的营养素。当然，要缓解宿醉的不适反应。最重要的还是好好睡觉，因为充足的睡眠可以使醉酒之人的体能尽早恢复。

关于饮酒的新知识

1. 骨头也会"醉酒"

酒跟骨头好似没啥关联,但其实,长期大量饮酒对骨头的影响很大。饮酒伤害骨头主要有 3 个原因:一是过量酒精导致机体脂质代谢紊乱,会抑制骨骼、肌肉等系统的生长,降低骨密度;二是会引发凝血功能障碍;三是酒精中含有的乙醇会伤害骨骼中的成骨细胞,引发骨科疾病。

骨头"醉酒"的表现主要如下。

(1)骨质疏松提前 5～10 年。人体骨骼中的钙质从 30 岁就开始流失,一般男性在 60 岁左右,女性在绝经期后,易发生骨质疏松。而酗酒会加速单位骨质量和骨密度的下降,骨质过早地出现"入不敷出",从而使骨质疏松的时间提前 5～10 年。

(2)酗酒已成股骨头坏死的首因。人体的髋骨部位位置特殊,血管较细,先天供血不足,而酗酒导致脂质代谢紊乱,髋骨内部压力上升,供血进一步减少,容易引发股骨头坏死。翁习生团队针对6000 多名股骨头坏死者的调查研究发现,酗酒已成中国股骨头坏死的首要原因,1/3 患者是由于长期饮酒造成的,且多数有 10～20

年的酒龄,40多岁成为该病发生的高危期。翁习生提醒,一个有长期饮酒史的人,如果发现髋关节在走路、跷二郎腿甚至睡觉时出现疼痛,就应警惕股骨头方面疾病。

(3)诱发痛风,关节受损。有些人在大量饮酒后出现关节酸痛的症状,这可能与痛风有关。如果人长期饮酒,酒精又得不到有效排泄,长期积蓄在体内会导致尿酸水平升高,并在关节、软组织等部位沉积,引起组织的异物炎症反应,进而伤害到关节部位。其症状多表现为关节红肿、热痛、活动不灵敏等。

此外,加拿大多伦多大学家庭与社区医学系专家研究发现,酗酒还会影响下一代的骨骼健康,如果父母依赖酒精,孩子成年后患上关节炎的可能性会比普通人高出58%。

专家建议,每周白酒饮酒量最好别超过400毫升,有长期饮酒习惯的人应降低喝酒频率,加大间隔时间,让酒精在体内充分代谢后再喝,最好每半年做一次体检。同时,应多吃奶制品、豆制品等富含钙的食物。建议女性绝经期后戒酒,或选择红酒、葡萄酒等酒精含量低的饮品代替。

2. 碳酸饮料不宜与酒同时饮用

在日常生活中,不少人喜欢用可乐、雪碧等碳酸饮料来"稀释"酒精、降低"酒劲",希望以此来降低体内酒精浓度,帮助解酒。但专家表示,这样做法非但不能"解酒",效果还会适得其反。因为从消化系统的角度来说,碳酸饮料在胃里释放出的二氧化碳气体,会使酒精更快进入小肠,而小肠吸收酒精的速度要比胃快得多。所以,这一做法反而产生了加速醉酒的效果。

专家建议,如酒后不适,不妨喝两支葡萄糖口服液。因为人体主要依赖葡萄糖分解酒精,葡萄糖口服液可以加快分解体内酒精,避免酒精中毒。此外,进食馒头等淀粉类食物亦可缓解酒醉症状。因为,淀粉可转化为葡萄糖,有利于为人体供血并增加体能,其发酵过程对胃酸有中和作用,吃后身体会感觉舒服一些。

3. 常喝酒害苦五大器官

适量饮酒有益健康,但饮酒过度会对身体造成灾难性的影响。根据美国国家酒精滥用和酒精中毒研究所的研究成果,首次饮酒后 10 分钟血液中的酒精浓度就会增加。但人们更应当担心的是酒精长期对人体的影响。美国《医学日报》近日刊文,总结了酒精会如何对身体的五大器官造成伤害。

(1)心脏。随着时间的推移,过量饮酒会导致心脏肌肉力量虚弱,致使血液流动不规则。酗酒者往往会受到心肌病的困扰,它会造成心脏肌肉松弛和下垂。心脏病患者通常会呼吸急促、心律失常、疲劳、肝脏肿大和持续咳嗽。饮酒还会增加人们心脏病发作、卒中和高血压的风险。

(2)大脑。饮酒最初会让大脑有一种兴奋感,随后就会带来破坏性的影响。饮酒会减缓神经递质间的信息传递,存在于酒精中的乙醇会对大脑的多个部位造成损伤。大脑神经递质长期遭受损害会导致饮酒者的行为和情绪发生变化,出现焦虑、抑郁、记忆力丧失和癫痫发作。如果饮酒者的营养状况欠佳,就会出现脑水肿,随之而来的症状就是记忆丧失、混乱、幻觉、肌肉协调能力丧失和无法形成新的记忆。

(3)肝脏。肝脏对于食物的消化、营养物质的吸收、控制感染和消除体内毒素起到了至关重要的作用。在美国,每年有 200 万人因为饮酒过度而导致肝脏疾病。2009 年,肝硬化被列为美国人死亡的第十二大主要原因,其中有近半数的病例与饮酒有关。美国有约 1/3 需要进行肝移植手术的病例也是由饮酒造成的。

(4)胰腺。饮酒过度会扰乱胰腺的功能,让它在内部分泌过多的酶,而不是把酶输送到小肠中去,酶在胰腺中的堆积最终会导致炎症,即所谓的胰腺炎。胰腺炎既有可能急性发作,其症状包括腹痛、恶心、呕吐、心率增加、腹泻和发热;也有可能慢性发作,即胰腺功能缓慢恶化,导致糖尿病,甚至是死亡。

（5）肾脏。酒精对肝脏的损害作用还会拓展到肾脏。由于酒精具有利尿作用，肾脏无法正常调节体液的流动，造成钠、钾、氯离子的分布紊乱，引起电解质失衡。过度饮酒还会导致高血压，它是引起肾功能衰竭的第二大原因。

4. 过量饮酒增加卒中危险

中医认为，酒可以行气，活血通络，适量饮酒有益身体健康。但过量饮酒必然有害健康。据美国"网络医学博士网"报道，《神经病学》杂志一项新研究发现，过量饮酒者发生出血性卒中危险更大。另外，每天饮酒 3 杯以上的人，卒中发病年龄危险比适度饮酒者提前 15 年。

卒中分为两大类：缺血型卒中（血栓型卒中及栓塞型卒中）与出血型卒中（颅内出血型卒中及蛛网膜下腔出血型卒中），前者更为常见。法国这项新研究涉及 540 名平均年龄 71 岁的卒中患者，这些患者得的卒中正是不常见的颅内出血型卒中。

法国里尔大学医院的研究人员对参试患者、患者护理者或家属进行了有关饮酒习惯的调查。结果发现，25％的参试患者饮酒过量（每天饮酒至少 3 杯，相当于大约 51 克"纯"酒精）。研究人员还对患者大脑进行了 CT 扫描，并自己分析了患者的病历。

结果发现，过量饮酒者发生卒中的年龄大约为 60 岁，而不酗酒的人卒中发病平均年龄为 74 岁。每天喝红酒超过 4 杯的病人，其大脑像萎缩了一般，至少比常人老化了 10～15 年。过量饮酒者还更可能沾染吸烟恶习，血液检查结果中更容易出现会导致出血性卒中危险增加的异常情况。

哈佛大学医学院附属布莱根妇女医院心脏病专家迪帕克·巴特博士表示，新研究进一步表明过量饮酒会以多种不同的方式损害健康，其中包括增加颅内出血危险。过量饮酒者更可能罹患高血压，而高血压正是卒中的一大风险因素。因此，平时喜欢喝一杯的人最好适量饮酒。过量饮酒或酗酒还会增加摔跤和肝病危险。

洛杉矶雪松西奈山医疗中心神经病科主任帕特里克·利登博士表示,每天一杯红葡萄酒可降低心脏病和卒中危险。这一点依然成立。不过,如果你从不饮酒,不建议为了保护心脏而开始饮酒。如果你的确爱喝酒,那么一定要把握"适量"——每晚 1 杯红葡萄酒,相当于一杯啤酒或一杯混合酒水饮料。

纽约勒诺克斯山医院心血管专家拉斐尔·奥尔蒂斯博士提出的"防卒中建议"是:不吸烟、健康饮食、保持正常血压和有氧运动。研究证明,每天进行有氧锻炼半小时,坚持 30 天,能显著提高人体内高密度脂蛋白水平。这种脂蛋白颗粒小、密度高、能自由进出动脉壁,从而清除沉积在血管上的"垃圾"。每天饭后坚持散步 45 分钟,能有效促进人体气血调和。每周坚持两到三次慢跑、游泳、球类等运动,不仅能起到减肥消脂的作用,还能提高血管年轻化程度,防止老化。

除了生活方式的干预,合理的药物治疗也是预防心脑血管病变的有效手段。由乙酰谷酰胺和红花提取液经科学配比而成的谷红注射液给心脑血管病人带来新希望。谷红注射液是复方制剂,每 1 毫升含乙酰谷酰胺 30 毫克,含红花相当于生药量 0.5 克。乙酰谷酰胺通过血—脑脊液屏障后分解为 γ-氨基丁酸(GABA)、谷氨酸。谷氨酸参与中枢神经系统的信息传递。γ-氨基丁酸能拮抗谷氨酸的兴奋性,改善神经细胞代谢,维持神经应激能力及降低血氨的作用,改善脑功能。红花总黄酮药理作用主要是:抗凝血、抗血栓形成、舒张血管、改善微循环、抗氧自由基等,能抗脑缺血缺氧、抗心肌缺血、减轻缺血再灌注损伤。还具有降血脂,抗炎,抗肿瘤作用。谷红注射液能够抗氧自由基、抗血小板聚集、舒张血管的作用,改善微循环,改善神经细胞的代谢,维持神经应激能力,改善脑功能,还可以改善血黏度及降低血脂。

乙酰谷酰胺和红花协同增效,是治疗中风的新希望。主要用于治疗脑血管疾病,如脑供血不足、脑血栓、脑栓塞及脑出血恢复期;肝病、神经外科手术等引起的意识功能低下、智力减退、记忆力障碍等。还可用于治疗冠心病、脉管炎。

5. 女性饮酒加倍伤肝

虽然女性比男性饮酒的机会要少,但却比男性更易受到酒精损害。美国休斯敦卫理公会医院肝病科主任霍华德·蒙索尔博士强调,从遗传角度来看女性更容易患上肝脏疾病,因此她们应当限制对酒精的摄入量,或是彻底远离酒精饮料。他说:"只有酗酒者才会患上严重的肝脏疾病这一观念是错误的;事实上如果你有这种遗传倾向,尤其是对于女性来说,只要饮酒稍微超量,就会对肝脏造成损害。"

有 20%～30% 的人具有肝硬化的遗传倾向,蒙索尔博士认为对于有肝硬化遗传倾向的女性来说,即使每天只饮一杯酒也是过量了。饮同样多的酒对女性肝脏的损害约是男性的两倍。酒精在女性体内的分散程度较差,会更多地积聚于肝脏。此外,女性胃里乙醇脱氢酶的活性较低,不利于酒精代谢,这就会导致大量的酒精进入血液,从而增加肝硬化风险。除非肝损伤已经达到一定程度,否则这种疾病通常没有明显的症状。

6. 酗酒者伤口愈合慢

美国芝加哥洛约拉大学的研究人员发现,酗酒者在遭遇事故或创伤后的恢复时间要慢于正常人。

研究人员发现,酗酒会导致体内免疫系统细胞的含量明显降低,它们在伤口愈合过程中发挥重要作用。这些名为巨噬细胞的免疫系统细胞能够清除细菌和伤口处的碎片。巨噬细胞含量较低意味着伤口更容易被细菌感染。此外,酗酒还会降低能召集巨噬细胞来到伤口处进行修复的一种蛋白质的生成数量,并减少另一种有益的免疫系统蛋白的含量。

发表在《酒精中毒:临床与实验研究期刊》上的这项研究成果表明:上述因素结合在一起,就会延缓酗酒者的伤口愈合进程,增加了他们伤口被严重感染的风险。

7. 父亲少喝酒，孩子更幸福

美国福克斯新闻网报道，最新的一项研究发现，酗酒的男性戒酒，不仅有利于自身健康，还能使孩子的家庭生活更幸福。

此研究的首席作者、美国罗德岛某康复中心心理学家丹尼尔介绍，酗酒的父亲和不酗酒的父亲相比，与孩子的冲突更多。但是，当父亲戒酒以后，家庭的冲突就会减少到正常的状态。

该研究选择了 67 组家庭，父亲都在戒酒，且家中有 4—16 岁子女。父母在戒酒治疗开始前填写了研究问卷，并在 6～12 个月后再填一次。问卷的问题主要是关于家庭规章和财政方面的争论，以及言语和肢体冲突。研究同时选取了 78 组有子女但没有酗酒问题的家庭来进行对比。研究者对问卷结果进行评分，分数越低，家庭冲突越多。

对比结果显示，酗酒者的孩子经历的家庭冲突更多，他们的平均问卷分数为 22.6 分。非酗酒家庭的平均分数为 28.3。值得注意的是，在 6 个月和 12 个月后，酗酒者家庭的问卷分数升高至 24.6 和 25.3。这说明，随着酗酒问题减轻，家庭的冲突问题也自然改善。

丹尼尔强调，接受戒酒治疗不仅帮助个人，还能帮助他们在生活中减少家庭冲突，同时减少对孩子的负面影响。据调查显示，家庭冲突严重的孩子更有可能呈现出外向型行为，使得他们将不爽的情绪转化成具有破坏性、危险性的行为。比如，易怒、打架、违法犯罪、酗酒甚至嗑药。因此，父亲戒酒对孩子成长影响极大。

8. 抽烟喝酒大脑早衰

美国医学杂志《神经学》近期刊文指出，中年人饮酒过多会加快认知功能的衰退，需要引起注意。

该项调研以伦敦 7000 余名平均年龄 56 岁的中年男女公务员

为对象,分析了他们 10 年间饮酒量与认知功能之间的关联。认知功能主要检查"短期记忆功能"和"实施功能"(分阶段有效完成工作的能力)以及"综合能力"项目,分数通过偏差值来换算,以年为单位。饮酒状况主要分成"少量"(日均酒精摄取量 0.1~19.9克)、"中量"(日均酒精摄取量 20~35.9 克)、"多量"(日均酒精摄取量 36 克以上)三个量级。

分析结果显示,多量饮酒人群与占饮酒人数七成的少量饮酒人群相比,10 年后短期记忆功能的衰退快了 5.7 年,实施功能的衰退快了 1.5 年,综合认知功能的衰退快了 2.4 年。中量饮酒人群与多量饮酒人群相比,相关认知功能衰退的速度并没有明显差异。该研究结果再次提醒,饮酒要适量。

《英国精神病学杂志》刊登一项新研究发现,抽烟同时酗酒会加速大脑衰老过程,大大降低脑力技能。

新研究由英国伦敦大学学院科学家完成,涉及近 6500 名45—69 岁的参试者。参试者回答了有关吸烟习惯和饮酒量方面的问题,并在为期 10 年的研究中接受了 3 次大脑功能测试,测试内容主要包括:语言和数学推理能力、语言流利程度以及短时语言记忆能力等。

结果发现,酗酒加吸烟会导致大脑功能衰退加快 36％。而且饮酒量越大,大脑衰退速度就越快。在酗酒且吸烟人群中,年龄增加 10 岁,大脑功能会早衰两年。而不酗酒不吸烟的人群在步入中老年之后,大脑衰退速度相对较慢。

新研究负责人加里思·哈杰尔·约翰逊博士说,吸烟者应该戒烟或少吸烟,避免过量饮酒,吸烟和酗酒更不要同时发生,特别是中年之后。中年保持健康的生活方式有助于预防认知能力的下降。

9. 运动后喝酒伤肌肉

澳大利亚皇家墨尔本理工大学的医学家发现,锻炼后酗酒会影响到肌肉恢复。研究人员选取了 8 名体力充沛的成年男性,让他们参加了三节强度高的锻炼课程。在第一节锻炼课程中,参与者服用了 2 份蛋白质,每份为 25 克,分别在锻炼之前和锻炼完成 4 小时后服用。在第二节锻炼课程中,参与者服用了相同数量的蛋白质,但是与伏特加酒同时服用。在第三节锻炼课程中,参与者用伏特加酒送服了碳水化合物。结果显示,只要饮用伏特加,肌肉恢复的速度都要减慢 20% 以上。

研究者认为,饮酒会造成人体内的氧化应激反应和炎症,破坏了内质网的动态平衡。内质网是一种负责合成蛋白质的细胞器,而酒精会影响内质网的肌肉修复功能。因此,健身后最好不要饮酒。

10. 中年酗酒老得快

伦敦大学学院流行病学和公共卫生系的研究人员发现:与较少喝酒的人相比,饮酒过度的中年男性在记忆力、注意力和推理能力方面的衰退会早 6 年。

发表在《神经病学期刊》上的这项新研究选取了英国的 5054 多名中年男性和 2099 名中年女性作为研究样本,对他们进行了为期 20 年的跟踪随访。在参与者参加 3 次记忆力和执行功能的测试之前,研究者在 10 年内对他们的酒精消费量进行了 3 次评估。这些测试与实现目标所需的注意力和推理技能相关联,参与者参加首次测试的平均年龄为 56 岁。研究结果显示:不喝酒的男性与轻中度饮酒者(每天不超过 2 份啤酒、葡萄酒或烈性酒)在记忆力和执行功能方面并不存在差异;然而,酗酒者在智力功能方面的下降要比饮酒较少的人快 1.5~6 年。

研究者据此得出结论:在中年时期酗酒会对认知功能的老化造成不可估量的危害,至少对于男性的精神功能来说是隐患极大。

11. **戒酒防癌**

有人认为葡萄酒对健康有益,这一论断在流行病学领域证据不足,并未被广泛认同。而国际癌症研究总署(IARC)却将酒精饮品列为第一类致癌物,即有足够证据证明酒精饮品会致癌。

酒精在人体内会代谢为乙醛,乙醛过多会导致醉酒,如脸红、神志不清,乙醛又会诱导体内 DNA 变异,导致癌症。饮酒致癌的可能性还包括以下几点。

1. 酒精中的微量成分致癌。如 N-亚硝基化合物、丙烯醛及其他含醛、酚及酮类产品。

2. 酒精损害肝脏细胞,长期大量饮酒导致肝硬化,会增加发展为肝癌的风险。

3. 酒精会扰乱体内荷尔蒙平衡,增加荷尔蒙相关的癌症风险,如乳腺癌。

4. 酒精会降低免疫功能,导致癌细胞不能被及时清除。

5. 吸烟与饮酒的致癌风险有相加的作用。

饮酒致癌的危险性依次是:口腔、咽喉、食道、肝、大肠。研究指出,长期用含酒精成分的漱口水,会增加患口腔癌的风险。

12. **不戒酒难减肥**

世界癌症研究基金会近日宣称,很多人减肥失败的首要原因之一是没有戒酒,因为酒精的热量高得惊人。

世界癌症研究基金会发明了一种酒精饮料热量计算软件。它能将酒精饮料中含有的热量转化为便于人们理解的形式。比如,两杯 175 毫升的葡萄酒含有 248 卡的热量,相当于吃了 3 块巧克力饼干,需要走路 52 分钟才能把这么多的热量消耗掉。两大杯苹果酒中含有的热量等同于 6 块巧克力饼干,需要散步 102 分钟才能消耗掉。因此,少喝酒会对减轻体重或保持正常体重产生重要效应。

世界癌症研究基金会健康信息部门主任凯特·门多萨表示，体重超标是排在吸烟之后的第二大引发癌症的因素。每天喝1瓶啤酒会让人患上肝癌和肠癌的概率增加近1/5。

13. 喝酒时抽烟更易醉

美国健康网的一项新研究成果显示：在饮酒的同时吸烟会让人更酩酊大醉。美国布朗大学酒精与上瘾研究中心的副主任达默里斯罗森诺指出，该研究的重要意义在于理解醉酒的机制，以及它如何影响到工作场所的安全等。

研究者采用了网上调查的方式，从美国一所未署名的大学中选取了113名学生，在对其进行的两个月的追踪记录中，让学生记录自己在这段时间内发生的不良生活习惯，如饮酒、吸烟和宿醉。

在调整了其他影响因素之后，研究者发现：学生如果在喝酒的同一天也抽烟，那么他们很容易出现宿醉且严重的症状。原因在于，如果喝酒与抽烟相联系，会影响大脑中同时处理烟草和酒精的部位，从而加重因饮酒过度而嗜睡的效应。该研究发表在《酒精和毒品研究期刊》上。

14. 常喝酒易得糖尿病

醉酒会导致胰岛素抵抗，进而大大增加2型糖尿病危险。《科学转化医学》杂志近日刊登美国一项新研究发现，常喝酒的人，尤其是每周喝醉一次的人，血糖水平更糟糕。

美国纽约西奈山医学院糖尿病肥胖症与代谢研究所研究人员发现，酗酒会导致大脑丘脑下部区域炎症，进而干扰胰岛素受体信号。当细胞对胰岛素的正常作用失去反应的时候，就会出现胰岛素抵抗（IR）。

新研究负责人，内分泌学、糖尿病和骨科疾病专家，医学教授克里斯托弗·比特纳表示，胰岛素抵抗是导致2型糖尿病和冠心病的关键代谢缺陷。多年来，经常醉酒（包括每周一次）的人处于胰岛素抵抗状态的时间会越长。

研究人员发现,常喝酒的实验组,血浆胰岛素浓度明显高于不喝酒的一组。这表明,胰岛素抵抗可能是葡萄糖耐受减弱的关键原因。

血浆胰岛素水平偏高是代谢综合征的一大关键要素。代谢综合征是指包括增加 2 型糖尿病、冠心病和脑卒中危险的一系列风险因素。

15. 喝多了睡觉要侧躺

酒逢知己千杯少,聚餐后经常有人会喝得酩酊大醉,回家仰面一躺便呼呼睡了过去,殊不知,醉酒后这样的睡姿很危险。

醉酒后的人多为饱食,胃内有大量的食物,且过量饮酒的人常会有恶心、呕吐等不适,由于呼吸道和消化道共同连接口咽部,若平躺,呕吐物不容易呕出,容易进入呼吸道。如果不能及时将呕吐物排出气道,将造成非常严重的后果,如吸入性肺炎,甚至造成窒息、呼吸衰竭,从而给醉酒者带来生命危险。此外,过量饮酒还可能造成酒精中毒,主要表现为面色苍白、皮肤湿冷、口唇青紫、呼吸减慢,由躁动进入昏睡或昏迷,甚至引起意识模糊或丧失,呼吸道保护性反射,如咳嗽等会明显减弱。临床上常遇到这样的酒精中毒患者,而醉酒呕吐导致窒息的案例也时有发生。

因此,建议大家,首先最好少喝酒,每次喝酒要把握好度,男士每日饮酒量最好别超过 30 克,女士不超过 20 克。其次,最好别空腹饮酒,喝酒前先吃点东西,以减少酒精对胃肠道的直接刺激作用以及对肝脏的伤害。最后,如果喝醉了,家人别让醉酒的人仰头睡,尽量侧卧,这样即使有呕吐物也很容易排出,同时吸入气管的呕吐物也容易流出,可以有效降低误吸的危险。

16. 常喝酒的人要多走路

美国科罗拉多大学研究发现,经常做有氧运动,如慢跑、散步等,能减轻饮酒所引起的大脑损伤,可修复酒精对大脑的伤害,并且还能避免脑白质受到老化和疾病的损伤。

研究人员选取了 60 名参试者,让他们报告自己的喝酒量、酗酒程度和参加有氧运动的频率,并检测这些因素对他们大脑相关区域的影响。结果显示,喝酒对脑白质的影响取决于参试者的有氧运动量。对于那些有氧运动量较少的人来说,喝酒会损失脑白质;对于经常做有氧运动的人来说,喝酒对脑白质健康状况的影响就没那么明显。

发表在《酒精中毒:临床与实验研究期刊》上的这项研究认为,喝酒对大脑神经的损伤类似老年人的大脑功能衰退。由于有氧运动能缓解老化引起的神经和认知功能衰退,因此这种锻炼形式也能逆转或预防喝酒对大脑造成的损伤。研究人员建议,总喝酒的人不妨通过有氧运动来修复饮酒所造成的脑损伤。